U0647415

全国中级注册安全工程师职业资格考试辅导教材

安全生产技术基础

全国中级注册安全工程师职业资格考试辅导教材编写委员会　编写

中国建筑工业出版社
中国城市出版社

图书在版编目（CIP）数据

安全生产技术基础／全国中级注册安全工程师职业
资格考试辅导教材编写委员会编写. — 北京：中国城市
出版社，2022.8
全国中级注册安全工程师职业资格考试辅导教材
ISBN 978-7-5074-3533-7

Ⅰ. ①安…　Ⅱ. ①全…　Ⅲ. ①安全生产-资格考试-
教材　Ⅳ. ①X931

中国版本图书馆 CIP 数据核字（2022）第 179809 号

责任编辑：李笑然
责任校对：李美娜

全国中级注册安全工程师职业资格考试辅导教材

安全生产技术基础

全国中级注册安全工程师职业资格考试辅导教材编写委员会　编写

*

中国建筑工业出版社、中国城市出版社出版、发行（北京海淀三里河路 9 号）
各地新华书店、建筑书店经销
北京鸿文瀚海文化传媒有限公司制版
北京同文印刷有限责任公司印刷

*

开本：787 毫米×1092 毫米　1/16　印张：19¾　字数：490 千字
2022 年 11 月第一版　2022 年 11 月第一次印刷
定价：**40.00** 元
ISBN 978-7-5074-3533-7
（904501）

版权所有　翻印必究
如有印装质量问题，可寄本社图书出版中心退换
（邮政编码 100037）

前　　言

自 2002 年注册安全工程师制度实施以来，安全生产形势发生了深刻变化，对注册安全工程师制度建设提出了新要求。2016 年 12 月印发的《中共中央 国务院关于推进安全生产领域改革发展的意见》和《安全生产法》对加强安全生产监督管理，完善注册安全工程师职业资格制度做出了明确要求。2017 年 11 月原国家安全生产监督管理总局联合人力资源和社会保障部印发了《注册安全工程师分类管理办法》，对注册安全工程师的分级分类、考试、注册、配备使用、职称对接、职责分工等作出了新规定。

《注册安全工程师职业资格制度规定》和《注册安全工程师职业资格考试实施办法》出台，注册安全工程师改革由此开始。此次改革主要是在总结实践经验基础上，按照新的法规制度要求进行的，有利于加强安全生产领域专业化队伍建设，有利于防范遏制重特大生产安全事故发生，推动安全生产形势持续稳定好转。《注册安全工程师职业资格制度规定》将注册安全工程师设置为高级、中级、初级三个级别，划分为煤矿安全、金属非金属矿山安全、化工安全、金属冶炼安全、建筑施工安全、道路运输安全、其他安全（不包括消防安全）七个专业类别。

作为一项被纳入国家职业资格考试目录的专业考试，越来越多的企业开始注重安全生产，安全管理人才也日益被重视。为了帮助广大参加中级注册安全工程师职业资格考试的考生复习备考，我们组织了有多年教学和培训经验的老师编写了"全国中级注册安全工程师职业资格考试辅导教材"系列图书，编写老师对命题要点做了深层次的剖析与总结，凝聚了考试命题的题源和考点，能够提升备考效率 50%。

本套丛书包括公共科目和专业科目，其中公共科目为《安全生产法律法规》《安全生产管理》《安全生产技术基础》，专业科目为《建筑施工安全生产专业实务》《化工安全生产专业实务》《其他安全生产专业实务》。

本套丛书能有效帮助考生快速掌握考试内容，特别适宜那些没有时间和精力深入系统学习考试用书的考生。

本书在编写过程中，虽然几经斟酌和讨论，但由于时间所限，难免存在疏漏和不妥之处，恳请读者指正。

目　　录

第一章　机械安全技术

扫码免费观看
基础直播课程

第一节　机械安全基础知识

📝 考点1　机械的概述

序号	项目	内容
1	概念	是由若干个零、部件连接构成，其中至少有一个零、部件是可运动的，并且配备或预定配备动力系统，是具有特定应用目的的组合
2	机械包括的内容	单台的机械；实现完整功能的机组或大型成套设备；可更换设备
3	机械安全	指在机械生命周期所有阶段，按规定的预定使用条件执行其功能的安全。即在风险已被充分减小（符合法律法规要求并考虑现有技术水平的风险减小）的机器的寿命周期内，机器执行其预定功能和在运输、安装、调整、维修、拆卸、停用以及报废时，不产生损伤或危害健康的能力

📝 考点2　机械分类

序号	分类	举例
1	动力机械	电动机、内燃机、蒸汽机以及在无电源的地方使用的联合动力装置
2	金属切削机械	车床、钻床、镗床、磨床、齿轮加工机床、螺纹加工机床、铣床、刨（插）床、拉床、电加工机床、锯床和其他机床
3	金属成型机械	锻压机械、铸造机械
4	交通运输机械	汽车、火车、船舶和飞机等交通工具
5	起重运输机械	各种起重机、运输机、升降机、卷扬机
6	工程机械	挖掘机、铲运机、工程起重机、压实机、打桩机、钢筋切割机、混凝土搅拌机、路面机、凿岩机、线路工程机械以及其他专用工程机械
7	农业机械	拖拉机、林业机械、牧业机械、渔业机械
8	通用机械	泵、风机、压缩机、阀门、真空设备、分离机械、减（变）速机、干燥设备、气体净化设备

续表

序号	分类	举例
9	轻工机械	纺织机械、食品加工机械、印刷机械、制药机械、造纸机械
10	专用机械	冶金机械、采煤机械、化工机械、石油机械

考点3　机械使用过程中的危险有害因素

一、机械使用过程中的危险有害因素

序号	危险有害因素类别	具体危险
1	机械性危险	包括与机器、机器零部件（包括加工材料夹紧机构）或其表面、工具、工件、载荷、飞射的固体或流体物料有关的可能会导致挤压、剪切、碰撞、切割或切断、缠绕、碾压、吸入或卷入、冲击、刺伤或刺穿、摩擦或磨损、抛出、绊倒和跌落等危险
2	非机械性危险	包括电气危险（如电击、电伤）、温度危险（如灼烫、冷冻）、噪声危险、振动危险、辐射危险（如电离辐射、非电离辐射）等

二、产生机械性危险的条件因素

（1）形状或表面特性：如锋利刀刃、锐边、尖角形等零部件、粗糙或光滑表面。

（2）相对位置：如由于机器零部件运动可能产生挤压、剪切、缠绕区域的相对位置。

（3）动能：具有运动的机器零部件与人体接触，零部件由于松动、松脱、掉落或折断、碎裂、甩出。

（4）势能：人或物距离地面有落差在重力影响下的势能，高空作业人员跌落危险、弹性元件的势能释放等。

（5）质量和稳定性：机器抗倾翻性或移动机器防风抗滑的稳定性。

（6）机械强度不够导致的断裂或破裂。

（7）料堆（垛）拥塌、土岩滑动造成掩埋所致的窒息危险等。

考点4　机械危险部位及其安全防护措施

一、转动的危险部位及其防护

序号	危险部位	防护措施
1	转动轴（无凸起部分）	一般通过在光轴的暴露部分安装一个松散的、与轴具有12mm净距的护套来对其进行防护，护套和轴可以相互滑动
2	转动轴（有凸起部分）	具有凸起物的旋转轴应利用固定式防护罩进行全面封闭
3	对旋式轧辊	采用钳型防护罩进行防护

序号	危险部位	防护措施
4	牵引辊	可以安装一个钳型条，通过减少间隙来提供保护
5	辊式输送机（辊轴交替驱动）	在驱动轴的下游安装防护罩
6	轴流风扇（机）	安装在通风管道内部的轴流风扇（机）将不存在危险
7	径流通风机	安装在通风管道内部的风机不存在危险
8	啮合齿轮	暴露的齿轮应使用固定式防护罩进行全面的保护。齿轮传动机构必须装置全封闭型的防护装置。防护装置材料可用钢板或铸造箱体。防护罩内壁应涂成红色，最好装电气联锁，使防护装置在开启的情况下机器停止运转
9	旋转的有辐轮	可以利用一个金属盘片填充有辐轮来提供防护，也可以在手轮上安装一个弹簧离合器，使轴能够自由转动
10	砂轮机	除了其磨削区域附近，均应加以密闭来提供防护
11	旋转的刀具	旋转的刀具应该被包含在机器内部（如卷筒裁切机）。在使用手工送料时，应尽可能减少刀刃的暴露，并使用背板进行防护。当加工的材料是可燃物时，产生碎屑的场所应该有适当的防火措施。当需要拆卸刀片时，应使用特殊的卡具和手套来提供防护

二、直线运动的危险部位及其防护

序号	危险部位	防护措施
1	切割刀刃	当需要对刀具进行维护时，需要提供特殊的卡具
2	砂带机	远离操作者的方向运动，并且具有止逆装置
3	机械工作台和滑枕	平板（或者滑枕）的端面距离应和固定结构的间距不能小于500mm，以免造成挤压
4	配重块	应对其全部行程加以封闭，直到地面或者机械的固定配件处，避免形成挤压陷阱
5	带锯机	可调节的防护装置应该装置在带锯机上，仅用于材料切割的部分可以露出，其他部分得以封闭
6	冲压机和铆接机	需要为这些机械提供能够感知手指存在的特殊失误防护装置
7	剪刀式升降机	在操作过程中，主要的危险在于邻近的工作平台和底座边缘间形成的剪切和挤压陷阱。可利用帘布加以封闭。在维护过程中，主要的危险在于剪刀机构的意外闭合。可以通过障碍物（木块等）来防止剪刀机构的闭合

三、特动和直线运动的危险部位及其防护

序号	危险部位	防护措施
1	齿条和齿轮	应利用固定式防护罩将齿条和齿轮全部封闭起来

序号	危险部位	防护措施
2	皮带传动	危险出现在皮带接头及皮带进入到皮带轮的部位。 皮带传动装置防护罩可采用金属骨架的防护网,与皮带的距离不应小于50mm。 一般传动机构离地面2m以下,应设防护罩。 下列情况下,即使在离地面2m以上也应加以防护: (1)皮带轮中心距之间的距离在3m以上。 (2)皮带宽度在15cm以上。 (3)皮带回转的速度在9m/min以上
3	输送链和链轮	采取的防护措施应能防止接近链轮的锯齿和输送链进入到链轮部位

考点5　实现机械设备安全遵循基本途径

(1)设计适当的结构,尽可能消除或减小风险。

(2)通过减少对操作者涉入危险区的需要,限制人们面临危险,避免给操作者带来不必要的体力消耗、精神紧张和疲劳。

考点6　三步法

消除或减小相关的风险,应按下列等级顺序选择安全技术措施,即"三步法"。

(1)本质安全设计措施,也称直接安全技术措施。

(2)安全防护措施,也称间接安全技术措施。

(3)使用安全信息,也称提示性安全技术措施。

考点7　本质安全设计措施

一、合理的结构形式

序号	具体措施	内容
1	机器零部件性状	在不影响预定使用功能的前提下,可接近的机械部件避免有可能造成伤害的锐边、尖角、粗糙面、凸出部位;对可能造成"陷入"的机器开口或管口端进行折边、倒角或覆盖
2	运动机械部件相对位置设计	满足安全距离的原则。通过加大运动部件之间的最小间距,使得人体的相应部位可以安全进入;或通过减小其间距,使人体的任何部位不能进入,从而避免挤压和剪切危险
3	足够的稳定性	考虑因素有:机器底座的几何形状、包括载荷在内的重量分布;由于机器部件、机器本身或机器所夹持部件运动引起的振动或重心摆动和产生倾覆力矩的动态力;设备行走或安装地点(如地面条件、斜坡)的支承面特征

二、限制机械应力以保证足够的抗破坏能力

序号	具体措施	内容
1	专业符合性要求	满足专业标准或规范符合性要求,包括选择机械的材料性能数据、设计规程、计算方法和试验规则等
2	足够的抗破坏能力	各组成受力零件应保证足够安全系数,使机械应力不超过许用值,在额定最大载荷或工作循环次数下,应满足强度、刚度、抗疲劳性和构件稳定性要求
3	连接紧固可靠	螺栓连接、焊接、铆接或粘接等连接方式,保证结合部的连接强度、配合精度和密封要求,防止运转状态下连接松动、破坏、紧固失效
4	防止超载应力	通过在传动链预先采用"薄弱环节"预防超载,例如,采用易熔塞、限压阀、断路器等限制超载应力,保障主要受力件避免破坏
5	良好的平衡和稳定性	通过材料的均匀性和回转精度,防止在高速旋转时引起振动或回转件的不平衡运动;在正常作业条件下,机械的整体应具有抗倾覆或防风抗滑的稳定性

三、使用本质安全的工艺过程和动力源

序号	具体措施	内容
1	爆炸环境中的动力源	应采用全气动或全液压控制操纵机构,或采用"本质安全"电气装置,避免一般电气装置容易出现火花而导致爆炸的危险
2	采用安全的电源	电气部分应符合有关电气安全标准的要求,防止电击、短路、过载和静电的危险
3	防止能量形式有关的存在危险	采用气动、液压、热能等装置的机械,应避免因压力损失、压力降低或真空度降低而导致危险;所有元件(尤其是管子和软管)及其连接密封和防护,不因泄漏或元件失效而导致流体喷射;气体接收器、储气罐或承压容器及元件,在动力源断时应能自动卸压、提供隔离措施或局部卸压及压力指示措施,以防剩余压力造成危险
4	改革工艺控制有害因素	消除或降低噪声、振动源:用焊接代替铆接、用液压成型代替锤击成型工艺。控制有害物质的排放:用颗粒代替粉末、铣代替磨工艺,以降低粉尘

四、控制系统的安全设计

序号	具体措施	内容
1	控制系统的设计	应与所有机器电子设备的电磁兼容性相关标准一致,防止由于不合理的设计或控制系统逻辑的恶化、控制系统的零件由于缺陷而失效、动力源的突变或失效等原因,导致意外启动或制动、运动失控;其零部件应能承受在预定使用条件下的各种应力和干扰
2	软、硬件的安全	硬件(包括传感器、执行器、逻辑运算器等)和软件(包括内部操作或系统软件和应用软件)的选择、设计和安装,应符合安全功能的性能规范要求;不宜由用户重新编程的应用软件,可在不可重新编程的存储器中使用嵌入式软件;需要用户重新编程时,宜限制访问涉及安全功能的软件
3	提供多种操作模式及模式转换功能	考虑执行预定功能的正常操作需要的控制模式,还要考虑非正常作业(设定、示教、过程转换、故障查找、清洗或维护的控制模式)的需要

序号	具体措施	内容
4	手动控制器的设计和配置应符合安全人机学的原则	控制装置和操作位置的定位应使操作者对工作区或危险区直接观察范围最大，以便发现险情及时停机；手动控制器应配置在安全可达的位置，并设置在危险区以外（紧急停止装置、移动控制装置等除外）；手动启动装置附近均应配置相应的停止控制装置，还应配备主系统失效时用于减速或停机的紧急停机装置
5	考虑复杂机器的特定要求	动力中断后的自保护系统或重新启动的原则、"定向失效模式"、"关键"件的加倍（或冗余）设置，可重编程控制系统中安全功能的保护、防止危险的误动作措施，以及采用自动监控、报警系统等措施

五、材料和物质的安全性

序号	具体措施	内容
1	材料的力学性能	如抗拉强度、抗剪强度、冲击韧性、屈服极限等，应能满足执行预定功能的载荷作用的要求
2	对环境的适应性	材料物质应有抗腐蚀、耐老化、抗磨损的能力，不致因物理性、化学性、生物性的影响而失效
3	避免材料的毒性	在人员合理暴露的场所，应优先采用无毒和低毒的材料或物质；材料和物质的毒害物成分、浓度应符合安全卫生标准的规定，对不可避免的毒害物（如粉尘、有毒物、辐射、放射性、腐蚀等）应在设计时考虑采取密闭、排放（或吸收）、隔离、净化等措施
4	防止火灾和爆炸风险	对可燃、可爆的液体、气体材料，应设计使其在填充、使用、回收或排放时减小风险或无危险；在液压装置和润滑系统中，使用阻燃液体（特别是高温环境中的机械）

六、材料和物质的安全性

序号	具体措施	内容
1	使用可靠性已知的安全相关组件	在固定的使用期限或操作次数内，能够经受住所有有关的干扰和应力，而且产生失效概率小的组件。需要考虑的环境条件包括冲击、振动、冷、热、潮湿、粉尘、腐蚀或磨蚀材料、静电、电磁场
2	关键组件或子系统加倍（冗余）和多样化设计	采用多样化的设计或技术，避免共因失效（由单一事件引发的不同产品的失效，这些失效不互为因果）或共模失效（可能由不同原因引起，以相同故障模式为特征的产品失效）
3	操作的机械化或自动化设计	可通过机器人、搬运装置、传送机构、鼓风设备实现自动化，可通过进料滑道、推杆和手动分度工作台等实现机械化。减少人员在操作点暴露于危险，限制操作产生的风险
4	机械设备的维修性设计	维修性是产品固有可靠性的指标之一。维修性设计应考虑以下要求：将维护、润滑和维修设定点放在危险区之外；检修人员接近故障部位进行检查、修理、更换零件等维修作业的可达性，即安装场所可达性（有足够的检修活动空间）、设备外部的可达性（考虑封闭设备用于人员进行检修的开口部分的结构及其固定方式）、设备内部的可达性（设备内部各零、组部件之间的合理布局和安装空间）；零部件的标准化与互换性，同时，必须考虑维修人员的安全

七、遵循安全人机工程学的原则

（1）操作台和作业位置应考虑人体测量尺寸、力量和姿势、运动幅度、重复动作频率、易用性等，尤其是手持和移动式机器的设计，应考虑到人力的可及范围、控制机构的操纵，以及人的手、臂、腿等解剖学结构。

（2）避免操作者在机器使用过程中的紧张姿势和动作，避免将操作者的工作节奏与自动的连续循环连在一起。

（3）当机器和其防护装置的结构特征使得环境照明不足时，应在机器上或其内部提供调整设置区及日常维护区的局部照明。

（4）手动控制操纵装置的选用、配置和标记应满足以下要求：必须清晰可见、可识别，且作用明确，必要处适当加标志；其布局、行程和操作阻力与所要执行的操作相匹配，能安全地即时操作；按钮的位置、手柄和手轮运动与它们的作用应是恒定的；操作时不会引起附加风险。

（5）指示器、刻度盘和视觉显示装置的设计与配置应符合以下要求：信息装置应在人员易于感知的参数和特征范围之内，含义确切、易于理解，显示耐久、清晰；使操作者和机器间的相互作用尽可能清楚、明确，且在操作位置便于察看、识别和理解。

考点8 安全防护措施

一、安全防护措施概念及安全防护的重点

序号	项目	内容
1	安全防护措施概念	指从人的安全需要出发，采用特定技术手段，防止仅通过本质安全设计措施不足以减小或充分限制各种危险的安全措施，包括防护装置、保护装置及其他补充保护措施
2	安全防护的重点	机械的传动部分及机械的其他运动部分、操作区、高处作业区、移动机械的移动区域，以及某些机器由于特殊危险形式需要特殊防护的区域等

二、防护装置

序号	项目	内容
1	功能	（1）隔离作用。 （2）阻挡作用。 （3）容纳作用。 （4）具有阻挡、隔绝、密封、吸收或屏蔽作用
2	采用安全防护装置可能产生的附加危险	在设计时，应注意以下因素带来的附加危险并采取措施予以避免： （1）安全防护装置出现故障、失效而丧失其防护功能，能使人员暴露于危险而增加伤害的风险。 （2）安全防护装置在减轻操作者精神压力的同时，也使操作者形成心理依赖，放松对危险的警惕性，或由于影响操作等原因使人员放弃这些装置。

序号	项目	内容
2	采用安全防护装置可能产生的附加危险	（3）由动力驱动的安全防护装置，其运动零部件或易于下落的重型防护装置可能产生机械伤害的危险。 （4）安全防护装置的自身结构存在安全隐患。 （5）由于安全防护装置与机器运动部分安全距离不符合要求而导致的危险
3	一般要求	（1）满足安全防护装置的功能要求。应保证在机器的整个可预见的使用寿命期内能执行其功能；便于检查和修理；其功能除了防止机械性危险外，还应能防止由机械使用过程中产生的其他各种非机械性危险。 （2）构成元件及安装的抗破坏性。结构体应有足够的强度和刚度，坚固耐用，不易损坏，能有效抵御飞出物的打击危险或外力作用下发生不应有的变形；应与机器的工作环境相适应，结构件无松脱、裂损、腐蚀等危险隐患。 （3）不应成为新的危险源。不增加任何附加危险。可能与使用者接触的各部分不应产生对人员的伤害或阻滞；防止有害物质的泄漏和遗散。 （4）不应出现漏防护区。不易拆卸（或非专用工具不能拆除）；不易被旁路或避开。 （5）满足安全距离的要求。 （6）不影响机器的预定使用。不得与机械任何正常可动零部件产生运动抵触；对机器使用期间各种模式的操作产生的干扰最小，不因采用安全防护装置增加操作难度或强度；对观察生产过程的视野障碍最小。 （7）遵循安全人机工程学原则。防护装置的结构尺寸及安装的安全距离应满足人体测量参数的要求，其可移除部分的尺寸和质量应易于装卸；不易用手移动和搬运的应考虑适于由升降设备运送的辅助装置；活动式防护装置或其中可移除部分应便于操作。 （8）满足某些特殊工艺要求
4	类型	（1）固定式防护装置：保持在所需位置（关闭）不动的防护装置。不用工具不能将其打开或拆除。 （2）活动式防护装置：通过机械方法（如铁链、滑道等）与机器的构架或邻近的固定元件相连接，并且不用工具就可打开。 （3）联锁防护装置：防护装置的开闭状态直接与防护的危险状态相联锁，只要防护装置不关闭，被其"抑制"的危险机器功能就不能执行，只有当防护装置关闭时，被其"抑制"的危险机器功能才有可能执行；在危险机器功能执行过程中，只要防护装置被打开，就给出停机指令
5	设计形式	可以设计为封闭式，也可采用距离防护，还可设计为整个装置可调或装置的某组成部分可调
6	具体防护装置适用	机械传动机构常见的防护装置有用金属铸造或金属板焊接的防护箱罩，一般用于齿轮传动或传输距离不大的传动装置的防护；金属骨架和金属网制成的防护网常用于皮带传动装置的防护；栅栏式防护适用于防护范围比较大的场合，或作为移动机械移动范围内临时作业的现场防护，或高处临边作业的防护等
7	安全技术要求	（1）防护装置应设置在进入危险区的唯一通道上。 （2）固定防护装置应采用永久固定（如焊接等）或借助紧固件（如螺栓等）方式固定。 （3）活动防护装置或防护装置的活动体打开时，尽可能与被防护的机械借助铰链或导链保持连接，防止挪开的防护装置或活动体脱落或难以复原。 （4）当活动联锁式防护装置出现丧失安全功能的故障时，应使被其"抑制"的危险机器功能不可能执行或停止执行，装置失效不得导致意外启动。

续表

序号	项目	内容
7	安全技术要求	（5）可调式防护装置的可调或活动部分调整件，在特定操作期间保持固定、自锁状态，不得因为机器振动而移位或脱落。 （6）在要求通过防护装置观察机器运行的场合，宜提供大小合适开口的观察孔或观察窗

三、保护装置

序号	项目	内容
1	种类	（1）联锁装置。 （2）能动装置。 （3）保持—运行控制装置。 （4）双手操纵装置。 （5）敏感保护装置。 （6）有源光电保护装置。 （7）机械抑制装置。 （8）限制装置。 （9）有限运动控制装置（行程限制装置）
2	技术特征	（1）可靠性功能。 （2）停止功能。 （3）重新启动的功能。 （4）自检功能（光电式、感应式保护装置应具备的）。 （5）自动监控功能。 （6）整体联动功能（保护装置必须与控制系统一起操作并与其形成一个整体，保护装置的性能水平应与之相适应）

四、安全防护装置的选择

序号	项目	内容
1	必须装设安全防护装置的机械部位	（1）旋转机械的传动外露部分：如传动带、砂轮、电锯、皮带轮和飞轮等，都要设防护装置。一般有防护网、防护栏杆、可动式或固定式防护罩和其他专用装置。必要时，可移动式防护罩还应有联锁装置。 （2）冲压设备的施压部分要安设如挡手板、拨手器联锁电钮、安全开关、光电控制等防护装置。 （3）起重运输设备都应有信号装置、制动器、卷扬限制器、行程限制器、自动联锁装置、缓冲器以及梯子、平台、栏杆等。 （4）加工过热和过冷的部件时，为避免操作者触及过热或过冷部件，在不影响操作和设备功能的情况下，必须配置防接触屏蔽装置。 （5）生产、使用、贮存或运输中存在有易燃易爆的生产设施，都要根据其不同性质配置安全阀、水位计、温度计、防爆阀、自动报警装置、截止阀、限压装置、点火或稳定火焰装置等安全防护装置。 （6）自动生产线和复杂的生产设备及重要的安全系统，都应设自动监控装置、开车预警信号装置、联锁装置、减缓运行装置、防逆转等强制作用的安全防护装置。 （7）能产生粉尘、有害气体、有害蒸气或者发生辐射的生产设备，应安设自动加料及卸料装置、净化和排放装置、监测装置、报警装置、联锁装置、屏蔽等

续表

序号	项目	内容
2	选择原则	（1）机械正常运行期间操作者不需要进入危险区的场合，优先考虑选用固定式防护装置，包括进料、取料装置，辅助工作台；适当高度的栅栏，通道防护装置等。 （2）机械正常运转时需要进入危险区的场合，当需要进入危险区的次数较多，需经常开启固定防护装置会带来作业不便时，可考虑采用联锁装置、自动停机装置、可调防护装置、自动关闭防护装置、双手操纵装置、可控防护装置等。 （3）对非运行状态的其他作业期间需要进入危险区的场合，需要移开或拆除防护装置，或人为抑制安全装置功能时，可采用手动控制模式、止－动操纵装置或双手操纵装置、点动－有限的运动操纵装置等

五、补充保护措施

序号	项目	内容
1	实现急停功能的组件和元件	满足以下要求： （1）急停装置容易识别、清晰可见。急停器件为红色掌揿或蘑菇式开关、拉杆操作开关等，附近衬托色为黄色。 （2）急停装置应能迅速停止危险运动或危险过程而不产生附加风险，急停功能不应削弱安全装置或与安全功能有关装置的效能。 （3）急停装置应设有防止意外操作的措施，通常与操作控制站隔开以避免相互混淆，可设置在操作者无危险随手可及之处，也可设置在可碎玻璃壳内。 （4）急停装置被启动后应保持接合状态，在用手动重调之前应不可能恢复电路
2	被困人员逃生和救援的措施	（1）操作者陷入危险的设施中的逃生通道和躲避空间。 （2）设备机械急停后，提供人工移动某些元件或反向移动某些元件的措施。 （3）下降装置的锚定点。 （4）受困人员的呼救通信方式
3	隔离和能量耗散的措施	可以下列技术措施手段，并通过安全工作程序验证措施是否已达到预期效果： （1）将机器（或指定的机器部件）与所有动力供应隔离（脱开、分离）。 （2）将所有隔离单元锁定（或采用其他方式固定）在隔离位置。 （3）耗散能量如果不可能或不可行，抑制（遏制）任何可增大危险的储存能量
4	提供方便且安全搬运机器及其重型零部件的装置	（1）带吊索、吊钩、吊环螺栓或用于固定螺纹孔的标准提升设备。 （2）采用带起重吊钩的自动抓取设备。 （3）通过叉车搬运的机器的叉臂定位装置。 （4）集成到机器内的提升和装载机构和设备。 （5）对操作中可通过手动拆除的机器部件，应提供安全移除和更换的方法
5	安全进入机器的措施	（1）步行区采用防滑材料。 （2）在大型自动化设备中，应提供如通道、输送带过桥或跨越点等安全进入的途径。 （3）进入位于一定高度的机器位置，应提供如楼梯、阶梯及平台的护栏或梯子的安全护笼等防止跌落的措施，必要时，还应提供防止人员从高处跌落的个体防护装备的锚定点。 （4）进入机内的开口都应朝向安全的位置。 （5）提供必要地进入辅助设施（台阶、把手等）。 （6）如果提升货物或人员的机械包含固定高度的停层时，应配备联锁防护装置

考点 9 安全信息的使用

一、提供信息应涵盖机械使用的全过程

包括运输、装配和安装、试运转、使用（设定、示教/编程或过程转换、操作、清洗、故障查找和维护）以及必要的拆卸、停用和报废。

二、使用信息的类别

标志、符号（象形图）、安全色、文字警告等；信号和警告装置；随机文件，例如，操作手册、说明书等。

三、信息的使用原则

（1）根据风险的大小和危险的性质。可依次采用安全色、安全标志、警告信号，直到警报器。在使用上，图形符号和安全标志应优先于文字信息。

（2）根据需要信息的时间。

提示操作要求的信息：应采用简洁形式，长期固定在所需的机器部位附近。

显示状态的信息：应尽量与工序顺序一致，与机器运行同步出现。

警告超载的信息：应在负载接近额定值时，提前发出警告信息。

危险紧急状态的信息：应即时发出，持续的时间应与危险存在的时间一致，持续到操作者干预为止或信号的消失应随危险状态解除而定。

（3）根据机器结构和操作的复杂程度。对于简单机器，一般只需提供有关标志和使用操作说明书；对于结构复杂的机器，特别是有一定危险性的大型设备，除了各种安全标志和使用说明书（或操作手册）外，还应配备有关负载安全的图表、运行状态信号，必要时提供报警装置等。

（4）根据信息内容和对人视觉的作用采用不同的安全色。为使人们对周围环境存在的不安全因素引起注意和警惕，需要涂以醒目的安全色。

（5）满足安全人机学的原则。采用安全信息的方式和使用方法应与操作人员或暴露人员的能力相符合。

四、安全色颜色含义

颜色	颜色含义	
	人员安全	机械/过程状况
红	危险/禁止	紧急
黄	注意、警告	异常
绿	安全	正常
蓝	执行	强制性

五、安全色颜色应用

序号	颜色	应用
1	红色	用于各种禁止标志、交通禁令标志、消防设备标志；机械的停止按钮、刹车及停车装置的操纵手柄；机械设备的裸露部位（飞轮、齿轮、皮带轮的轮辐、轮毂等）；仪表刻度盘上极限位置的刻度、危险信号旗等
2	黄色	用于警告标志、皮带轮及其防护罩的内壁、砂轮机罩的内壁、防护栏杆、警告信号旗等
3	蓝色	用于道路交通标志和标线中警告标志等
4	绿色	用于如机器的启动按钮、安全信号旗以及指示方向的提示标志，如安全通道、紧急出口、可动火区、避险处等
5	红色与白色相间隔的条纹	用于交通运输等方面所使用的防护栏杆及隔离墩；液化石油气汽车槽车的条纹；固定禁止标志的标志杆上的色带
6	黄色与黑色相间隔的条纹	用于各种机械在工作或移动时容易碰撞的部位，剪板机的压紧装置，冲床的滑块等有暂时或永久性危险的场所或设备，固定警告标志的标志杆上的色带等
7	蓝色与白色相间隔的条纹	用于交通上的指示性导向标
8	绿色与白色相间隔的条纹	—

六、安全标志

序号	项目	内容
1	分类	分为禁止标志、警告标志、指令标志、提示标志四类。 （1）禁止标志：禁止不安全行为。红色，对比色白色。红色圆框斜杠，白底，黑图。 （2）警告标志：提醒注意。黄色，对比色黑色。黄色底色三角，黑图，黑框。 （3）指令标志：强制人的行为动作。蓝色，对比色白色。蓝色底色圆形，白图。 （4）提示标志：提供信息。绿色，对比色白色。绿色底色方形，白图。 （5）文字辅助标志
2	设置要求	（1）应设在与安全有关的醒目地方和明亮环境中。不宜设在门、窗、架或可动的物体上，标志牌前不得放置妨碍认读的障碍物。 （2）多个安全标志在一起设置时：按警告、禁止、指令、提示类型的顺序，先左后右、先上后下排列。 （3）至少每半年检查一次

七、禁止标志

序号	图形标志	名称	标志种类	设置范围和地点
1		禁止吸烟	H	有甲、乙、丙类火灾危险物质的场所和禁止吸烟的公共场所等,如:木工车间、油漆车间、沥青车间、纺织车间、印染厂等
2		禁止烟火	H	有甲、乙、丙类火灾危险物质的场所,如:面粉厂、焦化厂、施工工地等
3		禁止带火种	H	有甲类火灾危险物质及其他禁止带火种的各种危险场所,如:炼油厂、乙炔站、液化石油气站、煤矿井内、林区、草原等
4		禁止用水灭火	H,J	生产、储运、使用中有不准用水灭火的物质的场所。如:变压器、乙炔站、化工药品库、各种油库等
5		禁止放置易燃物	H,J	具有明火设备或高温的作业场所,如:动火区,各种焊接、切割、锻造、浇注车间等场所
6		禁止堆放	J	消防器材存放处、消防道及车间主通道等
7		禁止启动	J	暂停使用的设备附近,如:设备检修、更换零件等

序号	图形标志	名称	标志种类	设置范围和地点
8		禁止合闸	J	设备或线路检修时，相应开关附近
9		禁止转动	J	检修或专人定时操作的设备附近
10		禁止叉车和厂内机动车辆通行	J，H	禁止叉车和其他厂内机动车辆通行的场所
11		禁止乘人	J	乘人易造成伤害的设施，如：室外运输吊篮、外操作载货电梯框架等
12		禁止靠近	J	不允许靠近的危险区域，如：高压试验区、高压线、输变电设施的附近
13		禁止入内	J	易造成事故或对人员有伤害的场所，如：高压设备室、各种污染源等入口处
14		禁止推动	J	易于倾倒的装置或设备，如：车站屏蔽门等

序号	图形标志	名称	标志种类	设置范围和地点
15		禁止停留	H、J	对人员具有直接危害的场所，如：粉碎场地、危险路口、桥口等处
16		禁止通行	H、J	有危险的作业区，如起重、爆破现场，道路施工工地等
17		禁止跨越	J	禁止跨越的危险地带，如：专用的运输通道、带式输送机和其他作业流水线，作业现场的沟、坎、坑等
18		禁止攀登	J	不允许攀爬的危险地点，如：坍塌危险的建筑物、设备旁
19		禁止跳下	J	不允许跳下的危险地点，如：深沟、深池、车站站台及盛装过有毒物质、易产生窒息气体的槽车、储罐、地窖等处
20		禁止伸出窗外	J	易于造成头手伤害的部位或场所，如公交车窗、火车车窗等
21		禁止依靠	J	不能依靠的地点或部位，如列车车门、车站屏蔽门、电梯轿门等

序号	图形标志	名称	标志种类	设置范围和地点
22		禁止坐卧	J	高温、腐蚀性、塌陷、坠落、翻转、易损等易于造成人员伤害的设备设施表面
23		禁止蹬踏	J	高温、腐蚀性、塌陷、坠落、翻转、易损等易于造成人员伤害的设备设施表面
24		禁止触摸	J	禁止触摸的设备或物体附近，如：裸露的带电体，炽热物体，具有毒性、腐蚀性物体等处
25		禁止伸入	J	易于夹住身体部位的装置或场所，如有开口的传动机、破碎机等
26		禁止饮用	J	禁止饮用水的开关处，如：循环水、工业用水、污染水等
27		禁止抛物	J	抛物易伤人的地点，如：高处作业现场、深沟（坑）等
28		禁止戴手套	J	戴手套易造成手部伤害的作业地点，如：旋转的机械加工设备附近

序号	图形标志	名称	标志种类	设置范围和地点
29		禁止穿化纤服装	H	有静电火花会导致灾害或有炽热物质的作业场所,如:冶炼、焊接及有易燃易爆物质的场所等
30		禁止穿带钉鞋	H	有静电火花会导致灾害或有触电危险的作业场所,如:有易燃易爆气体或粉尘的车间及带电作业场所

八、警告标志

序号	图形标志	名称	标志种类	设置范围和地点
1		注意安全	H,J	易造成人员伤害的场所及设备等
2		当心火灾	H,J	易发生火灾的危险场所,如:可燃性物质的生产、储运、使用等地点
3		当心爆炸	H,J	易发生爆炸危险的场所,如易燃易爆物质的生产、储运、使用或受压容器等地点
4		当心腐蚀	J	有腐蚀性物质的作业地点

续表

序号	图形标志	名称	标志种类	设置范围和地点
5		当心中毒	H，J	剧毒品及有毒物质的生产、储运及使用场所
6		当心感染	H，J	易发生感染的场所，如：医院传染病区；有害生物制品的生产、储运、使用等地点
7		当心触电	J	有可能发生触电危险的电器设备和线路，如：配电室、开关等
8		当心电缆	J	在暴露的电缆或地面下有电缆处施工的地点
9		当心自动启动	J	配有自动启动装置的设备
10		当心机械伤人	J	易发生机械卷人、轧压、碾压、剪切等机械伤害的作业地点
11		当心塌方	H，J	有塌方危险的地段、地区，如：堤坝及土方作业的深坑、深槽等

续表

序号	图形标志	名称	标志种类	设置范围和地点
12		当心冒顶	H，J	具有冒顶危险的作业场所，如：矿井、隧道等
13		当心坑洞	J	具有坑洞易造成伤害的作业地点，如：构件的预留孔洞及各种深坑的上方等
14		当心落物	J	易发生落物危险的地点，如：高处作业、立体交叉作业的下方等
15		当心吊物	J，H	有吊装设备作业的场所，如：施工工地、港口、码头、仓库、车间等
16		当心碰头	J	有产生碰头的场所
17		当心挤压	J	有产生挤压的装置、设备或场所，如自动门、电梯门、车站屏蔽门等
18		当心烫伤	J	具有热源易造成伤害的作业地点，如：冶炼、锻造、铸造、热处理车间等

续表

序号	图形标志	名称	标志种类	设置范围和地点
19		当心伤手	J	易造成手部伤害的作业地点,如:玻璃制品、木制加工、机械加工车间等
20		当心夹手	J	有产生挤压的装置、设备或场所,如自动门、电梯门、列车车门等
21		当心扎脚	J	易造成脚部伤害的作业地点,如:铸造车间、木工车间、施工工地及有尖角散料等处
22		当心弧光	H,J	由于弧光造成眼部伤害的各种焊接作业场所
23		当心高温表面	J	有灼烫物体表面的场所
24		当心低温	J	易于导致冻伤的场所,如冷库、气化器表面、存在液化气体的场所等
25		当心磁场	J	有磁场的区域或场所,如高压变压器、电磁测量仪器附近等

序号	图形标志	名称	标志种类	设置范围和地点
26		当心裂变物质	J	具有裂变物质的作业场所，如：其使用车间、储运仓库、容器等
27		当心激光	H，J	有激光产品和生产、使用、维修激光产品的场所
28		当心叉车	J，H	有叉车通行的场所
29		当心车辆	J	厂内车、人混合行走的路段，道路的拐角处、平交路口；车辆出入较多的厂房、车库等出入口处
30		当心坠落	J	易发生坠落事故的作业地点，如：脚手架、高处平台、地面的深沟（池、槽）、建筑施工、高处作业场所等
31		当心障碍物	J	地面有障碍物，绊倒易造成伤害的地点
32		当心跌落	J	易于跌落的地点，如：楼梯、台阶等

序号	图形标志	名称	标志种类	设置范围和地点
33		当心滑倒	J	地面有易造成伤害的滑跌地点，如：地面有油、冰、水等物质及滑坡处
34		当心缝隙	J	有缝隙的装置、设备或场所，如自动门、电梯门、列车等

九、指令标志

序号	图形标志	名称	标志种类	设置范围和地点
1		必须戴防护眼镜	H，J	对眼睛有伤害的各种作业场所和施工场所
2		必须佩戴遮光护目镜	J，H	存在紫外、红外、激光等光辐射的场所，如电气焊等
3		必须戴防尘口罩	H	具有粉尘的作业场所，如：纺织清花车间、粉状物料拌料车间以及矿山凿岩处等
4		必须戴防毒面具	H	具有对人体有害的气体、气溶胶、烟尘等作业场所，如：有毒物散发的地点或处理由毒物造成的事故现场

序号	图形标志	名称	标志种类	设置范围和地点
5		必须戴护耳器	H	噪声超过85dB的作业场所，如：铆接车间、织布车间、射击场、工程爆破、风动掘进等处
6		必须戴安全帽	H	头部易受外力伤害的作业场所，如：矿山、建筑工地、伐木场、造船厂及起重吊装处等
7		必须戴防护帽	H	易造成人体碾绕伤害或有粉尘污染头部的作业场所，如：纺织、石棉、玻璃纤维以及具有旋转设备的机加工车间等
8		必须系安全带	H，J	易发生坠落危险的作业场所，如：高处建筑、修理、安装等地点
9		必须穿防护服	H	具有放射、微波、高温及其他需穿防护服的作业场所
10		必须戴防护手套	H，J	易伤害手部的作业场所，如：具有腐蚀、污染、灼烫、冰冻及触电危险的作业等地点
11		必须穿防护鞋	H，J	易伤害脚部的作业场所，如：具有腐蚀、灼烫、触电、砸（刺）伤等危险的作业地点

续表

序号	图形标志	名称	标志种类	设置范围和地点
12		必须洗手	J	接触有毒有害物质作业后
13		必须加锁	J	剧毒品、危险品库房等地点
14		必须接地	J	防雷、防静电场所
15		必须拔出插头	J	在设备维修、故障、长期停用、无人值守状态下

十、提示标志

序号	图形标志	名称	标志种类	设置范围和地点
1		紧急出口	J	便于安全疏散的紧急出口处，与方向箭头结合设在通向紧急出口的通道、楼梯口等处

序号	图形标志	名称	标志种类	设置范围和地点
2		避险处	J	铁路桥、公路桥、矿井及隧道内躲避危险的地点
3		应急避难场所	H	在发生突发事件时用于容纳危险区域内疏散人员的场所，如公园、广场等
4		可动火区	J	经有关部门划定的可使用明火的地点
5		击碎板面	J	必须击开板面才能获得出口
6		急救点	J	设置现场急救仪器设备及药品的地点
7		应急电话	J	安装应急电话的地点
8		紧急医疗站	J	有医生的医疗救助场所

十一、文字辅助标志

序号	项目	内容
1	基本形式	矩形边框
2	横写形式	写时，文字辅助标志写在标志的下方，可以和标志连在一起，也可以分开。 禁止标志、指令标志为白色字；警告标志为黑色字。禁止标志、指令标志衬底色为标志的颜色，警告标志衬底色为白色，如下图所示。 横写的文字辅助标志
3	竖写两种形式	竖写时，文字辅助标志写在标志杆的上部。 禁止标志、警告标志、指令标志、提示标志均为白色衬底，黑色字。 标志杆下部色带的颜色应和标志的颜色相一致，如下图所示。 写在标志杆上部的文字辅助标志

十二、信号的功能、信号和警告装置类别

序号	类别		内容
1	信号的功能		提醒注意、显示运行状态、警告可能发生故障或出现险情（包括人身伤害或设备事故风险）先兆，要求人们做出排除或控制险情反应的信号
2	信号和警告装置类别	听觉信号	（1）利用人的听觉反应快的特点，可不受照明和物体障碍限制，强迫人们注意。 （2）特性应与相关的环境特性相匹配。 （3）险情听觉信号则根据险情的紧急程度及其可能对人群造成的伤害分为： ①紧急听觉信号：表示险情开始的信号，必要时，还包括表示险情持续和终止的信号。

序号	类别	内容
2	听觉信号	②紧急撤离听觉信号：表示险情开始或正在发生且有可能造成伤害的紧急情况的信号，并指示人们按已确定的方式立即离开危险区。 ③警告听觉信号：表示即将发生或正在发生，需采取适当措施消除或控制危险的险情信号，也可提供人们采取行动或措施的信息。
3	信号和警告装置类别	视觉信号

序号	类别	内容
3	视觉信号	（1）特点：占空间小、视距远、简单明了。 （2）险情视觉信号的特征为：应确保在信号接收区内的任何地方、在所有可能的照明条件下清晰可见，可采用亮度高于背景的稳定光和闪烁光，以从一般照明或其他视觉信号中辨别出来。 （3）根据险情对人危害的紧急程度和可能后果，视觉信号分为两类： ①警告视觉信号：指明危险情形即将发生，要求采取适当措施消除或控制险情的视觉信号。 ②紧急视觉信号：指明危险情形已经开始或正在发生，要求采取应急措施的视觉信号
4	视听组合信号	（1）特点：光、声信号共同作用。 （2）当险情信号为紧急信号时，险情视觉信号与险情听觉信号应配合使用同时出现，用以加强危险和紧急状态的警告功能

十三、信号和警告装置安全要求

序号	安全要求	具体阐述
1	含义明确性	对信号最首要的要求是具有某些典型模式和赋予一个特定的特征，使信号含义明确，确保无歧义地识别传递
2	可察觉性	（1）听觉信号应在接收区内的任何位置都不应低于 65 dB（A）。 （2）紧急视觉信号应使用闪烁信号灯，警告视觉信号的亮度应至少是背景亮度的 5 倍，紧急视觉信号亮度应至少是背景亮度的 10 倍，即后者的亮度应至少 2 倍于前者，频闪效应会削弱闪光信号的可察觉性。 （3）听觉信号和视觉信号宜同时使用时，声光的同步可提高信号的可察觉性
3	可分辨性	（1）听觉险情信号应使其从接收区内所有其他声音中清晰地突显。 （2）视觉险情信号中，警告视觉信号应为黄色或橙黄色，紧急视觉信号应为红色。 （3）险情信号应在各种不利环境下得以识别
4	有效性	险情信号定期复查，且无论有任何其他相关变化，都应复查信号的有效性
5	设置位置	宜设置于紧邻存在危险源的适当位置，应在作业地点的可听可视范围之内
6	优先级要求	任何险情信号应优先于其他所有视听信号；紧急信号应优先于所有警告信号，紧急撤离信号应优先于其他所有险情信号

十四、随机文件及使用说明书

主要是指操作手册、使用说明书或其他文字说明（如保修单等）。

使用说明书是交付机械产品的必备组成部分，内容应简明、准确、易于阅读和理解；能指导使用者正确使用机器。说明书应包括安装、搬运、贮存、使用、维修和安全卫生等有关规定，应在各个环节对剩余风险提出通知和警告，并给出对策建议。

考点10 机械制造生产场所安全技术

一、总平面图布置

序号	类别	内容
1	条件	应结合当地气象条件，使车间厂房具有良好的朝向、采光和自然通风条件。保证作业场地和作业环境的气象条件符合防寒、防风、防暑、防湿的要求
2	布置要求	在符合生产流程、操作要求和使用功能的前提下，应采用联合、集中、多层布置。按生产流程做到工序衔接紧密、物料传送路线短、操作检修方便，符合安全卫生要求
3	多层厂房	应将运输量、荷载、噪声较大及有振动、有腐蚀溶液和用水量较多的工部布置在厂房的底层，以便于运输、减轻楼板荷重、排除地面污水；将工艺生产过程中排出有粉尘、毒气和腐蚀性气体和火灾危险性较大的工部布置在顶层，以便合理使用空间、进行三废处理、加强环境保护
4	联合厂房	应将散发烟尘、高温或排出有害介质的车间布置在靠外墙处
5	公用设施的距离	产生危险和有害物质的车间、装置和设备设施与控制室、变配电室、仓库、办公室、休息室、试验室等公用设施的距离应符合防火、防爆、防尘、防毒、防振、防触电、防辐射、防噪声的规定，防火距离、消防通道、消防给水及有关设施应符合有关标准规定
6	工序布置	（1）散发热量、腐蚀性、尘毒危害较严重及使用易燃易爆物料或气体、电磁电离辐射危害严重的工序，布置在靠外墙和厂房的下风向，与其他生产工序隔开，不同危害生产工序之间亦应相互隔离。 （2）危害相同的生产工序宜集中（或相邻）布置。对于影响严重的局部工段，可采用排烟排气罩机械送、排风，或者采取密闭措施
7	厂区运输网	（1）应根据生产流程，充分考虑人和物的合理流向和物料输送的需要，结合进出厂（场）物品的特征、运输量、装卸方式合理布局。 （2）道路的布置应满足生产、运输、安装、检修、消防安全和施工的要求，应有利于功能分区；满足防火、防爆、防尘、防毒和防触电等安全卫生要求；并考虑紧急情况下便于撤离，保证消防车、急救车顺利通往可能出现事故的地点

二、通道

序号	项目	内容
1	厂区主干道	（1）主要生产区、仓库区、动力区的道路，应环形布置。 （2）厂区尽端式道路，应有便捷的消防车回转场地。 （3）厂区道路在弯道、交叉路口的视距范围内，不得有妨碍驾驶员视线的障碍物。 （4）道路上部管架和栈桥等，在干道上的净高不得小于5m
2	车间通道	（1）一般分为纵向主要通道、横向主要通道和机床之间的次要通道。 （2）每个加工车间都应有一条纵向主要通道，通道宽度应根据车间内的运输方式和经常搬运工件的尺寸确定，工件尺寸越大，通道应越宽。 （3）车间横向主要通道根据需要设置，其宽度不应小于2000mm；机床之间的次要通道宽度一般不应小于1000mm。 （4）人行道、车行道的布置和间隔距离，都不应妨碍人员工作和造成危害

序号	项目	内容
3	出入口设置	（1）主要人流与货流通道的出入口分开设置。 （2）货流出入口应位于主要货流方向，应靠近仓库、堆场，并与外部运输线路方便连接。 （3）车间厂房出入口的位置和数量，应根据生产规模、总体规划、用地面积及平面布置等因素综合确定，并确保出入口的数量不少于2个。 （4）厂房大门净宽度应比最大运输件宽度大600mm，比净高度大300mm。 （5）车辆出入频繁的大门宜设置防撞措施。 （6）对于特大的设备可设专门安装洞口
4	消防通道	（1）除厂房四周应设消防通道外，在厂房内部尚须设置纵横贯通的消防通道。 （2）对于大面积的联合厂房人员数量多、设备集中，消防安全措施不可忽视，可将厂房划分为几个消防区段，每区段应设一套消防设施，或者设置自动报警设施。 （3）厂房内应合理设置足够数量的灭火器和紧急报警装置，安全疏散口应能满足人员紧急疏散和消防车出入的要求
5	铁路专用线设计	（1）工厂铁路专用线设计，应符合现行国家标准的规定，不宜与人行主干道交叉；当必须交叉时，应设置看守道口、护栏、限速标志、警铃等安全设施或安装无人看守道口智能报警系统。 （2）繁忙线路应设置立体交叉

三、加工车间通道尺寸

运输方式	通道宽度（m）				
	冷加工	铸造	锻造	热处理	焊接
人工运输	≥1	1.5	2～3	1.5～2.5	2～3
电瓶车单向行驶	1.8	2			
电瓶车对开	3		3～5	3～4	3～5
叉车或汽车行驶	3.5	3.5			
手工造型人行道	—	0.8～1.5	—	—	—
机器造型人行道	—	1.5～2	—	—	—
铁路进厂房人口宽度应为5.5					

四、机床设备安全距离

项目	小型机床	中型机床	大型机床	特大型机床
机床操作面间距（m）	1.1	1.3	1.5	1.8
机床后面、侧面离墙柱间距（m）	0.8	1.0	1.0	1.0
机床操作面离墙柱间距（m）	1.3	1.5	1.8	2.0

五、作业现场生产设备的安全卫生规程要求

（1）对运动传动部件（如皮带轮、皮带、飞轮、齿轮、联轴器、导轨、齿杆、传动轴）产生的危险，应采用固定式防护装置或活动式联锁防护装置。

（2）重型机床高于500mm的操作平台周围应设高度不低于1050mm的防护栏杆。

（3）产生危害物质排放的设备，采取整体密闭、局部密闭或设置在密闭室内。密闭后应设排风装置，不能密闭时，应设吸风罩。

（4）生产线辊道、带式输送机等运输设备，在人员横跨处，应设带栏杆的人行走桥；平台、走台、坑池边和升降口有跌落危险处，必须设栏杆或盖板；需登高检查和维修的设备处宜设钢梯；当采用钢直梯时，钢直梯3m以上部分应设安全护笼。

六、具有潜在危险的设备防护

（1）有高压、高温、高速、高电压或深冷等试验台和装置的各类试验站，必须配备各种信号、报警装置和安全防护设施。

（2）高噪声设备宜相对集中，并应布置在厂房的端头，尽可能设置隔声窗或隔声走廊等；人员多、强噪声源比较分散的大车间，可设置隔声屏障或带有生产工艺孔洞的隔墙，或根据实际条件采用隔声、吸声、消声等降噪减噪措施。

（3）高振设备设施宜相对集中布置，采取减振降噪等措施。高振动的设备应避开对防振要求较高的仪器、设备，保持有足够防振间距。对振动、爆炸敏感的设备，应进行隔离或设置屏蔽、防护墙、减振设施等。

（4）输送有毒、有害、易燃、易爆、高温、高压和有腐蚀性气体或液体的管道、管件、阀门及其材质、连接等，必须分别具有密封、耐压、防腐蚀、防静电等措施。

（5）加热设备及反应釜等的作业孔、操作器、观察孔等应有防护设施，作业区热辐射强度不应超过有关规定；设置必要的提示、标志和警告信号。

七、采光照明

序号	项目		内容
1	一般要求		（1）必须满足对工作环境的要求，使工作人员能够看清周围的路径和发现险情的视觉安全。 （2）使工作人员在长时间或视觉难度高的作业中，快速、准确地完成视觉作业，感到视觉舒适安宁。 （3）作业场所的光线必须充足，光环境的特性参数应符合相关标准规定
2	照明方式		（1）工作场所通常设置一般照明，即照亮整个场所的均匀照明。 （2）同场所内不同区域有不同照度要求时，应分区设置一般照明或局部照明。 （3）对于部分作业面照度要求较高，只采用一般照明不合理，宜采用由一般照明与局部照明组成的混合照明
3	照明种类	正常照明	工作场所均应设置正常照明
4		应急照明	包括疏散照明、安全照明、备用照明。 （1）正常照明因故障熄灭后，需确保正常工作或活动继续进行的场所，应设置备用照明。如：可能会造成爆炸、火灾和人身伤亡等严重事故的场所，停止工作将造成很大影响或经济损失的场所，或发生火灾为保证正常进行消防救援的场所等。

续表

序号	项目		内容
4	照明种类	应急照明	（2）正常照明因故障熄灭后，需确保处于存在危险之中的人员安全的场所，应设置安全照明。 （3）正常照明因故障熄灭后，需确保人员安全疏散的出口和通道，应设置疏散照明
5	光照度		应急照明的照度标准值应符合下列规定： （1）备用照明的照度值除另有规定外，不低于该场所一般照明照度值的10%。 （2）安全照明的照度标准值除另有规定外，不低于该场所一般照明照度标准值的10%。 （3）疏散照明的地面平均水平照度值除另有规定外，水平疏散通道不应低于1lx，垂直疏散区域不应低于5lx

八、物资堆放

（1）易燃、易爆物质的库房，应按消防规范的有关要求，配置足够的消防设施和消防器材，单独储存在专用仓库、专用场地或专用储存室（柜）内，并设专人管理。物料、半成品及成品间有互相影响或本身产生有毒有害物质，应隔离堆放，并设有相关的防护措施。

（2）白班存放为每班加工量的1.5倍，夜班存放为加工量的2.5倍。

（3）成垛堆放生产物料、产品和剩余物料应堆垛稳固。当直接存放在地面上时，堆垛高度不应超过1.4m，且高与底边长之比不应大于3。

（4）生产物料、半成品及成品应严格按指定区域归类堆放，排列有序；工位器具、工具、模具、夹具应放在指定的部位，安全稳妥，应分类存放上架或装盘；生产过程中的余料和生产过程产生的废品、废料等物料，按规定堆放在划定区域内；推车等简易搬运工具应明确规定放置地点。沿人行通道两边不得有突出或锐边物品。堆放物品的场地要用黄色或白色划出明显的界限或架设围栏，堆放物品的场所应悬挂标牌，写明放置物品的名称和要求。

（5）各类物资的堆放应安全牢固，做到按类存放，重不压轻，大不压小，使货堆保持最大的稳定性。针对性地采取不同措施加以支撑、楔顶、垫稳、归类摆放，不得混码、互相挤压、悬空摆放，防止滚落、侧倒、塌垛。不得挤压电气线路和其他管线，不得阻塞通道。

九、作业场所地面要求

（1）地面应经常保持清洁，应做到"工完、料尽、场地清"。

（2）坑、沟、池应设置可靠的盖板或护栏，夜间有照明。

（3）容易发生危险事故的场地，应设置醒目的安全标志。如以下（不是全部）情况：标注在落地电柜箱、消防器材的前面，不得用其他物品遮挡的禁止阻塞线；标注在突出悬挂物及机械可移动范围内，避免碰撞的安全提示线；标注在高出地面的设备安装平台边缘的安全警戒线；标注在楼梯第一级台阶和人行通道高差300mm以上的边缘处的防止踏空线；标注在凸出于地面或人行横道上、高差300mm以上的管线或其他障碍物上的防止绊跤线。

第二节 金属切削机床及砂轮机安全技术

考点1 金属切削机床存在的主要危险

一、机械危害

序号	伤害起因和伤害形式	内容
1	卷绕和绞缠	旋转运动的机械部件将人的长发、饰物（如项链）、手套、肥大衣袖或下摆绞缠进回转件，继而引起对人的伤害。常见的危险部位有： （1）做回转运动的机械部件：轴类零件，包括联轴节、主轴、丝杠、链轮、刀座和旋转排屑装置等。 （2）回转件上的突出形状：安装在轴上的突出键、螺栓或销钉、手轮的手柄等。 （3）旋转运动的机械部件的开口部分：链轮、齿轮、皮带轮等圆轮形零件的轮辐、旋转凸轮的中空部位等
2	挤压、剪切和冲击	引起这类伤害的是做往复直线运动或往复转角运动的零部件。危险运动状态有： （1）接近型的挤压危险：工作台、滑鞍（或滑板）与墙或其他物体之间，刀具与刀座之间，刀具与夹紧机构或机械手之间，以及由于操作者意料不到的运动或观察加工时产生的挤压危险。 （2）通过型的剪切危险：工作台与滑鞍之间，滑鞍与床身之间，主轴箱与立柱（或滑板）之间，刀具与刀座之间的剪切危险。 （3）冲击危险：工作台、滑座、立柱等部件快速移动、主轴箱快速下降、机械手移动引起的冲击危险
3	引入或卷入、碾轧的危险	危险产生于相互配合的运动副或接触面： （1）啮合的夹紧点：蜗轮与蜗杆、啮合的齿轮之间、齿轮与齿条、皮带与皮带轮、链与链轮进入啮合部位。 （2）回转夹紧区：两个做相对回转运动的辊子之间的部位。 （3）接触的滚动面：轮子与轨道、车轮与路面等
4	飞出物打击的危险	危险产生原因和部位有： （1）失控的动能：机床零件或被加工材料/工件、运动的机床零件或工件掉下或甩出；切屑飞溅引起的烫伤、划伤，以及砂轮的磨料和细切屑使眼睛受伤。 （2）弹性元件的位能：如弹簧、皮带等的断裂引起的弹射。 （3）液体或气体位能：机床冷却系统、液压系统、气动系统由于泄漏或元件失效引起流体喷射，负压和真空导致吸入的危险
5	物体坠落打击的危险	危险产生部位有： （1）如高处坠掉的零件、工具或其他物体。 （2）悬挂物体的吊挂零件破坏或夹具夹持不牢引起物体坠落。 （3）由于质量分布不均、外形布局不合适、重心不稳，或有外力作用，丧失稳定性，发生倾翻、滚落。 （4）运动部件运行超行程脱轨等

序号	伤害起因和伤害形式	内容
6	形状或表面特征的危险	（1）锋利物件的切割、戳、刺、扎危险。 （2）粗糙表面的擦伤。 （3）碰撞、刮蹭和冲击危险
7	滑倒、绊倒和跌落危险	（1）磕绊跌伤：由于地面堆物无序、管线（电线和电缆导管、油管、气管和冷却管）布置无序、无遮盖保护形成障碍，或地面凸凹不平、坑沟槽等导致。 （2）打滑跌倒。机床的冷却液、切削液、油液和润滑剂溅出或渗漏造成地面湿滑，或由于地面过于光滑、冰雪等导致接触面摩擦力过小。 （3）人员在高处操作、维护、调整机床时，从工作位置跌落，或误踏入坑井坠落等

二、金属切削机床存在的其他危险

序号	主要危险	内容
1	电气危险	（1）触电的危险（直接或间接触电）。带电体无保护或保护不当、电气设备绝缘不当或绝缘失效、电气设备未按规定采取接地措施。 （2）电气设备的保护措施不当。电气设备无短路保护或保护不当，电动机无过载保护或过载保护不当，电动机超速引起的危险，电压过低、电压过高或电源中断引起的危险。 （3）电气设备引起的燃烧、爆炸危险
2	热危险	（1）由于接触高温加工件、高温金属切屑以及热加工设备的热源辐射引起的烧伤和烫伤；接触液压系统发热的元件或油液引起的烫伤危险。 （2）由过热或过冷对健康造成的伤害。 （3）作业环境过热或过冷对健康造成的危害
3	噪声危险	机床的噪声超标会导致人耳鸣、听力下降或疲劳和精神压抑等疾病
4	振动危险	振动会影响加工表面质量，降低机床和刀具的寿命，并引起噪声，导致各种精神疾病等
5	辐射危险	（1）电弧、激光辐射造成视力下降、皮肤损伤。 （2）特种加工的电火花加工、电子束离子束加工产生较强 X 射线等离子化辐射源。 （3）电磁干扰使电气设备无法正常运行或产生误动作，电磁辐射损害人身健康的危险
6	物质和材料产生的危险	（1）接触或吸入有害液体、气体、烟雾、油雾和粉尘等。 （2）干式磨削产生的火花、冷却液、油液易燃或加工易燃材料引起的火灾危险；抛光金属零件产生具有爆炸性粉尘的危险。 （3）生物和微生物，冷却液、油液发霉和变质的危险
7	设计时忽视人机工效学产生的危险	（1）作业频率和强度不当。 （2）作业位置和操纵装置不适。 （3）忽视人员防护装备的使用，未使用人员防护装备或防护装备使用不当。 （4）不符合要求的作业照明。 （5）符号标识不清、操作方向不一致引起的误操作危险

序号	主要危险	内容
8	故障、能量供应中断、机械零件破损及其他功能紊乱造成的危险	(1) 机床或控制系统能量供应中断。 (2) 动力中断、连接松动、元件破损。 (3) 控制系统的故障或失灵、选择和安装不符合设计规定。 (4) 数控系统由于记忆失灵和保护不当及与各种外部装置间的接口连接使用不当引起的危险。 (5) 装配错误。 (6) 机床稳定性意外丧失
9	安全措施错误、安全装置缺陷或定位不当	(1) 防护装置：性能不可靠，存在漏防护区，使人员有可能在机床运转过程中进入危险区产生的危险。 (2) 保护装置：互锁装置、限位装置、压敏防护装置性能不可靠或失灵引起的危险。 (3) 信息和报警装置：能量供应切断装置和机床危险部位未提供必要安全信息或信息损污不清，报警装置未设或失灵。 (4) 急停装置：性能不可靠，安装位置不合适。 (5) 安全调整和维修：用的主要设备和附件未提供或提供不全。 (6) 气动排气装置：安装、使用不当，气流将切屑和灰尘吹向操作者。 (7) 进入机床措施没有提供或措施不到位。 (8) 机床液压系统、气动系统、润滑系统、冷却系统压力过大、压力损失、泄漏或喷射等引起的危险

考点2 安全要求和安全技术措施

一、防止机械危险安全措施

序号	项目	防止机械危险安全措施
1	机床结构	(1) 机床的外形布局应确保具有足够的稳定性，不应存在按规定使用机床时意外翻倒、跌落或移动的危险。 (2) 可接触的外露部分不应有可能导致人员伤害的锐边、尖角和开口；机床的各种管线布置排列合理、无障碍，防止产生绊倒等危险；机床的突出、移动、分离部分应采取安全措施，防止产生磕伤、碰伤、划伤、刷伤的危险
2	运动部件	(1) 有可能造成缠绕、吸入或卷入等危险的运动部件和传动装置应予以封闭、设置防护装置或使用信息提示。如齿轮、链传动采用封闭式防护罩，带传动采用金属骨架的防护网，保护区域较大的范围采用防护栅栏。 (2) 凡在作业上方有物料传输装置、带传动装置以及上方可能有坠落物件的下方，应设置防护廊、防护棚、防护网等防护。 (3) 运动部件在有限滑轨运行或有行程距离要求的，应设置可靠的限位装置。 (4) 对于有惯性冲击的机动往复运动部件，应设置缓冲装置。 (5) 运动中可能松脱的零部件必须采取有效措施加以紧固，防止由于启动、制动、冲击、振动而引起松动、脱离、甩出。 (6) 对于单向转动的部件应在明显位置标出转动方向，防止反向转动导致危险。 (7) 运动部件与运动部件之间、运动部件与静止部件（包括墙体等构筑物）之间，不应存在挤压危险和剪切危险，否则应限定避免人体各部位受到伤害的最小安全距离或按有关规定采用防止挤压、剪切的保护装置。

序号	项目	防止机械危险安全措施
2	运动部件	(8) 对于可能超负荷（压力、起升量、温度等）发生部件损坏而造成伤害的，应设置超负荷保护装置，并在机床上或说明书中标明极限使用条件。 (9) 运动部件不允许同时运动时，其控制机构应联锁，不能实现联锁的，应在控制机构附近设置警告标志，并在说明书中加以说明
3	夹持装置	(1) 夹持装置应确保不会使工件、刀具坠落或甩出，尤其是当紧急停止或动力系统故障时，必要时限定其最高安全速度或转速。 (2) 机动夹持装置夹紧过程的结束应与机床运转的开始相联锁；夹持装置的放松应与机床运转的结束相联锁。机床运转时，工件夹紧装置不应动作；未达到预期安全预紧时，工件驱动装置不应动作；工件夹紧力低于安全值或超过允许值时，工件驱动装置应自动停止，并保持足够的夹紧力，使其可靠地停下来。 (3) 手动夹持装置应采取安全措施，防止意外危险坠落或甩出，防止产生挤压手指等危险
4	平衡装置	(1) 与机床部件及其运动有关的配重，如果构成危险，应采取安全防护措施，如将其置于机床体内或置于固定式防护装置内等，并防止配重系统元件断裂而造成的危险。 (2) 采用动力平衡装置，应防止动力系统发生故障时机床部件坠落而造成的危险。 (3) 移动式平衡装置（如配重），应在其移动范围内采取防护措施，防止移动造成的碰撞、夹挤
5	排屑防喷溅措施	(1) 采取断屑措施（控制刀具角度、断屑槽）防止产生长带状屑，设防护挡板防止磨屑、切屑崩飞；大量产生切屑的机床应设机械排屑装置，排屑装置不应构成危险，必要时可与防护装置的打开和机床运转的停止联锁；手工清除废屑，应提供适宜的手用工具，严禁手抠嘴吹。 (2) 机床输送高压流体的冷却系统、液压系统、气动系统及润滑系统，应设有防止超压的安全阀或调整压力变化的溢流阀，能承受正常操作时的内压和外压，系统的渗漏不应引起喷射危险；蓄能器应能自动卸压或安全闭锁（特殊情况，断开时还需压力除外）。断开时若蓄能器仍需保持压力，应在蓄能器上示出安全信息；尽可能容纳和有效回收冷却液、切削液、油液和润滑剂，避免其流失到机床周围的地面；设置附加的防护挡板，防止溅出造成的危险
6	工作平台、通道、开口防止滑倒、绊倒和跌落的措施	(1) 当可能坠落的高度超过 500mm 时，应安装防坠落护栏、安全护笼及防护板等。 (2) 工作平台和通道上的最小净高度应为 2100mm，通道的最小净宽度为 600mm，最佳为 800mm。当经常通过或有多人同时交叉通过的通道宽度应为 1000mm。 (3) 相邻地板构件之间的最大高度差应不超过 4mm，工作平台或通道地板的最大开口应使直径 35mm 的球不能穿过该开口

二、防止挤压的身体部位最小间距

身体部位	最小间距 a（mm）	身体部位	最小间距 a（mm）	身体部位	最小间距 a（mm）
身体	500	臂	120	腿	180
头部	300	手指	25	脚趾	50

三、电气安全措施

序号	类别		内容
1	防止触电的安全措施		(1) 按照规定要求，加强电气设备的带电体、绝缘、保护接地和电磁兼容的防护。 (2) 过电流的保护、电动机的过载和超速保护、电压波动和电源中断的保护、接地故障（或剩余电流）保护等各种电气保护应符合有关规定。 (3) 电气设备应防止或限制静电放电，必要时可设置放电装置
2	控制系统的安全措施	控制系统功能	应确保控制系统功能安全可靠，能经受预期的工作负荷、外来影响和逻辑的错误（不包括操作程序）。即使在控制系统出现故障时，也不应导致危险产生（如意外启动、速度失控、运动无法停止、安全装置失效等）
3		控制装置	应设置在危险区以外（紧急停止装置、移动控制装置等除外）；清晰可见，与其他装置明显区分，设置必要的标志表示其功能和用途；在操作位置不能观察到全部工作区的机床，应设置视觉或听觉警告信号装置或警告信息，使工作区内人员及时撤离或迅速制止启动
4		启动和停止	机床只应在人有意控制下才能启动，包括停止后重新启动、操作状况（如速度、压力）有重大变化和防护装置尚未闭合时；停止装置应位于每个启动装置附近。按下停止装置，执行机构的能量供应切断，机床运动完全停止
5		控制模式选择	机床有一种以上工作或操作方式时，应设置模式选择控制装置，每个被选定的模式只允许对应一种操作或控制模式
6		紧急停止装置	机床应设置一个或数个紧急停止装置，保证瞬时动作时，能终止机床一切运动或返回设计规定的位置；紧急停止装置的布置应保证操作人员易于触及且操作无危险；形式应明显区别于一般开关，易识别，易于接近；该装置复位时不应使机床启动，必须按启动顺序重新启动才能重新运转
7		数控系统	应防止非故意的程序损失和电磁故障，当信息中断或损坏，程序控制系统不应再发出下一步指令，但仍可完成在故障前预先选定的工序；当错误信息输入时，工作循环不能进行；有关安全性的软件不允许用户改变

四、物质和材料的安全措施

序号	类别	内容
1	总体措施	主要通过消除或最大程度减小危险的设计（工程）措施来实现。优先采用无毒和低毒的材料或物质，构成机器的材料应是不可燃、不易燃或已降低可燃性（如阻燃材料）的材料
2	总体设计	(1) 应采取有效措施消除或最大程度减少有害物质排放，最大限度减少人员暴露于有害物质中。 (2) 对机床工作时难以避免的生产性毒物、有害气体或烟雾、油雾，应加强监测，采取有效的通风、净化和个体防护措施，控制油雾浓度最大值不超过 5mg/m^2；工作时产生大量粉尘的机床，应采取有效的防护、除尘、净化等措施和监测装置，使机床附近的粉尘浓度最大值不超过 10mg/m^3；机床的油箱、冷却箱等宜加盖并便于清理，定期更换冷却液和油液，以防止外来生物和微生物进入。 (3) 对剩余风险用信息告知。 (4) 对毒物泄漏可能造成重大事故的设备，应有应急防护措施

序号	类别	内容
3	火灾和爆炸	消除或最大程度减小机器自身或物质的过热风险，限制现场可燃、助燃物的量，控制爆炸性气体、粉尘的浓度，防止气体、液体、粉尘等物质产生火灾和爆炸危险。有可燃性气体和粉尘的作业场所，应采取避免产生火花的措施，良好的通风系统（通风空气不应循环使用），综合考虑防火防爆措施和报警系统，合理选择和配备消防设施

五、满足人机工程学的要求

（1）工作强度、运动幅度、可见性、姿势等应与人的能力和极限相适应；工作位置应适合操作者的身体尺寸、工作性质及姿势；防止操作时出现干扰、紧张、生理或心理危险；对于操作机床会造成伤害的，应提示用户采用个人防护装置。

（2）友好的人机界面设计。人机交流集中体现在操纵器和显示装置的设计、性能和形式选择、数量和空间布局等，应符合信息特征和人的感觉器官的感知特性，保证迅速、通畅、准确地接收信息；显示器的视距应至少为 0.3m，安装高度距地面或操作站台应为 1.3～2m。对安全性有重大影响的危险信号和报警装置，应配置在机床设备相应的易发生故障或危险性较大的部位，优先采用声、光组合信号。

（3）操纵装置行程和操作力应根据控制任务、生物力学及人体测量参数确定，操纵力不应过大使劳动强度增加；行程应不超过人的最佳用力范围，避免操作幅度过大引起疲劳。手轮、手柄操纵力和安装高度应符合下表的规定。

项目	机床质量				安装高度
	≤2t	2～5t	5～10t	>10t	
经常使用＞25次/每班	≤40N	≤60N	≤80N	≤120N	0.5～1.7m
不经常使用	≤60N	≤100N	≤120N	≤160N	0.3～1.9m
仅调整时使用					≤2m

六、其他危险的安全措施

（1）热危险：机床或其组成部件、液压系统的元件、材料存在异常温度热危险时，可采取降低表面温度、绝热材料包覆、设置保护装置（屏障或栅栏）、表面结构糙化、液压系统控制油温等工程措施，加设警示标志，必要时提供个人防护装备。

（2）噪声和振动：应采取措施降低机床的噪声和振动对人体健康的影响。在空运转条件下，机床的噪声声压级应符合下表的规定。

机床质量（t）	≤10	10～30	≥30
普通机床［dB（A）］	85	85	90
数控机床［dB（A）］	83		

（3）电离和非电离辐射：

① 非电离辐射作业：除合理选择作业点、减少辐射源的辐射外，应按危害因素的不同性质，采取屏蔽辐射源、加强个体防护等相应防护措施；使用激光的作业环境，禁止使用镜面反射的材料，光通路应设置密封式防护罩。

② 对于存在电离辐射的放射源库、放射性物料及废料堆放处理场所：应有安全防护措施，外照射防护的基本方法是时间、距离、屏蔽防护，并应设有明显的标志、警示牌和划出禁区范围。

考点 3   砂轮机安全技术

一、砂轮机加工的特点

（1）运动速度高。
（2）非均质结构。
（3）磨削的高热现象。
（4）大量磨削粉尘。

二、磨削加工危险因素

（1）机械伤害。
（2）噪声危害。
（3）粉尘危害。

三、砂轮机的安全要求

序号	项目	安全要求
1	砂轮装置	砂轮装置（示意图如下）由砂轮、主轴、卡盘和防护罩共同组成。 砂轮结构装置图

序号	项目	安全要求
2	砂轮主轴	（1）砂轮主轴端部螺纹应满足防松脱的紧固要求，其旋向须与砂轮工作时旋转方向相反，砂轮机应标明砂轮的旋转方向。 （2）端部螺纹应足够长，切实保证整个螺母旋入压紧（$L>1cm$）。 （3）主轴螺纹部分须延伸到紧固螺母的压紧面内，但不得超过砂轮最小厚度内孔长度的 1/2（$h>H/2$）
3	砂轮卡盘	一般用途的砂轮卡盘直径不得小于砂轮直径的 1/3，切断用砂轮的卡盘直径不得小于砂轮直径的 1/4；卡盘与砂轮侧面的非接触部分应有不小于 1.5mm 的足够间隙
4	砂轮防护罩	（1）开口角度：砂轮防护罩的总开口角度应不大于 90°，当使用砂轮安装轴水平面以下砂轮部分加工时，防护罩开口角度可以增大到 125°。而在砂轮安装轴水平面的上方，在任何情况下防护罩开口角度都应不大于 65°。 （2）砂轮防护罩任何部位不得与砂轮装置各运动部件接触，砂轮卡盘外侧面与砂轮防护罩开口边缘之间的间距应不大于 15mm。 （3）防护罩上方可调护板与砂轮圆周表面间隙（示意图如下）应可调整至 6mm以下；托架台面与砂轮主轴中心线等高，托架与砂轮圆周表面间隙应小于 3mm。 防护罩上方可调护板与砂轮圆周表面间隙 （4）防护罩的圆周防护部分应能调节或配有可调护板，是为了补偿砂轮的磨损。砂轮磨损时，其圆周表面与防护罩可调护板之间的距离应不大于 1.6mm。 （5）应随时调节工件托架以补偿砂轮的磨损，使工件托架和砂轮间的距离不大于 2mm
5	电气安全要求	（1）电源接线端子与保持接地端之间的绝缘电阻值不应小于 1MΩ。 （2）保护接地装置连接件和连接点应确保不受机械、化学或电化学的作用而削弱其导电能力，接地装置处应有清晰、永久固定的接地标记
6	其他要求	（1）当台式、落地砂轮机进行空运转时，噪声声压级不得超过 80dB。 （2）干式磨削砂轮机应设置吸尘装置，砂轮防护罩应备有吸尘口，带除尘装置的砂轮机的粉尘浓度不应超过 $10mg/m^3$。 （3）砂轮只可单向旋转，在砂轮机的明显位置上应标有砂轮旋转方向

四、砂轮的检查

（1）砂轮在安装使用前，必须经过严格的检查。有裂纹或损伤等缺陷的砂轮绝对不准安装使用。

（2）标记检查。通过标记核对砂轮的特性是否符合使用要求、砂轮与主轴尺寸是否相匹配。砂轮没有标记或标记不清，无法核对、确认砂轮特性的砂轮，不管是否有缺陷，都不可使用。

（3）新砂轮、经第一次修整的砂轮以及发现运转不平衡的砂轮，都应做平衡试验。

五、砂轮机的使用安全

（1）任何情况下都不允许超过砂轮的最高工作速度。

（2）磨削作业应使用砂轮的圆周表面进行，不宜使用其侧面进行。

（3）当进行正常磨削作业、空转试验、修整砂轮的时候，砂轮的斜前方位置是操作者应站的位置，不得站在砂轮正面。

（4）禁止多人共用一台砂轮机同时操作。

（5）当发生砂轮破坏的时候，应当检查的内容：砂轮的防护罩是否有损伤、砂轮的卡盘有无变形或不平衡、砂轮主轴端部螺纹和紧固螺母，当前述内容检查完成后，合格后方可使用。

（6）砂轮机的除尘装置应定期检查和维修，及时清除通风装置管道里的粉尘，保持有效的通风除尘能力。

第三节　冲压剪切机械安全技术

考点1　压力机压力加工的危险因素

有机械危险、电气危险、热危险、噪声振动危险（对作业环境的影响很大）、材料和物质危险以及违反安全人机学原则导致的危险等，其中以机械伤害的危险性最大。

考点2　冲压事故分析

序号	项目	内容
1	冲压事故共同特点	（1）危险状态：滑块做上下往复直线运动。 （2）操作危险区：压力机滑块安装冲模后，冲模的垂直投影面的范围的模口区。 （3）危险时间：随着滑块的下行程，上、下模具的相对距离变小甚至闭合的阶段。 （4）危险事件：在特定时间（滑块的下行程），操作者在该区域进行安装调试冲模，对放置的材料进行剪切、冲压成型或组装等零部件加工作业，当人的手臂仍然处于危险空间（模口区）发生挤压、剪切等机械伤害

续表

序号	项目	内容
2	原因	（1）冲压操作简单，动作单一。 （2）作业频率高。 （3）冲压机械噪声和振动大。 （4）设备原因：模具结构设计不合理；未安装安全装置或安全装置失效；冲头打崩；机器本身故障造成连冲或不能及时停车等。 （5）人的手脚配合不一致，或多人操作彼此动作不协调
3	实现冲压安全的对策	（1）采用手用工具送取料，避免人的手部伸入模口区。 （2）设计安全化模具，缩小模口危险区，设置滑块小行程，使人手无法伸进模口区。 （3）提高送、取料的机械化和自动化水平，代替人工送、取料。 （4）在操作区采用安全装置，保障滑块的下行程期间，人手处于危险模口区之外
4	解决冲压事故的根本措施	在实现本质安全措施的基础上，在操作区使用安全防护装置
5	压力机的安全功能部件	包括离合器和制动器、紧急制动装置、安全防护装置和安全辅助装置等与安全相关的部件

考点3 压力机作业区的操作控制系统

序号	项目	内容
1	组成	包括离合器、制动器和脚踏或手操作装置
2	操纵曲柄连杆机构的关键控制装置	制动器和离合器
3	离合器分类	分为刚性、摩擦离合器。刚性离合器以刚性金属键作为接合零件，但不能使滑块停止在行程的任意位置，只能使滑块停止在上死点。摩擦离合器借助摩擦副的摩擦力来传递扭矩，结合平稳，冲击和噪声小，可使滑块停止在行程的任意位置
4	设计时应保证的要求	（1）离合器与制动器的联锁控制动作应灵活、可靠。 （2）采用规格尺寸、质量、刚度上应一致的压缩弹簧接合制动器和脱开离合器。 （3）制动器和离合器设计时应保证任一零件的失效，不能使其他零件快速产生危险的联锁失效。 （4）离合器及其控制系统应保证在气动、液压和电气失灵的情况下，离合器立即脱开，制动器立即制动。 （5）禁止在机械压力机上使用带式制动器来停止滑块。 （6）脚踏操作与双手操作规范应具有联锁控制。 （7）在离合器、制动器控制系统中，须有急停按钮。在执行停机控制的瞬时动作时，必须保证离合器立即脱开、制动器立即接合。急停按钮停止动作应优先于其他控制装置

41

考点4 压力机作业区的安全防护装置

一、安全防护装置的安全功能

（1）在滑块运行期间，人体的任一部分不能进入工作危险区。

（2）在滑块向下行程期间，当人体的任一部分进入危险区之前，滑块能停止下行程或超过下死点。

二、安全防护装置类别

序号	类别	内容
1	固定式封闭防护装置	（1）类型：常见有固定和活动联锁式，实体隔离有透明实体隔板、栅栏式防护装置。 （2）满足的安全要求： ①防护装置固定位置：固定安装在机床、周围其他固定的结构件或安装在地面上，不用专门工具不能拆除。 ②安全距离：固定式防护装置的送料开口、栅栏式防护装置的栅栏间隙和隔离实体到危险线的安全距离，应符合防止上下肢触及危险区的安全距离的标准要求。 ③联锁式防护装置只有在活动护栏门关闭后才能启动工作行程
2	双手操作式安全保护控制装置	（1）工作原理：将滑块的下行程运动与对双手的限制联系起来。 （2）符合的要求： ①双手操作的原则。 ②重新启动的原则。 ③最小安全距离的原则（应根据压力机离合器的性能，通过计算来确定）。 ④操纵器的装配要求：两个操纵器的内缘装配距离至少相隔260mm。 ⑤对需多人协同配合操作的压力机，应为每位操作者都配置双手操纵装置，并且只有全部操作者协同操作双手操纵装置时，滑块才能启动运行
3	光电保护装置	（1）该装置是目前压力机使用最广泛的安全保护控制装置。 （2）满足的功能： ①保护范围：保护高度不低于滑块最大行程与装模高度调节量之和，保护长度应能覆盖操作危险区。 ②自保功能。 ③回程不保护功能。 ④自检功能。 ⑤响应时间与安全距离。装置响应时间不得超过20ms。从保护幕到模口危险区的最小安全距离，应根据压力机离合器的性能通过计算来确定。 ⑥抗干扰性
4	拉（推或拨）手式安全装置	（1）此安全装置属于机械式安全装置。 （2）目前已很少使用
5	安全操作附件	（1）类型：包括手用钳、钩、镊、各式吸盘（电磁、真空）及工艺专用工具等。 （2）满足的功能：手工具必须符合人机工程要求，手持式电磁吸盘还应符合电气安全规定

📑 考点5 消减冲模危险区的措施

（1）减少上、下模非工作部分的接触面，将上模座正面和侧面制成斜面、倒钝外廓和非工作部件的尖角。

（2）冲模闭合时，从下模座上平面至上模座下平面的最小间距应大于60mm。

（3）手工上下料时，在冲模的相应部位应开设避免压手的空手槽。

📑 考点6 压力机作业区的其他保护措施

序号	类别	内容
1	超载保护装置	压力机应装备超载保护装置。如剪切式、压塌式、液压式等超载保护装置。当发生超载时，使动力不能继续输入，后续机构运动停止，从而保护后续主要受力件不遭到损坏
2	安全支撑装置	压力机在调整模具或维修时，将支撑装置作为支撑，置于模具空间内，防止滑块或模具部件移动、下落。只要支撑装置处在防护位置，则压力机不能启动行程并且滑块应保持在上死点。可将其同压力机控制装置联锁
3	紧急停止按钮	必须装设红色紧急停止按钮，该装置在供电中断时，应以不大于0.20s的时间快速制动。如果有多个操作点时，各操作点上一般均应有紧急停止按钮
4	安全监控、显示装置	应根据安全运行、操作的需要设置安全监督、控制、显示装置
5	防松措施	压力机上所用的螺栓、螺母、销针等紧固件和弹簧，因其破坏、失效、松脱会导致意外或零部件移位、跌落时，必须采取防松措施
6	解救被困人员	应提供解救在模区被困人员的措施，如辅助驱动装置、手动旋转飞轮的开口。手动旋转应与压力机控制系统联锁

📑 考点7 剪板机安全技术

一、剪板机概述

（1）由墙板、工作台和运动的刀架（上横梁）组成。

（2）操作危险区是刀口和压料装置（压料脚）及其关联区域，常常选择固定式防护装置，保护暴露于危险区的人员。如固定式防护装置不可行，则应根据重大危险和操作方式选择联锁式防护装置、光电保护装置。当间隙不超过6mm时，则不需要安全防护。

二、一般安全要求

（1）应有单次循环模式。

（2）压料装置（压料脚）应确保剪切前将剪切材料压紧，压紧后的板料在剪切时不能移动。

（3）安装在刀架上的刀片应固定可靠，不能仅靠摩擦安装固定。

（4）所有紧固件应紧固，并应采取防松措施。

（5）使用剪板机时，机后部落料危险区域一般应设置阻挡装置。

（6）设置合适的安全监督控制装置，对机器的安全运行状况进行监控。

（7）必须设置紧急停止按钮，一般应在剪板机的前面和后面分别设置。

（8）如果配有激光器（指示剪切线），应符合安全标准规定。

三、安全防护装置

序号	类别	满足要求
1	固定式防护装置	（1）应安装在机器上。 （2）应可防止进入刀口和压料装置构成的危险区域。 （3）不应阻挡看清剪切线。 （4）装置进料开口、装置安置最小安全距离应符合标准要求
2	联锁式防护装置	（1）若联锁式防护装置处于打开位置，任何危险运动都应当停止；只有防护装置关闭后才能启动剪切行程。 （2）不带防护锁的联锁式防护装置，应在操作者伤害发生前位置安装。 （3）不带防护锁的联锁式防护装置，应与固定式防护装置结合使用。 （4）安全距离应按照剪板机总响应时间和操作者的速度进行计算确定
3	光电保护装置	（1）只能从该装置的检测区进入危险区。 （2）如果现场有可能从剪板机侧面进入危险区，应提供附加的安全防护装置，附加的安全防护装置应确保人或任何身体部位不能进入危险区。 （3）如果现场有可能从后部进入危险区，安装在剪板机后部的光电保护装置，用于防止从剪板机后部接触刀架和电动后挡料，并且允许剪切后的板料移动到安全位置。 （4）应在操作者接触危险区域伤害发生前危险运动已经停止的位置安装。 （5）安全距离的计算，应根据剪板机总停止响应时间和操作者接近危险区域的速度计算。 （6）人体任一部分引起该装置动作，任何危险动作应停止，也不可能启动。 （7）复位装置放置位置：在可以清楚观察危险的区域

第四节　木工机械安全技术

考点 1　木材加工机械的概念

进行木材加工的机械统称为木工机械，是一种借助于锯、刨、车、铣、钻等加工方法，把木材加工成木模、木器及各类机械的机器。平刨床、圆锯机和带锯机是事故发生率较高的几种木工机械。

木工机械有：跑车带锯机、轻型带锯机、纵锯圆锯机、横截锯机、平刨机、压刨机、木铣床、木磨床等。

考点2　木材加工特点和危险因素

序号	项目	内容
1	特点	（1）木工机械是高速机械。 （2）加工对象木材存在天然缺陷；木材干缩湿胀，会发生翘曲、开裂、变形；生物活性使木材含有真菌或滋生细菌、刺激性物质。 （3）木材原料、木屑和木粉尘、废弃物、木制成品及表面修饰用料都是易燃易爆危险物。 （4）木工机械作业大多是敞开式的，手工送进工件操作比例高
2	危险因素	（1）机械危险：主要包括刀具的切割伤害、木料的反弹冲击伤害、锯条断裂或刨刀片飞出以及木屑碎片抛射飞出伤人等。 （2）木材的生物效应危险：可引起皮肤症状、视力失调、对呼吸道黏膜的刺激和病变、过敏症状等。 （3）化学危害：会引起中毒、皮炎或损害呼吸道黏膜。 （4）木粉尘伤害：可导致呼吸道疾病，严重可表现为肺叶纤维化症状，家具加工行业鼻癌和鼻窦腺癌比例较高。 （5）火灾和爆炸的危险：火灾危险存在于木材加工全过程的各个环节。 （6）噪声和振动危害：木工机械是高噪声和高振动机械

考点3　木工机械安全技术要求

序号	安全技术要求	内容
1	稳定性	机床的结构应具备将其固定在地面、台面或其他稳定结构上的措施
2	操控装置	（1）在木工机械的每一操作位置上应装有使机床相应的危险运动件停止的停止操纵装置。 （2）应具有能与动力源断开的技术措施和泄放残存能量的措施，切断机床能量的装置应能清楚识别
3	工作台和导向板	（1）工作台应能保证工件的安全进给，导向板应能保证工件进给的正确位置。 （2）工作台和导向板应有光滑的表面，缺陷和凹坑尽量少。 （3）用手推动的移动工作台必须采取防止脱落的措施
4	刀具及刀具总成体	（1）刀具和刀具主轴应使用与其功能相适应的材料制造，能承受最高许用转速的应力、切削应力和制动过程的应力；刀具的总成体及其在机床上的固定应确保当启动、运转和制动时不会松脱，应进行平衡试验并标记最高许用工作转速；手动进给机床应严格限制刀具相对刀体的伸出量。 （2）在安装、调整刀具时，可能引起转动而造成伤害的刀具主轴应进行防护

📝 考点4 木工机械安全防护装置要求

序号	项目	内容
1	采用的防护装置类型	固定式、活动式、可调式或自调式、全封闭或栅栏式安全防护装置
2	控制方式类型	有机械式、光电式、手动式
3	功能要求	（1）应能防护机床的整个工作范围（高度、宽度），并能承受材料的冲击力。 （2）功能安全可靠：不应成为新的危险源，罩体表面应光滑不得有锐边尖角和毛刺。 （3）木工机械的刀轴与电器应有安全联控装置。 （4）存在工件抛射风险的机床，应设有相应的安全防护装置。 （5）传动装置尽量设置于箱体内，否则对其危险部位应设置安全防护装置。 （6）配置必要的手用工具

📝 考点5 木工机械非机械危险的防护

序号	项目	防护措施
1	电气设备符合安全要求	电击防护、短路保护和过载保护、保护接地符合安全要求
2	降噪与减振	降噪：安装消声、降噪装置；在噪声源内表面的周围，使用吸音材料；改进气流特性。 减振：降低机床的振动；充分支承工件，尤其是工件接近切削点的位置；将工作台或工作台唇板开孔或开槽，阻断振动的传递；对振幅、功率大的设备设计减振基础等措施
3	有害物排放	安装吸尘通风装置和采集系统
4	防火防爆	阻止和减少粉尘和木屑堆集在机床上或机罩内；在预见有爆炸的风险处，能以安全方式和导向消耗或减弱爆炸释放出的能量；作业场地应在明显并便于取用处放置消火栓、砂箱及灭火器

📝 考点6 木工平刨床安全技术

序号	项目	防护措施
1	概述	木工平刨床（如下图）用来刨削工件的一个基准面或两个直交的平面。电动机经胶带驱动刨刀轴高速旋转，手按工件沿导板紧贴前工作台向刨刀轴送进。前工作台低于后工作台，高度可调，其高度差即为刨削层厚度。调整导板可改变工件的加工宽度和角度。

续表

序号	项目	防护措施
1	概述	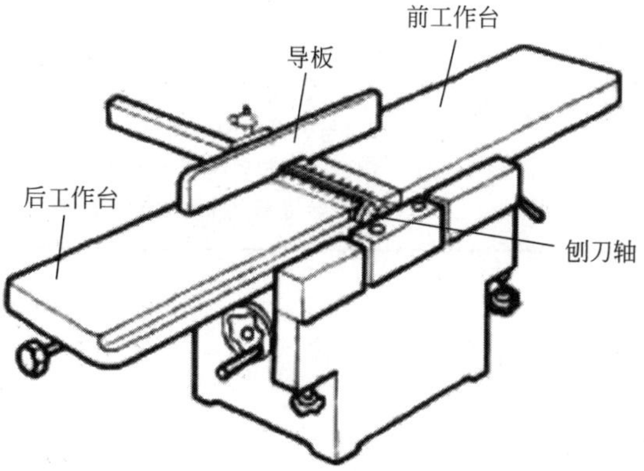 木工平刨床
2	作业平台	（1）工作台面离地面高度应为750～800mm。机身外形采用圆角和圆滑曲面，避免利棱锐角。台面应平整、光滑，不得坑凹凸起，防止木料通过弹跳、侧倒。 （2）导向板和升降机构应能自锁或被锁紧。 （3）开口量应尽量小，使刀轴外露区域小。在零切削位置时的工作台唇板与切削圆之间的径向距离应保持为 3±2mm
3	刨刀轴	（1）刀轴必须是装配式圆柱形结构（如下图），严禁使用方形刀轴。刀体上的装刀梯形槽（如下图）应上底在外，下底靠近圆心，组装后的刀槽为封闭型或半封闭型（如下图）。  圆柱形刀轴 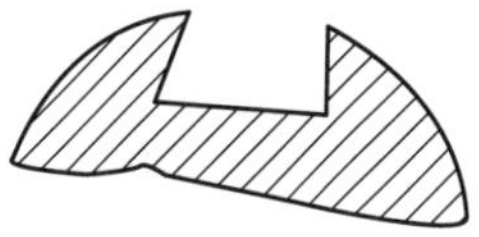　　　　刀轴梯形槽 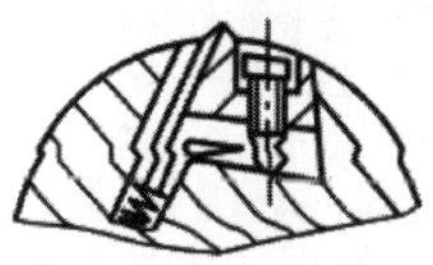 封闭型刀槽 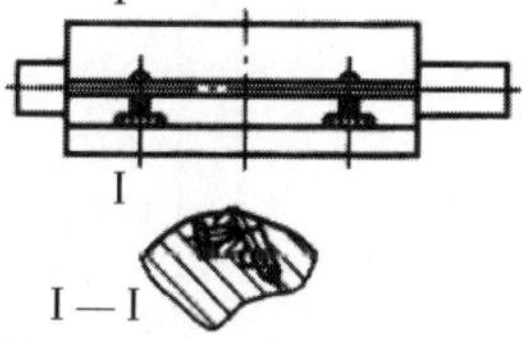　　　　半封闭型刀槽 （2）组装后的刨刀片径向伸出量不得大于1.1mm。 （3）组装试验（强度试验和离心试验）后的刀片不得有卷刃、崩刃或显著磨钝现象。 （4）刀轴的驱动装置所有外露旋转件都必须有防护罩，并在罩上标出单向转动的明显标志；须设有制动装置，在切断电源后，保证刀轴在规定的时间内停止转动

续表

序号	项目	防护措施
4	加工区安全防护装置	(1) 在非工作状态下，护指键（或防护罩）必须在工作台面全宽度上盖住刀轴。 (2) 刨削时仅打开与工件等宽的相应刀轴部分，其余的刀轴部分仍被遮盖。 (3) 有足够强度与刚度。整体防护装置应能承受 1kN 径向压力，发生位移时，位移后与刀刃的剩余间隙要大于 0.5mm。 (4) 安全装置闭合灵敏。爪形护指键式的相邻键间距应小于 8mm。 (5) 装置不得涂耀眼颜色，不得反射光泽

考点7 带锯机安全技术

一、带锯机的共同特点

共同特点是高速运动的带锯条悬空段长，自由度大、刚性差，容易出现振动、锯条自锯轮上脱落、锯条断裂等情况，锯条的切割伤害等是主要的危险因素。

二、带锯机的安全技术要求

序号	项目	防护措施
1	带锯条的安全要求	(1) 带锯条的锯齿应锋利，齿深不得超过锯宽的 1/4，锯条厚度应与匹配的带锯轮相适应。 (2) 锯条焊接接头不得超过 3 个，两接头之间长度应为总长的 1/5 以上，接头厚度应与锯条厚度基本一致。 (3) 带锯条的横向裂纹需严格控制，裂纹超长应切断重新焊接
2	操控机构的要求	(1) 启动按钮应灵敏、可靠，不应因接触振动等原因而产生误动作。 (2) 必须设置急停控制按钮。 (3) 启动按钮应设置在能够确认锯条位置状态、便于调整锯的位置上。 (4) 上锯轮机动升降机构应与锯机启动操纵机构联锁；下锯轮应装有能对运转进行有效制动的装置
3	带锯机安全防护装置	(1) 锯轮防护：上锯轮处于任何位置，防护罩均应能罩住锯轮 3/4 以上表面，并在靠锯齿边适当处设置锯条承受器；上锯轮处于最高位置时，其上端与防护罩内衬表面应有不小于 100mm 的间隔；锯轮、主运动的带轮应做平衡试验。 (2) 锯齿防护罩：固定式防护罩（将不参加工作的锯条封闭起来）、活动式防护罩（罩体可以侧向打开，方便调节锯条）、高度可调式防护罩（可根据锯切木料的厚度，调节防护罩的防护高度）
4	除屑、降噪、减振	(1) 机床应设置有效的排屑口、吸尘器；锯轮应设置除屑装置，以清除锯轮外缘面上的锯屑、树脂及其他粘着物；在下锯轮有可能卷入木屑、树皮等部位，应设有防止卷入的装置。 (2) 应采取降噪、减振措施，在空运转条件下，机床噪声最大声压级不得超过 90dB（A）

📝 考点 8 圆锯机安全技术

一、圆锯机概述

序号	项目	内容
1	主要危险	圆锯机锯片的切割伤害、木材的反弹抛射打击伤害是主要危险
2	手动进料圆锯机必须装设防护装置	必须装有分料刀
3	自动进料圆锯机须装有防护装置	须装有止逆器、压料装置和侧向防护挡板，送料辊应设防护罩

二、圆锯机安全技术要求

序号	项目	内容
1	锯片与锯轴	（1）锯轴的额定转速不得超过圆锯片的最大允许转速。 （2）锯片与法兰盘应与锯轴的旋转中心线垂直；锯片与法兰盘应与锯轴同心。 （3）圆锯片连续断裂 2 齿或出现裂纹时应停止使用，圆锯片有裂纹不允许修复使用。 （4）锯片夹紧法兰盘直径与锯片应有足够的接触面积，夹紧面必须平整。转动时，锯片与法兰盘之间不得出现相对滑动。 （5）普通圆锯片使用前应进行压料或拨料并经过刃磨，适张度处理和平衡检查调整
2	安全防护装置	（1）圆锯片需要部分暴露，可采用自关闭式或可调式防护装置。 （2）安全防护罩应有足够的强度、刚度和正确的几何尺寸，其防护功能必须可靠，罩体表面应光滑，不得有锐边尖角和毛刺。 （3）安全防护罩应采用部分封闭式结构。防护罩的安装必须稳固可靠、位置正确，其支承连接部分的强度不得低于防护罩的强度，固定后的安全防护罩应能承受意外的冲击或其他作用力。对可能造成人身伤害的圆锯机的传动部件必须设有安全防护装置。 （4）分料刀（如下图）是设置在出料端减少木材对锯片的挤压并防止木材反弹的装置。采用优质碳素钢 45 或同等性能的钢材制造；应有足够的宽度以保证其强度和刚度，宽度介于锯身厚度与锯料宽度之间，在全长上厚度一致。 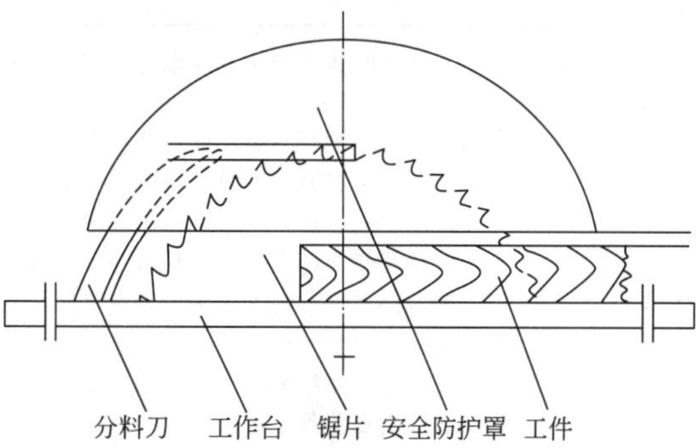 分料刀 工作台 锯片 安全防护罩 工件 分料刀

序号	项目	内容
2	安全防护装置	（5）分料刀的引导边是楔形，以便于导入。其圆弧半径不应小于圆锯片半径。应能在锯片平面上做上下和前后方向的调整，分料刀顶部应不低于锯片圆周上的最高点；与锯片最靠近点与锯片的距离不超过 3mm，其他各点与锯片的距离不得超过 8mm
3	带防护功能的手用工作装置	（1）应提供采用塑料、木材或胶合板制造的推棒和推块，以避免加工时手接近锯片。 （2）推棒的长度应不小于 400mm，推块长度建议为 300～450mm，宽度为 80～100mm，厚度为 15～20mm。加工小工件和需要贴着导向板推送工件时，建议用推块
4	有害物的排除	设计时应考虑锯屑和粉尘的排除，吸尘罩或吸尘接口应考虑防火和防爆

第五节 · 铸造安全技术

考点 1　铸造设备概述

铸造设备就是利用这种技术将金属熔炼成符合一定要求的液体并浇进铸型里，经冷却凝固、清整处理后得到有预定形状、尺寸和性能的铸件的所有机械设备。

铸造设备主要包括：

（1）砂处理设备，如碾轮式混砂机、逆流式混砂机、叶片沟槽式混砂机、多边筛等。

（2）造型造芯设备，如高、中、低压造型机、抛砂机、无箱射压造型机、射芯机、冷和热芯盒机等。

（3）金属冶炼设备，如冲天炉、电弧炉、感应炉、电阻炉、反射炉等。

（4）铸件清理设备，如落砂机、抛丸机、清理滚筒机等。

考点 2　铸造作业危险有害因素

序号	危险有害因素	具体说明
1	火灾及爆炸	红热的铸件、飞溅铁水等一旦遇到易燃易爆物品，极易引发火灾和爆炸事故
2	灼烫	浇注时稍有不慎，就可能被熔融金属烫伤；经过熔炼炉时，可能被飞溅的铁水烫伤；经过高温铸件时，也可能被烫伤
3	机械伤害	铸造作业过程中，机械设备、工具或工件的非正常选择和使用，人的违章操作等，都可导致机械伤害。如造型机压伤，设备修理时误启动导致砸伤、碰伤
4	高处坠落	由于工作环境恶劣、照明不良，加上车间设备立体交叉，维护、检修和使用时，易从高处坠落

续表

序号	危险有害因素	具体说明
5	尘毒危害	在型砂、芯砂运输、加工过程中，打箱、落砂及铸件清理中，都会使作业地区产生大量的粉尘，因接触粉尘、有害物质等因素易引起职业病。冲天炉、电炉产生的烟气中含有大量对人体有害的一氧化碳，在烘烤砂型或砂芯时也有二氧化碳气体排出；利用焦炭熔化金属，以及铸型、浇包、砂芯干燥和浇铸过程中都会产生二氧化硫气体，如处理不当，将引起呼吸道疾病
6	噪声振动	在铸造车间使用的振实造型机、铸件打箱时使用的振动器，以及在铸件清理工序中，利用风动工具清铲毛刺，利用滚筒清理铸件等都会产生大量噪声和强烈的振动
7	高温和热辐射	铸造生产在熔化、浇铸、落砂工序中都会散发出大量的热量，在夏季车间温度会达到40℃或更高，铸件和熔炼炉对工作人员健康或工作极为不利

📝 考点3　铸造作业安全技术措施

一、工艺要求

序号	项目	内容
1	工艺布置	造型、制芯工段在集中采暖地区应布置在非采暖季节最小频率风向的下风侧，在非集中采暖地区应位于全年最小频率风向的下风侧。砂处理、清理等工段宜用轻质材料或实体墙等设施与其他部分隔开；大型铸造车间的砂处理、清理工段可布置在单独的厂房内。造型、落砂、清砂、打磨、切割、焊补等工序宜固定作业工位或场地，以方便采取防尘措施。在布置工艺设备和工作流程时，应为除尘系统的合理布置提供必要条件
2	工艺设备	凡产生粉尘污染的定型铸造设备，制造厂应配置密闭罩，非标准设备在设计时应附有防尘设施。型砂准备及砂的处理应密闭化、机械化。输送散料状干物料的带式输送机应设封闭罩。混砂不宜采用扬尘大的爬式翻斗加料机和外置式定量器，宜采用带称量装置的密闭混砂机。炉料准备的称量、送料及加料应采用机械化装置
3	工艺方法	冲天炉熔炼不宜加萤石。回用热砂应进行降温去灰处理
4	工艺操作	(1)作业方式：在工艺可能的条件下，宜采用湿法作业。落砂、打磨、切割等操作条件较差的场合，宜采用机械手遥控隔离作业。 (2)炉料准备：炉料准备包括金属块料（铸铁块料、废铁等）、焦炭及各种辅料。在准备过程中最容易发生事故的是破碎金属块料。 (3)熔化设备：安全技术主要从装料、鼓风、熔化、出渣出铁、打炉修炉等环节考虑。 (4)浇注作业：一般包括烘包、浇注和冷却三个工序。浇包盛铁水不得太满，不得超过容积的80%，以免洒出伤人；浇注时，所有与金属溶液接触的工具，如扒渣棒、火钳等均需预热，防止与冷工具接触产生飞溅。 (5)配砂作业：不安全因素有粉尘污染；钉子、铁片、铸造飞边等杂物扎伤；混砂机运转时，操作者伸手取砂样或试图铲出型砂，结果造成被打伤或被拖进混砂机等。

续表

序号	项目	内容
4	工艺操作	（6）造型和制芯作业：生产上常用的造型设备有振实式、压实式、振压式等，常用的制芯设备有挤芯机、射芯机等。很多造型机、制芯机都是以压缩空气为动力源，为保证安全，防止设备发生事故或造成人身伤害，在结构、气路系统和操作中，应设有相应的安全装置，如限位装置、联锁装置、保险装置。 （7）落砂清理作业：铸件冷却到一定温度后，将其从砂型中取出，并从铸件内腔中清除芯砂和芯骨的过程称为落砂。有时为提高生产率，若过早取出铸件，因其尚未完全凝固而易导致烫伤事故

二、建筑要求

（1）铸造车间应安排在高温车间、动力车间的建筑群内，建在厂区其他不释放有害物质的生产建筑的下风侧。

（2）厂房主要朝向宜南北向。铸造车间四周应有一定的绿化带。

（3）铸造车间除设计有局部通风装置外，还应利用天窗排风或设置屋顶通风器。熔化、浇注区和落砂、清理区应设避风天窗。有桥式起重设备的边跨，宜在适当高度位置设置能启闭的窗扇。

三、除尘要求

序号	项目	内容
1	炉窑	（1）炼钢电弧炉。通风除尘系统的设计参数应按冶炼氧化期最大烟气量考虑。电弧炉的烟气净化设备宜采用干式高效除尘器。 （2）冲天炉。当粉尘的排放浓度在 $400\sim600mg/m^3$ 时，最好利用自然通风和喷淋装置进行排烟净化
2	破碎与碾磨设备	颚式破碎机上部，直接给料，落差小于 1m 时，可只做密闭罩而不排风。当下部落差大于或等于 1m 时，下部均应设置排风密封罩。球磨机的旋转滚筒应设在全密闭罩内
3	产生粉尘的设备	砂处理设备、筛选设备、输送设备、制芯、造型、落砂、清理等设备均应通风除尘

第六节　锻造安全技术

考点1　锻造的概述

锻造是金属压力加工的方法之一，它是机械制造生产中的一个重要环节。根据锻造加工时金属材料所处温度状态的不同，锻造又可分为热锻、温锻和冷锻。热锻指被加工的金属材料处在红热状态（锻造温度范围内），通过锻造设备对金属施加的冲击力或静压力，使金属产生塑性变形而获得预想的外形尺寸和组织结构。

锻造车间里的主要设备有锻锤、压力机（水压机或曲柄压力机）、加热炉等。

考点2 锻造的特点

（1）锻造生产是在金属灼热的状态下进行的，低碳钢锻造温度范围在 750～1250℃。

（2）锻造作业会不断发散出大量的辐射热，锻件在锻压终了时，仍然具有相当高的温度。

（3）锻造作业产生的烟尘具有危害。

（4）锻造设备在工作中冲击力突发，作用力较大。

（5）工具和辅助工具更换很频繁，存放往往非常杂乱。

（6）锻造作业设备在运行中产生噪声和振动。

考点3 锻造的危险有害因素

（1）机械伤害：如锻锤锤头击伤；打飞锻件伤人；辅助工具打飞击伤；模具、冲头打崩、损坏伤人；原料、锻件等在运输过程中造成的砸伤；操作杆打伤、锤杆断裂击伤等。

（2）火灾爆炸。

（3）灼烫。

考点4 锻造安全技术措施

（1）锻压机械的机架和突出部分不得有棱角或毛刺。

（2）外露的传动装置必须有防护罩，用铰链安装在锻压设备的不动部件上。

（3）启动装置必须能保证设备迅速开关，并保证设备运行和停车状态的连续可靠。

（4）启动装置的结构应能防止锻压机械意外地开动或自动开动。较大型的空气锤或蒸汽—空气自由锤一般是用手柄操纵的，应该设置简易的操作室或屏蔽装置。模锻锤的脚踏板应置于某种挡板之下，操作者需将脚伸入挡板内进行操纵。

（5）停车按钮为红色，其位置比启动按钮高 10～12mm。

（6）高压蒸汽管道上必须装有安全阀和凝结罐，以消除水击现象，降低突然升高的压力。

（7）蓄力器通往水压机的主管上必须装有当水耗量突然增高时能自动关闭水管的装置。

（8）任何类型的蓄力器都应有安全阀。安全阀必须由技术检查员加铅封、定期检查。

（9）安全阀的重锤必须封在带锁的锤盒内。

（10）安设在独立室内的重力式蓄力器必须装有荷重位置指示器。

（11）新安装和经过大修理的锻压设备应该根据设备图样和技术说明书进行验收和试验。

（12）操作人员应认真学习锻压设备安全技术操作规程，加强设备的维护、保养，保证设备的正常运行。

第七节　建筑机械使用安全技术

考点1　建筑机械使用的基本规定

根据《建筑机械使用安全技术规程》JGJ 33—2012 的规定：

2.0.2　机械必须按出厂使用说明书规定的技术性能、承载能力和使用条件，正确操作，合理使用，严禁超载、超速作业或任意扩大使用范围。

2.0.3　机械上的各种安全防护和保险装置及各种安全信息装置必须齐全有效。

2.0.6　机械使用前，应对机械进行检查、试运转。

2.0.8　操作人员应根据机械有关保养维修规定，认真及时做好机械保养维修工作，保持机械的完好状态，并应做好维修保养记录。

2.0.9　实行多班作业的机械，应执行交接班制度，填写交接班记录，接班人员上岗前应认真检查。

2.0.10　应为机械提供道路、水电、作业棚及停放场地等作业条件，并应消除各种安全隐患。夜间作业应提供充足的照明。

2.0.11　机械设备的地基基础承载力应满足安全使用要求。机械安装、试机、拆卸应按使用说明书的要求进行。使用前应经专业技术人员验收合格。

2.0.12　新机械、经过大修或技术改造的机械，应按出厂使用说明书的要求和现行行业标准的规定进行测试和试运转。

2.0.14　机械集中停放的场所、大型内燃机械，应有专人看管，并应按规定配备消防器材；机房及机械周边不得堆放易燃、易爆物品。

2.0.15　变配电所、乙炔站、氧气站、空气压缩机房、发电机房、锅炉房等易燃易爆场所，挖掘机、起重机、打桩机等易发生安全事故的施工现场，应设置警戒区域，悬挂警示标志，非工作人员不得入内。

2.0.16　在机械产生对人体有害的气体、液体、尘埃、渣滓、放射性射线、振动、噪声等场所，应配置相应的安全保护设施、监测设备（仪器）、废品处理装置；在隧道、沉井、管道等狭小空间施工时，应采取措施，使有害物控制在规定的限度内。

2.0.17　停用一个月以上或封存的机械，应做好停用或封存前的保养工作，并应采取预防风沙、雨淋、水泡、锈蚀等措施。

2.0.18　机械使用的润滑油（脂）的性能应符合出厂使用说明书的规定，并应按时更换。

2.0.21　清洁、保养、维修机械或电气装置前，必须先切断电源，等机械停稳后再进行操作。严禁带电或采用预约停送电时间的方式进行检修。

2.0.22　机械不得带病运转。检修前，应悬挂"禁止合闸，有人工作"的警示牌。

考点2　钢筋加工机械使用的安全要求

根据《建筑机械使用安全技术规程》JGJ 33—2012 的规定：

9.1.1　机械的安装应坚实稳固。固定式机械应有可靠的基础；移动式机械作业时应楔紧行走轮。

9.1.2　手持式钢筋加工机械作业时，应佩戴绝缘手套等防护用品。

9.1.3　加工较长的钢筋时，应有专人帮扶。帮扶人员应听从机械操作人员指挥，不得任意推拉。

考点3　木工机械使用的安全要求

根据《建筑机械使用安全技术规程》JGJ 33—2012 的规定：

10.1.1　机械操作人员应穿紧口衣裤，并束紧长发，不得系领带和戴手套。

10.1.2　机械的电源安装和拆除及机械电气故障的排除，应由专业电工进行。机械应使用单向开关，不得使用倒顺双向开关。

10.1.3　机械安全装置应齐全有效，传动部位应安装防护罩，各部件应连接紧固。

10.1.4　机械作业场所应配备齐全可靠的消防器材。在工作场所，不得吸烟和动火，并不得混放其他易燃易爆物品。

10.1.5　工作场所的木料应堆放整齐，道路应畅通。

10.1.6　机械应保持清洁，工作台上不得放置杂物。

10.1.7　机械的皮带轮、锯轮、刀轴、锯片、砂轮等高速转动部件的安装应平衡。

10.1.8　各种刀具破损程度不得超过使用说明书的规定要求。

10.1.9　加工前，应清除木料中的铁钉、铁丝等金属物。

10.1.10　装设除尘装置的木工机械作业前，应先启动排尘装置，排尘管道不得变形、漏气。

10.1.11　机械运行中，不得测量工件尺寸和清理木屑、刨花和杂物。

10.1.12　机械运行中，不得跨越机械传动部分。排除故障、拆装刀具应在机械停止运转，并切断电源后进行。

10.1.13　操作时，应根据木材的材质、粗细、湿度等选择合适的切削和进给速度。操作人员与辅助人员应密切配合，并应同步匀速接送料。

10.1.14　使用多功能机械时，应只使用其中一种功能，其他功能的装置不得妨碍操作。

10.1.15　作业后，应切断电源，锁好闸箱，并应进行清理、润滑。

10.1.16　机械噪声不应超过建筑施工场界噪声限值；当机械噪声超过限值时，应采取降噪措施。机械操作人员应按规定佩戴个人防护用品。

考点4　焊接机械使用的安全要求

根据《建筑机械使用安全技术规程》JGJ 33—2012 的规定：

12.1.1　焊接（切割）前，应先进行动火审查，确认焊接（切割）现场防火措施符合要求，并应配备相应的消防器材和安全防护用品，落实监护人员后，开具动火证。

12.1.2　焊接设备应有完整的防护外壳，一、二次接线柱处应有保护罩。

12.1.3　现场使用的电焊机应设有防雨、防潮、防晒、防砸的措施。

12.1.4 焊割现场及高空焊割作业下方，严禁堆放油类、木材、氧气瓶、乙炔瓶、保温材料等易燃、易爆物品。

12.1.5 电焊机绝缘电阻不得小于 0.5MΩ，电焊机导线绝缘电阻不得小于 1MΩ，电焊机接地电阻不得大于 4Ω。

12.1.6 电焊机导线和接地线不得搭在易燃、易爆、带有热源或有油的物品上；不得利用建（构）筑物的金属结构、管道、轨道或其他金属物体搭接起来形成焊接回路，并不得将电焊机和工件双重接地；严禁使用氧气、天然气等易燃易爆气体管道作为接地装置。

12.1.7 电焊机的一次侧电源线长度不应大于 5m，二次线应采用防水橡皮护套铜芯软电缆，电缆长度不应大于 30m，接头不得超过 3 个，并应双线到位。当需要加长导线时，应相应增加导线的截面积。当导线通过道路时，应架高，或穿入防护管内埋设在地下；当通过轨道时，应从轨道下面通过。当导线绝缘受损或断股时，应立即更换。

12.1.8 电焊钳应有良好的绝缘和隔热能力。电焊钳握柄应绝缘良好，握柄与导线连接应牢靠，连接处应采用绝缘布包好。操作人员不得用胳膊夹持电焊钳，并不得在水中冷却电焊钳。

12.1.9 对承压状态的压力容器和装有剧毒、易燃、易爆物品的容器，严禁进行焊接或切割作业。

12.1.10 当需焊割受压容器、密闭容器、粘有可燃气体和溶液的工件时，应先消除容器及管道内压力，清除可燃气体和溶液，并冲洗有毒、有害、易燃物质；对存有残余油脂的容器，宜用蒸汽、碱水冲洗，打开盖口，并确认容器清洗干净后，应灌满清水后进行焊割。

12.1.11 在容器内和管道内焊割时，应采取防止触电、中毒和窒息的措施。焊、割密闭容器时，应留出气孔，必要时应在进、出气口处装设通风设备；容器内照明电压不得超过 12V；容器外应有专人监护。

12.1.12 焊割铜、铝、锌、锡等有色金属时，应通风良好，焊割人员应戴防毒面罩或采取其他防毒措施。

12.1.13 当预热焊件温度达 150～700℃时，应设挡板隔离焊件发出的辐射热，焊接人员应穿戴隔热的石棉服装和鞋、帽等。

12.1.14 雨雪天不得在露天电焊。在潮湿地带作业时，应铺设绝缘物品，操作人员应穿绝缘鞋。

12.1.15 电焊机应按额定焊接电流和暂载率操作，并应控制电焊机的温升。

12.1.16 当清除焊渣时，应戴防护眼镜，头部应避开焊渣飞溅方向。

12.1.17 交流电焊机应安装防二次侧触电保护装置。

考点 5 建筑起重机械使用的安全要求

根据《建筑机械使用安全技术规程》JGJ 33—2012 的规定：

4.1.1 建筑起重机械进入施工现场应具备特种设备制造许可证、产品合格证、特种设备制造监督检验证明、备案证明、安装使用说明书和自检合格证明。

4.1.2 建筑起重机械有下列情形之一时，不得出租和使用：

（1）属国家明令淘汰或禁止使用的品种、型号；

（2）超过安全技术标准或制造厂规定的使用年限；

（3）经检验达不到安全技术标准规定；

（4）没有完整安全技术档案；

（5）没有齐全有效的安全保护装置。

4.1.4 建筑起重机械装拆方案的编制、审批和建筑起重机械首次使用、升节、附墙等验收应按现行有关规定执行。

4.1.7 选用建筑起重机械时，其主要性能参数、利用等级、载荷状态、工作级别等应与建筑工程相匹配。

4.1.8 施工现场应提供符合起重机械作业要求的通道和电源等工作场地和作业环境。基础与地基承载能力应满足起重机械的安全使用要求。

4.1.9 操作人员在作业前应对行驶道路、架空电线、建（构）筑物等现场环境以及起吊重物进行全面了解。

4.1.10 建筑起重机械应装有音响清晰的信号装置。在起重臂、吊钩、平衡重等转动物体上应有鲜明的色彩标志。

4.1.11 建筑起重机械的变幅限位器、力矩限制器、起重量限制器、防坠安全器、钢丝绳防脱装置、防脱钩装置以及各种行程限位开关等安全保护装置，必须齐全有效，严禁随意调整或拆除。严禁利用限制器和限位装置代替操纵机构。

4.1.12 建筑起重机械安装工、司机、信号司索工作业时应密切配合，按规定的指挥信号执行。当信号不清或错误时，操作人员应拒绝执行。

4.1.13 施工现场应采用旗语、口哨、对讲机等有效的联络措施确保通信畅通。

4.1.14 在风速达到9.0m/s及以上或大雨、大雪、大雾等恶劣天气时，严禁进行建筑起重机械的安装拆卸作业。

4.1.15 在风速达到12.0m/s及以上或大雨、大雪、大雾等恶劣天气时，应停止露天的起重吊装作业。重新作业前，应先试吊，并应确认各种安全装置灵敏可靠后进行作业。

4.1.16 操作人员进行起重机械回转、变幅、行走和吊钩升降等动作前，应发出音响信号示意。

4.1.17 建筑起重机械作业时，应在臂长的水平投影覆盖范围外设置警戒区域，并应有监护措施；起重臂和重物下方不得有人停留、工作或通过。不得用吊车、物料提升机载运人员。

4.1.18 不得使用建筑起重机械进行斜拉、斜吊和起吊埋设在地下或凝固在地面上的重物以及其他不明重量的物体。

4.1.19 起吊重物应绑扎平稳、牢固，不得在重物上再堆放或悬挂零星物件。易散落物件应使用吊笼吊运。标有绑扎位置的物件，应按标记绑扎后吊运。吊索的水平夹角宜为45°～60°，不得小于30°，吊索与物件棱角之间应加保护垫料。

4.1.20 起吊载荷达到起重机械额定起重量的90%以上时，应先将重物吊离地面不大于200mm，检查起重机械的稳定性和制动可靠性，并应在确认重物绑扎牢固平稳后再继续起吊。对大体积或易晃动的重物应拴拉绳。

4.1.21 重物的吊运速度应平稳、均匀，不得突然制动。回转未停稳前，不得反向操作。

4.1.22　建筑起重机械作业时，在遇突发故障或突然停电时，应立即把所有控制器拨到零位，并及时关闭发动机或断开电源总开关，然后进行检修。起吊物不得长时间悬挂在空中，应采取措施将重物降落到安全位置。

4.1.24　建筑起重机械使用的钢丝绳，应有钢丝绳制造厂提供的质量合格证明文件。

4.1.25　建筑起重机械使用的钢丝绳，其结构形式、强度、规格等应符合起重机使用说明书的要求。钢丝绳与卷筒应连接牢固，放出钢丝绳时，卷筒上应至少保留三圈，收放钢丝绳时应防止钢丝绳损坏、扭结、弯折和乱绳。

4.1.26　钢丝绳采用编结固接时，编结部分的长度不得小于钢丝绳直径的 20 倍，并不应小于 300mm，其编结部分应用细钢丝捆扎。当采用绳卡固接时，与钢丝绳直径匹配的绳卡数量应符合下表的规定，绳卡间距应是 6 倍～7 倍钢丝绳直径，最后一个绳卡距绳头的长度不得小于 140mm。绳卡滑鞍（夹板）应在钢丝绳承载时受力的一侧，U 形螺栓应在钢丝绳的尾端，不得正反交错。绳卡初次固定后，应待钢丝绳受力后再次紧固，并宜拧紧到使尾端钢丝绳受压处直径高度压扁 1/3。作业中应经常检查紧固情况。

与绳径匹配的绳卡数

钢丝绳公称直径（mm）	≤18	>18～26	>26～36	>36～44	>44～60
最少绳卡数（个）	3	4	5	6	7

4.1.28　在转动的卷筒上缠绕钢丝绳时，不得用手拉或脚踩引导钢丝绳，不得给正在运转的钢丝绳涂抹润滑脂。

4.1.29　建筑起重机械报废及超龄使用应符合国家现行有关规定。

4.1.30　建筑起重机械的吊钩和吊环严禁补焊。当出现下列情况之一时应更换：

（1）表面有裂纹、破口；

（2）危险断面及钩颈永久变形；

（3）挂绳处断面磨损超过高度的 10%；

（4）吊钩衬套磨损超过原厚度的 50%；

（5）销轴磨损超过其直径的 5%。

4.1.31　建筑起重机械使用时，每班都应对制动器进行检查。当制动器的零件出现下列情况之一时，应作报废处理：

（1）裂纹；

（2）制动器摩擦片厚度磨损达原厚度的 50%；

（3）弹簧出现塑性变形；

（4）小轴或轴孔直径磨损达原直径的 5%。

4.1.32　建筑起重机械制动轮的制动摩擦面不应有妨碍制动性能的缺陷或沾染油污。制动轮出现下列情况之一时，应作报废处理：

（1）裂纹；

（2）起升、变幅机构的制动轮，轮缘厚度磨损大于原厚度的 40%；

（3）其他机构的制动轮，轮缘厚度磨损大于原厚度的 50%；

（4）轮面凹凸不平度达 1.5～2.0mm（小直径取小值，大直径取大值）。

📝 考点6　土石方机械使用的安全要求

根据《建筑机械使用安全技术规程》JGJ 33—2012 的规定：

5.1.4　作业前，必须查明施工场地内明、暗铺设的各类管线等设施，并应采用明显记号标识。严禁在离地下管线、承压管道1m距离以内进行大型机械作业。

5.1.5　作业中，应随时监视机械各部位的运转及仪表指示值，如发现异常，应立即停机检修。

5.1.6　机械运行中，不得接触转动部位。在修理工作装置时，应将工作装置降到最低位置，并应将悬空工作装置垫上垫木。

5.1.9　在施工中遇下列情况之一时应立即停工：

（1）填挖区土体不稳定，土体有可能坍塌；

（2）地面涌水冒浆，机械陷车，或因雨水机械在坡道打滑；

（3）遇大雨、雷电、浓雾等恶劣天气；

（4）施工标志及防护设施被损坏；

（5）工作面安全净空不足。

5.1.10　机械回转作业时，配合人员必须在机械回转半径以外工作。当需在回转半径以内工作时，必须将机械停止回转并制动。

5.1.11　雨期施工时，机械应停放在地势较高的坚实位置。

5.1.12　机械作业不得破坏基坑支护系统。

5.1.13　行驶或作业中的机械，除驾驶室外的任何地方不得有乘员。

📝 考点7　运输机械使用的安全要求

根据《建筑机械使用安全技术规程》JGJ 33—2012 的规定：

6.1.1　各类运输机械应有完整的机械产品合格证以及相关的技术资料。

6.1.2　启动前应重点检查下列项目，并应符合相应要求：

（1）车辆的各总成、零件、附件应按规定装配齐全，不得有脱焊、裂缝等缺陷。螺栓、铆钉连接紧固不得松动、缺损；

（2）各润滑装置应齐全并应清洁有效；

（3）离合器应结合平稳、工作可靠、操作灵活，踏板行程应符合规定；

（4）制动系统各部件应连接可靠，管路畅通；

（5）灯光、喇叭、指示仪表等应齐全完整；

（6）轮胎气压应符合要求；

（7）燃油、润滑油、冷却水等应添加充足；

（8）燃油箱应加锁；

（9）运输机械不得有漏水、漏油、漏气、漏电现象。

6.1.3　运输机械启动后，应观察各仪表指示值，检查内燃机运转情况，检查转向机构及制动器等性能，并确认正常，当水温达到40℃以上、制动气压达到安全压力以上时，应低挡起步。起步时应检查周边环境，并确认安全。

6.1.6 运输超限物件时，应事先勘察路线，了解空中、地面上、地下障碍以及道路、桥梁等通过能力，并应制定运输方案，应按规定办理通行手续。在规定时间内按规定路线行驶。超限部分白天应插警示旗，夜间应挂警示灯。装卸人员及电工携带工具随行，保证运行安全。

6.1.7 运输机械水温未达到 70℃时，不得高速行驶。行驶中变速应逐级增减挡位，不得强推硬拉。前进和后退交替时，应在运输机械停稳后换挡。

6.1.8 运输机械行驶中，应随时观察仪表的指示情况，当发现机油压力低于规定值，水温过高，有异响、异味等情况时，应立即停车检查，并应排除故障后继续运行。

6.1.9 运输机械运行时不得超速行驶，并应保持安全距离。进入施工现场应沿规定的路线行进。

6.1.10 车辆上、下坡应提前换入低速挡，不得中途换挡。下坡时，应以内燃机变速箱阻力控制车速，必要时，可间歇轻踏制动器。严禁空挡滑行。

6.1.11 在泥泞、冰雪道路上行驶时，应降低车速，并应采取防滑措施。

6.1.12 车辆涉水过河时，应先探明水深、流速和水底情况，水深不得超过排气管或曲轴皮带盘，并应低速直线行驶，不得在中途停车或换挡。涉水后，应缓行一段路程，轻踏制动器使浸水的制动片上的水分蒸发掉。

6.1.13 通过危险地区时，应先停车检查，确认可以通过后，应由有经验人员指挥前进。

6.1.17 车辆停放时，应将内燃机熄火，拉紧手制动器，关锁车门。在下坡道停放时应挂倒挡，在上坡道停放时应挂一挡，并应使用三角木楔等摸紧轮胎。

6.1.18 平头型驾驶室需前倾时，应清理驾驶室内物件，关紧车门后前倾并锁定。平头型驾驶室复位后，应检查并确认驾驶室已锁定。

6.1.19 在车底进行保养、检修时，应将内燃机熄火，拉紧手制动器并将车轮搂牢。

6.1.20 车辆经修理后需要试车时，应由专业人员驾驶，当需在道路上试车时，应事先报经公安、公路等有关部门的批准。

考点8 桩工机械使用的安全要求

根据《建筑机械使用安全技术规程》JGJ 33—2012 的规定：

7.1.3 施工现场应按桩机使用说明书的要求进行整平压实，地基承载力应满足桩机的使用要求。在基坑和围堰内打桩，应配置足够的排水设备。

7.1.4 桩机作业区内不得有妨碍作业的高压线路、地下管道和埋设电缆。作业区应有明显标志或围栏，非工作人员不得进入。

7.1.8 作业前，应检查并确认桩机各部件连接牢靠，各传动机构、齿轮箱、防护罩、吊具、钢丝绳、制动器等应完好，起重机起升、变幅机构工作正常，润滑油、液压油的油位符合规定，液压系统无泄漏，液压缸动作灵敏，作业范围内不得有非工作人员或障碍物。

7.1.9 水上打桩时，应选择排水量比桩机重量大4倍以上的作业船或安装牢固的排架，桩机与船体或排架应可靠固定，并应采取有效的锚固措施。当打桩船或排架的偏斜度超过 3°时，应停止作业。

7.1.10　桩机吊桩、吊锤、回转、行走等动作不应同时进行。吊桩时，应在桩上拴好拉绳，避免桩与桩锤或机架碰撞。桩机吊锤（桩）时，锤（桩）的最高点离立柱顶部的最小距离应确保安全。轨道式桩机吊桩时应夹紧夹轨器。桩机在吊有桩和锤的情况下，操作人员不得离开岗位。

7.1.11　桩机不得侧面吊桩或远距离拖桩。桩机在正前方吊桩时，混凝土预制桩与桩机立柱的水平距离不应大于 4m，钢桩不应大于 7m，并应防止桩与立柱碰撞。

7.1.12　使用双向立柱时，应在立柱转向到位，并应采用锁销将立柱与基杆锁住后起吊。

7.1.13　施打斜桩时，应先将桩锤提升到预定位置，并将桩吊起，套入桩帽，桩尖插入桩位后再后仰立柱。履带三支点式桩架在后倾打斜桩时，后支撑杆应顶紧；轨道式桩架应在平台后增加支撑，并夹紧夹轨器。立柱后仰时，桩机不得回转及行走。

7.1.14　桩机回转时，制动应缓慢，轨道式和步履式桩架同向连续回转不应大于一周。

7.1.15　桩锤在施打过程中，监视人员应在距离桩锤中心 5m 以外。

7.1.16　插桩后，应及时校正桩的垂直度。桩入土 3m 以上时，不得用桩机行走或回转动作来纠正桩的倾斜度。

7.1.17　拔送桩时，不得超过桩机起重能力；拔送载荷应符合下列规定：

（1）电动桩机拔送载荷不得超过电动机满载电流时的载荷；

（2）内燃机桩机拔送桩时，发现内燃机明显降速，应立即停止作业。

7.1.18　作业过程中，应经常检查设备的运转情况，当发生异响、吊索具破损、紧固螺栓松动、漏气、漏油、停电以及其他不正常情况时，应立即停机检查，排除故障。

7.1.19　桩机作业或行走时，除本机操作人员外，不应搭载其他人员。

7.1.20　桩机行走时，地面的平整度与坚实度应符合要求，并应有专人指挥。走管式桩机横移时，桩机距滚管终端的距离不应小于 1m。桩机带锤行走时，应将桩锤放至最低位。履带式桩机行走时，驱动轮应置于尾部位置。

7.1.21　在有坡度的场地上，坡度应符合桩机使用说明书的规定，并应将桩机重心置于斜坡上方，沿纵坡方向作业和行走。桩机在斜坡上不得回转。在场地的软硬边际，桩机不应横跨软硬边际。

7.1.22　遇风速 12.0m/s 及以上的大风和雷雨、大雾、大雪等恶劣气候时，应停止作业。当风速达到 13.9m/s 及以上时，应将桩机顺风向停置，并应按使用说明书的要求，增设缆风绳，或将桩架放倒。桩机应有防雷措施，遇雷电时，人员应远离桩机。冬期作业应清除桩机上积雪，工作平台应有防滑措施。

7.1.23　桩孔成型后，当暂不浇筑混凝土时，孔口必须及时封盖。

7.1.24　作业中，当停机时间较长时，应将桩锤落下垫稳。检修时，不得悬吊桩锤。

7.1.25　桩机在安装、转移和拆运时，不得强行弯曲液压管路。

7.1.26　作业后，应将桩机停放在坚实平整的地面上，将桩锤落下垫实，并切断动力电源。轨道式桩架应夹紧夹轨器。

考点9　混凝土机械使用的安全要求

根据《建筑机械使用安全技术规程》JGJ 33—2012 的规定：

8.1.2　液压系统的溢流阀、安全阀应齐全有效，调定压力应符合说明书要求。系统应无泄漏，工作应平稳，不得有异响。

8.1.3　混凝土机械的工作机构、制动器、离合器、各种仪表及安全装置应齐全完好。

8.1.4　插入式、平板式振捣器的漏电保护器应采用防溅型产品，其额定漏电动作电流不应大于 15mA；额定漏电动作时间不应大于 0.1s。

8.1.5　冬期施工，机械设备的管道、水泵及水冷却装置应采取防冻保温措施。

考点10　地下施工机械使用的安全要求

根据《建筑机械使用安全技术规程》JGJ 33—2012 的规定：

11.1.2　地下施工机械及配套设施应在专业厂家制造，应符合设计要求，并应在总装调试合格后才能出厂。出厂时，应具有质量合格证书和产品使用说明书。

11.1.4　作业中，应对有害气体及地下作业面通风量进行监测，并应符合职业健康安全标准的要求。

11.1.5　作业中，应随时监视机械各运转部位的状态及参数，发现异常时，应立即停机检修。

11.1.6　气动设备作业时，应按照相关设备使用说明书和气动设备的操作技术要求进行施工。

11.1.8　地下施工机械作业时，必须确保开挖土体稳定。

11.1.9　地下施工机械施工过程中，当停机时间较长时，应采取措施，维持开挖面稳定。

11.1.10　地下施工机械使用前，应确认其状态良好，满足作业要求。使用过程中，应按使用说明书的要求进行保养、维修，并应及时更换受损的零件。

11.1.12　地下大型施工机械设备的安装、拆卸应按使用说明书的规定进行，并应制定专项施工方案，由专业队伍进行施工，安装、拆卸过程中应有专业技术和安全人员监护。

第八节　安全人机工程

考点1　安全人机工程的定义及主要研究内容

序号	类别	内容
1	定义	是运用人机工程学的理论和方法研究"人—机—环境"系统，并使三者在安全的基础上达到最佳匹配，以确保系统高效、经济地运行的一门综合性的科学。 在人机系统中人始终处于核心，起主导作用，机器起着安全可靠的保证作用

序号	类别	内容
2	主要研究内容	（1）分析机械设备及设施在生产过程中存在的不安全因素，并有针对性地进行可靠性设计、维修性设计、安全装置设计、安全启动和安全操作设计及安全维修设计等。 （2）研究人的生理和心理特性，分析研究人和机器各自的功能特点，进行合理的功能分配，以建构不同类型的最佳人机系统。 （3）研究人与机器相互接触、相互联系的人机界面中信息传递的安全问题。 （4）分析人机系统的可靠性，建立人机系统可靠性设计原则，据此设计出经济、合理以及可靠性高的人机系统

考点2　人体供能与劳动强度分级

一、人体特性参数与人体能量代谢

序号	类别	内容
1	人体特性参数	（1）尺度参数：静止状态参数，人体高度及各部位长度尺寸等。 （2）动态参数：运动状态下，人体的动作范围参数。 （3）生理参数：人体耗氧量、心跳频率、呼吸频率及人体表面积和体积等。 （4）生物力学参数：握力、拉力、推力、推举力、转动惯量等
2	人体能量代谢	（1）人体能量的产生和消耗称为能量代谢。人体代谢所产生的能量等于消耗于体外做功的能量与体内直接、间接转化为热的能量之和。 （2）能量代谢分为三种，即基础代谢、安静代谢和活动代谢。 （3）影响人体作业时能量代谢的因素：作业类型、作业方法、作业姿势、作业速度等

二、我国的劳动强度分级

根据《工作场所有害因素职业接触限值 第2部分：物理因素》GBZ 2.2—2007 中第10.2.1条规定，接触时间率100%，体力劳动强度为Ⅳ级，WBGT 指数限值为25℃；劳动强度分级每下降一级，WBGT 指数限值增加1～2℃；接触时间率每减少25%，WBGT限值指数增加1～2℃，见下表。

工作场所不同体力劳动强度 WBGT 限值

接触时间率（%）	体力劳动强度（℃）			
	Ⅰ	Ⅱ	Ⅲ	Ⅳ
100	30	28	26	25
75	31	29	28	26
50	32	30	29	28
25	33	32	31	30

WBGT 指数（湿球黑球温度），是综合评价人体接触作业环境热负荷的一个基本参量，单位为℃。

根据《工业企业设计卫生标准》GBZ 1—2010 指出了寒冷环境下作业时，一定的体力劳动强度对应的环境温度要求，见下表。

冬季工作地点的采暖温度（干球温度）

体力劳动强度级别	采暖温度（℃）	体力劳动强度级别	采暖温度（℃）
I	≥18	III	≥14
II	≥16	IV	≥12

三、体力劳强度指数（I）分级、职业描述

序号	分级	劳动强度	体力劳动强度指数	职业描述
1	I	轻	I≤15	坐姿：手工作业或腿的轻度活动（正常情况下，如打字、缝纫、脚踏开关等）。 立姿：操作仪器，控制、查看设备，上臂用力为主的装配工作。 小结：一个部位的工作
2	II	中	15<I≤20	手和臂持续动作：如锯木头等。 臂和腿的工作：如卡车、拖拉机或建筑设备等运输操作。 臂和躯干的工作：如锻造、风动工具操作、粉刷、间断搬运中等重物、除草、锄田、摘水果和蔬菜等。 小结：两个部位的工作
3	III	重	20<I≤25	臂和躯干负荷工作：如搬重物、铲、锤锻、锯刨或凿硬木、割草、挖掘等
4	IV	极重	I>25	大强度的挖掘、搬运，快到极限节律的极强活动

注：指数大反映劳动强度大，指数小反映劳动强度小。

四、体力劳动强度指数（I）的计算方法

根据《工作场所物理因素测量 第 10 部分：体力劳动强度分级》GBZ/T 189.10—2007 规定：体力劳动强度指数 I 的计算公式见下式：

$$I = T \cdot M \cdot S \cdot W \cdot 10$$

式中　T——劳动时间率，劳动时间率＝工作日净劳动时间（min）/工作日总工时（min），%；

　　　M——8h 工作日能量代谢率，kJ/（min·m^2）；

　　　S——性别系数，男性＝1，女性＝1.3；

　　　W——体力劳动方式系数，搬＝1，扛＝0.40，推/拉＝0.05；

　　　10——计算常数。

考点3 疲劳

一、分类

序号	分类	内容
1	肌肉疲劳 （或称体力疲劳）	指过度紧张的肌肉局部出现酸痛现象，一般只涉及大脑皮层的局部区域
2	精神疲劳 （或称脑力疲劳）	不愿意再做任何活动的懒惰感觉，与中枢神经活动有关

二、产生原因及消除疲劳的途径

序号	项目	内容
1	工作条件因素	（1）劳动制度和生产组织不合理：如作业时间过久、强度过大、速度过快、体位欠佳等。 （2）机器设备和工具条件差，设计不良：如控制器、显示器不适合于人的心理及生理要求。 （3）工作环境很差：如照明欠佳，噪声太强，振动、高温、高湿以及空气污染等
2	作业者本身的因素	（1）作业者的熟练程度。 （2）操作技巧。 （3）身体素质。 （4）对工作的适应性。 （5）营养、年龄、休息、生活条件以及劳动情绪
3	消除疲劳的途径	（1）在进行显示器和控制器设计时应充分考虑人的生理、心理因素。 （2）通过改变操作内容、播放音乐等手段克服单调乏味的作业。 （3）改善工作环境，科学地安排环境色彩、环境装饰及作业场所布局，保证合理的温湿度、充足的光照等。 （4）避免超负荷的体力或脑力劳动，合理安排作息时间，注意劳逸结合等

考点4 人的心理特性

序号	项目	内容
1	能力	影响能力的因素主要有感觉、知觉、观察力、注意力、记忆力、思维想象力和操作能力等
2	性格	道德品质和意志特点是构成性格的基础。性格可归纳为冷静型、活泼型、急躁型、轻浮型和迟钝型5种。在安全生产中，有不少人就是由于鲁莽、高傲、懒惰、过分自信等不良性格促成了不安全行为而导致伤亡事故的
3	需要	合理的需要能推动人以一定的方式，在一定的方面去进行积极的活动，达到有益的效果

序号	项目	内容
4	情绪	生产实践中会出现急躁情绪（干活利索但毛躁、有章不循、手与心不一致等）、烦躁情绪（沉闷、不愉快、精神不集中）2 种不安全情绪、不良情绪发展到一定程度，能够控制人的身体及活动，使人的意识范围变得狭窄，判断力降低，甚至失去理智和自制力
5	意志	是人自觉地确定目标并调节自己的行动，以克服困难、实现预定目标的心理过程，它是意识的能动作用的表现

考点5　改进单调作业、轮班作业措施

序号	项目	内容
1	改进作业单调的措施	(1) 培养多面手。 (2) 工作延伸。 (3) 操作再设计。 (4) 显示作业终极目标。 (5) 动态信息报告。 (6) 推行消遣工作法。 (7) 改善工作环境
2	改进轮班作业的措施	(1) 为使生物节律与休息时间相一致，可通过环境的明暗、喧闹与安静的交替来实现。 (2) 环境变化若发生强制性的颠倒，人的生理机制会通过新的适应改变原节律

考点6　单调作业、轮班作业的基础知识

序号	类别	内容
1	单调作业	(1) 是指内容单一、节奏较快、高度重复的作业。 (2) 单调感：单调作业所产生的枯燥、乏味和不愉快的心理状态。 (3) 特点： ①作业简单、变化少、刺激少，引不起兴趣；受制约多，缺乏自主性，容易丧失工作热情。 ②对作业者技能、学识等要求不高，易造成作业者情绪消极。 ③只完成工作的一小部分，对整个工作的目的、意义体验不到，自我价值实现程度低。 ④作业只有少量单项动作，周期短，频率高，易引起身体局部出现疲劳乃至心理厌烦
2	轮班作业	(1) 分为单班制、两班制、三班制或四班制等。 (2) 轮班作业疲劳的原因： ①人的生理环境不易逆转，而夜班破坏了劳动者的生物节律。 ②夜班作业者在白天难以得到充分休息

考点 7　机器的特性

序号	项目	内容
1	信息接收	对于信息接收，机器在接受物理因素时，其检测度量的范围非常广，优于人
2	信息处理	（1）机器可快速、准确地进行工作；记忆正确并能长时间储存，调出速度快。 （2）能连续进行超精密的重复操作和按程序的大量常规操作，可靠性较高。 （3）处理液体、气体和粉状体等比人优越，但处理柔软物体不如人。 （4）能够正确地进行计算，但难以修正错误。 （5）图形识别能力弱；能进行多通道的复杂动作
3	信息的交流与输出	（1）只能通过特定的方式进行交流，能够输出极大的和极小的功率。 （2）在做精细的调整方面，多数情况下不如人手，难做精细的调整。 （3）不能随机应变
4	学习与归纳能力	机器的学习能力较差，灵活性也较差
5	可靠性和适应性	（1）可连续、稳定、长期地运转。 （2）机器可进行单调的重复性作业而不会疲劳和厌烦。 （3）对意外事件则无能为力。 （4）机器的特性固定不变，不易出错，但是一旦出错则不易修正
6	环境适应性	能非常好地适应不良的环境条件，可在具有放射性、有毒气体、粉尘、噪声、黑暗、强风暴雨等恶劣的环境、甚至危险的环境下可靠地工作
7	成本	机器一旦不能使用，本身价值将完全失去。 （1）机器设备一次性投资可能过高。 （2）在寿命期限内的运行成本较人工成本要低

考点 8　人与机器特性的比较

序号	项目	内容
1	人优于机器的功能	（1）人的某些感官的感受能力比起机器来要优越。 （2）人的一种信息通道发生障碍时可用其他通道进行补偿；机器只能按设计固定结构和方法输入信息。 （3）随机应变，采取灵活的程序和策略处理问题。能学习和适应环境，能应付意外事件，有良好的优化决策能力。 （4）长期大量储存信息并能综合利用记忆的信息进行分析和判断。 （5）具有总结和利用经验，除旧创新，改进工作的能力。 （6）归纳和推理，归纳出一般结论，形成概念，并能创造、发明。 （7）人有明显的社会性，最重要特点是有感情、意识和个性，具有能动性，能继承历史、文化和精神遗产
2	机器优于人的功能	（1）机器能平稳而准确地输出巨大的动力，输出值域宽广。 （2）动作速度极快，信息传递、加工和反应的速度也极快。 （3）运行的精度高，现代机器能做极高精度的精细工作；误差随机器精度提高而减小。

序号	项目	内容
2	机器优于人的功能	（4）稳定性好，做重复性工作而不存在疲劳和单调等问题。 （5）对特定信息的感受和反应能力一般比人高，如机器可以接受超声、电离辐射、微波、电磁波和磁场等信号。 （6）能同时完成多种操作，且可保持较高的效率和准确度。 （7）能在恶劣的环境条件下都可以很好地工作

考点9　人机系统的概念、类型

序号	类别	内容
1	概念	人机系统是由相互作用、相互依存的人和机器两个子系统构成，能完成特定目标的一个整体系统。 人机系统中的三要素：人、机器、人机界面。 系统能否正常工作，取决于信息传递过程能否持续有效地进行，或取决于信息流和能量流能否正常无误地流动
2	类型	（1）人机系统按系统的自动化程度可分为三种，即人工操作系统、半自动化系统和自动化系统三种。 ①在人工操作系统、半自动化系统中，系统的安全性主要取决于人机功能分配的合理性、机器的本质安全性及人为失误状况。 ②在自动化系统中，则以机为主体，机器的正常运转完全依赖于闭环系统的机器自身的控制，人只是一个监视者和管理者，监视自动化机器的工作。该系统的安全性主要取决于机器的本质安全性、机器的冗余系统是否失灵以及人处于低负荷时的应急反应变差等情形。 （2）人机系统按有无反馈控制可分为：闭环人机系统和开环人机系统两类。 （3）人机系统按系统中人机结合的方式可分为：人机串联系统、人机并联系统和人机串、并联混合系统等类型

考点10　人机系统的可靠度计算

序号	类别	内容
1	人机串联系统的可靠度	可按下式计算： $$R_S = R_H \cdot R_M$$ 式中　R_S——人机系统可靠度； 　　　R_H——人的操作可靠度； 　　　R_M——机器设备可靠度。 人机系统可靠度采用并联方法来提高
2	两人监控人机系统的可靠度	两人监控人机系统（如下图）有以下两种控制情形： （1）异常状况：当两人并联，可靠度比一人控制的系统增大。 ①从正确操作的概率来说，操作者可靠度： $$R_{Hb} = 1 - (1-R_1)(1-R_2)$$

序号	类别	内容
2	两人监控人机系统的可靠度	②从有人监视角度来说，人机系统可靠度：$$R'_{sr}=R_{Hb}\cdot R_M=\left[1-(1-R_1)(1-R_2)\right]R_M$$ （2）正常状况：当两人串联，可靠度比一人控制的系统减小。 ①不产生误动作的概率来说，操作者可靠度：$$R_{Hc}=R_1\cdot R_2$$ ②从有人监视角度来说，人机系统可靠度：$$R''_{sr}=R_{Hc}\cdot R_M=R_1\cdot R_2\cdot R_M$$ 两人监控人机系统示意图

📓 考点 11　人机作业环境

一、照明环境

序号	项目	内容
1	照明环境特性	光源的光通量是最主要的物理量和最基本的光度量。 ①光通量（单位是 lm）：是人眼所能感觉到的辐射功率，是单位时间内可到达、离开或通过某曲面的光强。 ②发光强度（单位是 cd）：简称光强，是光源在给定方向上单位立体角内的光通量。 ③亮度（单位是 cd/m^2）：光强与人眼所见到的光源面积之比可定义为亮度。 ④照度（单位是 lx）：即光照强度，是单位面积上接受可见光的能力。 　照明条件与作业疲劳：适当的照明条件能提高近视力和远视力。视觉疲劳可通过闪光融合频率和反应时间等方法进行测定。 　照明条件与事故：事故的数量与工作环境的照明条件有一定程度的关系；事故产生的原因虽然是多方面的，但照度不足有时是重要的影响因素；眩光会因瞳孔缩小而影响视网膜的视物，导致视物模糊
2	光环境控制应注意的问题	（1）考虑视觉作业的照明与作业安全、视觉工效之间的关系。 （2）一般照明比较暗淡的控制台或操作部位需配置局部照明。 （3）避免采用强烈的颜色对比、有光泽的或反射性的涂料等。 （4）各种视觉显示器之间的亮度差应避免大于 10:1。 （5）确保显示器使用时无闪烁。 （6）出于减少反射光引起视物不清及安全保密等理由，应不设或少设窗户

二、色彩环境

序号	类别	内容
1	色彩对人的影响	色彩的生理作用主要表现在对视觉疲劳的影响。 （1）蓝、紫色最甚，红、橙色次之。 （2）黄绿、绿、绿蓝等色调不易引起视觉疲劳且认读速度快、准确度高。 色彩对人体其他系统的机能和生理过程也有影响： （1）红色色调会使人的各种器官机能兴奋和不稳定。 （2）蓝色、绿色等色调则会抑制各种器官的兴奋并使机能稳定
2	色彩控制应注意的问题	（1）考虑色彩环境与作业安全、视觉工效之间的关系。 （2）满足作业环境使人在视觉上产生愉悦的感觉
3	颜色设计具体应遵循的原则	（1）面对作业人员的墙壁，避免采用强烈的颜色对比。 （2）避免过多地使用黑色、暗色或深色；避免有光泽的或具有反射性的涂料（包括地板在内）。 （3）避免过度使用反射性强的颜色，如白色；控制台或工作台应为低的颜色对比。 （4）避免环境中有高饱和色等

第二章 电气安全技术

扫码免费观看
基础直播课程

第一节 电气事故及危害

考点1 电气事故

序号	分类	内容
1	触电事故	（1）分为电击和电伤。 （2）触电事故电击是电流直接通过人体造成的伤害。电伤是电流转换成热能、机械能等其他形态的能量作用于人体造成的伤害。 需要注意的是：触电伤亡事故中，85%以上的死亡事故是电击造成的，但70%含有电伤的因素
2	电气火灾爆炸事故	是源自电气引燃源（电火花和电弧，电气装置危险温度）的能量所引发的火灾爆炸事故
3	雷击事故	是由自然界正、负电荷形态的能量，在强烈放电时造成的事故
4	静电事故	是工艺过程中或人们活动中产生的，相对静止的正电荷和负电荷形态的电能造成的事故
5	电磁辐射事故	是由电磁波形态的能量造成的事故。除无线电设备外，高频金属加热设备，高频介质加热设备都是有辐射危险的设备
6	电路事故	是由电能传递、分配、转换失去控制或电气元件损坏等电路故障发展所造成的事故。电路故障（电路事故断线、短路、接地、漏电、突然停电、误合闸送电、电气设备损坏）得不到控制即可发展成为事故

考点2 触电事故种类

序号	种类	分类依据	内容
1	电击	发生电击时电气设备的状态	直接接触电击：也称为正常状态下的电击，是触及正常状态下带电的带电体时发生的电击。防止直接接触电击的安全措施：绝缘、屏护、间距
2			间接接触电击：也称为故障状态下的电击，是触及正常状态下不带电，而在故障状态下意外带电的带电体时发生的电击。防止间接接触电击的安全措施：接地、接零、等电位联结

序号	种类	分类依据	内容
3			单线电击（如下图）：是人体站在导电性地面或接地导体上，人体某一部位触及带电导体由接触电压造成的电击。单线电击是发生最多的触电事故。 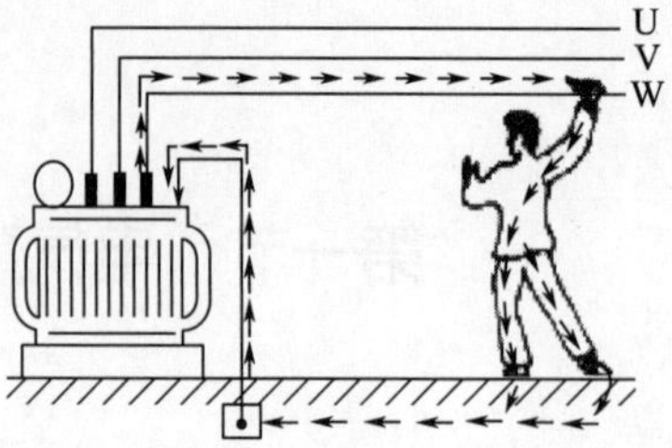 单线电击
4	电击	人体触及带电体的方式和电流流过人体的途径	两线电击（如下图）：是不接地状态的人体某两个部位同时触及不同电位的两个导体时由接触电压造成的电击。 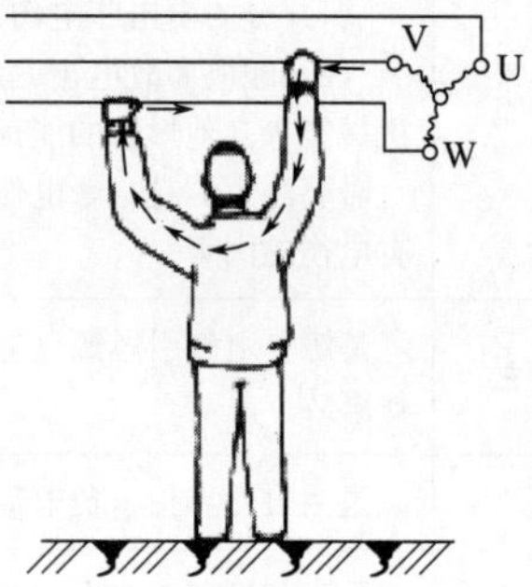 两线电击
5			跨步电压电击（如下图）：是人体进入地面带电的区域时，两脚之间承受的跨步电压造成的电击。 　　可能发生跨步电压电击位置：故障接地点附近（特别是高压故障接地点附近），有大电流流过的接地装置附近，防雷接地装置附近以及可能落雷的高大树木或高大设施所在的地面 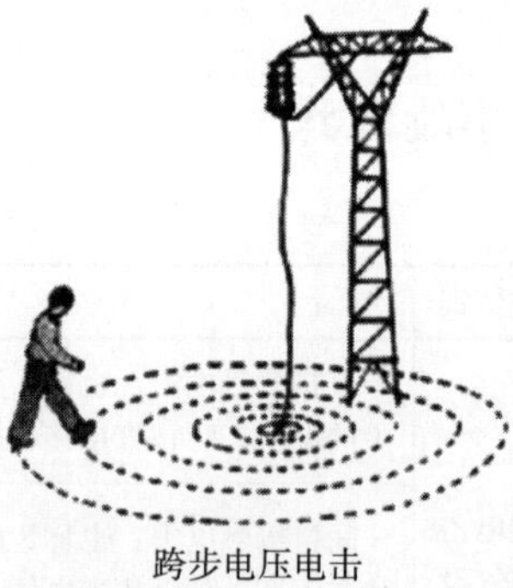 跨步电压电击

续表

序号	种类	分类依据	内容
6			电弧烧伤：是由弧光放电造成的烧伤，是最危险的电伤
7		电流转换成作用于人体的能量的不同形式	电流灼伤：是电流通过人体由电能转换成热能造成的伤害。电流越大、通电时间越长、电流途径上的电阻越大，电流灼伤越严重
8	电伤		皮肤金属化：是电弧使金属熔化、气化，金属微粒渗入皮肤造成的伤害
9			电烙印：是电流通过人体后在人体与带电体接触的部位留下的永久性斑痕
10			电气机械性伤害：是电流作用于人体时，由于中枢神经强烈反射和肌肉强烈收缩等作用造成的机体组织断裂、骨折等伤害
11			电光眼：是发生弧光放电时，由红外线、可见光、紫外线对眼睛的伤害

考点 3　电流对人体作用

一、电流对人体作用的生理反应

（1）小电流对人体的作用主要表现为生物学效应，给人以不同程度的刺激，使人体组织发生变异。电流对机体除直接起作用外，还可能通过中枢神经系统起作用。

（2）电流通过人体，会引起麻感、针刺感、打击感、痉挛、疼痛、呼吸困难、血压异常、昏迷、心律不齐、窒息、心室纤维性颤动等症状。

（3）数十至数百毫安的小电流通过人体短时间使人致命的最危险的原因是引起心室纤维性颤动。呼吸麻痹和中止、电休克虽然也可能导致死亡，但其危险性比引起心室纤维性颤动的危险性小得多。

二、电流对人体作用的影响因素

电流通过人体内部，对人体伤害的严重程度与通过人体电流的大小、电流通过人体的持续时间、电流通过人体的途径、电流的种类以及人体状况等多种因素有关。

50Hz 是人们接触最多的频率，对于电击来说也是最危险的频率。电流对人体作用的影响因素具体说明见下表。

序号	影响因素		内容
1	电流大小的影响	感知电流	（1）使人有感觉的最小电流。 （2）人对电流最初的感觉是轻微麻感和微弱针刺感。 （3）感知概率为 50% 的平均感知电流，成年男子约为 1.1mA，成年女子约为 0.7mA。最小感知电流约为 0.5mA，且与时间无关。 （4）一般不会对人体构成生理伤害，但当电流增大时，感觉增强，反应加剧，可能导致摔倒、坠落等二次事故
2		摆脱电流	（1）人触电后能自行摆脱带电体的最大电流，摆脱电流与个体生理特征、电极形状、电极尺寸等因素有关。 （2）摆脱概率为 50% 摆脱电流，成年男子约为 16mA，成年女子约为 10.5mA；摆脱概率为 99.5% 摆脱电流，则分别约为 9mA 和 6mA。

序号	影响因素	内容
2	摆脱电流	（3）是人体可以忍受但一般尚不致造成严重后果的极限。 （4）电流超过摆脱电流以后，会感到异常痛苦、恐慌和难以忍受；如时间过长，则可能昏迷、窒息，甚至死亡
3	电流大小的影响 室颤电流	（1）通过人体引起心室发生纤维性颤动的最小电流。 （2）在电流不超过数百毫安的情况下，电击致命的主要原因是心室纤维性颤动。室颤电流除决定于电流持续时间、电流途径、电流种类、个体特征（机体组织、心脏功能）。 （3）室颤电流与电流持续时间关系密切。室颤电流与电流持续时间之间的关系如下图所示。 室颤电流与电流持续时间之间的关系曲线 根据上图，当电流持续时间超过心脏跳动周期时，人的室颤电流约为 50mA；当电流持续时间短于心脏跳动周期时，室颤电流约为 500mA。当电流持续时间在 0.1s 以下时，只有电击发生在心脏易损期，500mA 以上乃至数安的电流才可能引起心室纤维性颤动；如果电流持续时间超过心脏跳动周期，可能导致心脏停止跳动
4	电流持续时间的影响	电击持续时间越长，越容易引起心室纤维性颤动，即电击危险性越大
5	电流途径的影响	（1）电流通过心脏会引起心室纤维性颤动乃至心脏停止跳动而导致死亡。 （2）电流通过中枢神经，会引起中枢神经强烈失调而导致死亡。 （3）电流通过头部，会使人昏迷，严重损伤大脑，使人不醒而死亡。 （4）电流通过脊髓会使人截瘫。 （5）电流通过人的局部肢体也可能引起中枢神经强烈反射导致严重后果。 （6）心脏是最薄弱的环节。流过心脏的电流越多，且电流路线越短的途径是电击危险性越大的途径。 （7）左手至胸部途径的心脏电流系数为 1.5，是最危险的途径。 （8）头至手、头至脚也是很危险的电流途径；左脚至右脚的电流途径也有相当的危险
6	电流种类的影响	100Hz 以上交流电流、直流电流（直流电流感知阈值约为 2mA）、冲击电流（冲击电流作用的室颤阈值为 $0.01\sim0.02A^2 \cdot s$）
7	个体特征的影响	患有心脏病、中枢神经系统疾病、肺病的人电击后的危险性较大

📝 考点4 人体阻抗

序号	项目	内容
1	人体阻抗组成	（1）人体阻抗是由皮肤、血液、肌肉、细胞组织及其结合部所组成的，是含有电阻和电容的阻抗。 （2）人体阻抗看作是纯电阻。 （3）人体阻抗是皮肤阻抗与体内阻抗之和。 （4）在通电瞬间，人体各部电容由于尚未充电而相当于短路状态。此时的人体阻抗近似等于体内阻抗
2	人体阻抗范围	在电流途径从左手到右手、大接触面积（$50\sim100cm^2$）且干燥条件下，当接触电压在 $100\sim220V$ 范围内时，人体阻抗大致上在 $2000\sim3000\Omega$ 之间
3	人体阻抗影响因素	（1）接触电压：随着接触电压升高，人体阻抗急剧降低。 （2）皮肤状态：对人体阻抗的影响很大。 （3）电流持续时间：时间延长，人体阻抗由于出汗等原因而下降。 （4）接触面积、接触压力、温度：接触面积增大、接触压力增大、温度升高时，人体阻抗也会降低

📝 考点5 触电事故分析

序号	触电事故	原因分析
1	错误操作和违章作业造成的触电事故多	主要原因是安全教育不够、安全制度不严和安全措施不完善，一些人缺乏足够的安全意识
2	中、青年工人、非专业电工、合同工和临时工触电事故多	主要原因是这些人是主要操作者，经常接触电气设备；这些人中有的经验不足，有的缺乏用电安全知识，有的责任心不够强
3	低压设备触电事故多	主要原因是低压设备远远多于高压设备，与之接触的人比与高压设备接触的人多得多，而且多数是缺乏电气安全知识的非电专业人员
4	移动式设备和临时性设备触电事故多	主要原因是这些设备是在人的紧握之下运行，不但接触电阻小，而且一旦触电就难以摆脱；这些设备需要经常移动，工作条件差，设备和电源线都容易发生故障或损坏
5	电气连接部位触电事故多	主要原因是这些连接部位机械牢固性较差、接触电阻较大、绝缘强度较低。 事故发生部位：在接线端子、缠接接头、压接接头、焊接接头、电缆头、灯座、插头、插座等电气连接部位
6	每年6～9月触电事故多	主要原因是这段时间天气炎热、人体衣单而多汗，触电危险性较大；而且这段时间多雨、潮湿、地面导电性增强、电气设备的绝缘电阻降低，容易构成电流回路；这段时间在大部分农村是农忙季节，农村季节性临时用电增加

序号	触电事故	原因分析
7	潮湿、高温、混乱、多移动式设备、多金属设备环境中的事故多	冶金、矿业、建筑、机械等行业容易存在这些不安全因素
8	农村触电事故多	主要原因是农村设备条件较差、技术水平较低和安全知识不足

第二节　触电防护技术

考点1　绝缘

一、绝缘材料分类

序号	分类	具体内容
1	固体绝缘材料	无机绝缘材料：瓷、玻璃、云母、石棉
2		复合绝缘材料：橡胶、塑料、纤维制品等有机绝缘材料和玻璃漆布
3	液体绝缘材料	矿物油、硅油等液体
4	气体绝缘材料	六氟化硫、氮等气体

二、绝缘材料分性能

序号	性能指标	内容
1	电性能	（1）绝缘材料的电性能主要是电阻率和介电常数。 （2）作为绝缘结构，主要性能是绝缘电阻、耐压强度、泄漏电流和介质损耗。 （3）固体绝缘材料的漏导电流有两条途径：体积途径和表面途径。与前者对应的是体积电阻率（单位是 $\Omega \cdot m$），与后者对应的是表面电阻率（单位是 Ω）。 （4）介电常数是表明绝缘极化特征的性能参数。介电常数越大，极化过程越慢。 （5）绝缘电阻相当于漏导电流遇到的电阻，是直流电阻，是判断绝缘质量最基本、最简易的指标。绝缘物受潮后绝缘电阻明显降低
2	力学性能	指强度、弹性等性能
3	热性能	包括耐热性能（用允许工作温度来衡量）、耐弧性能（指接触电弧时表面抗炭化的能力）、阻燃性能（用氧指数表示）、软化温度（固体绝缘在较高温度下维持不变形的能力）和黏度（绝缘液体的流动性）
4	吸潮性能	包括吸水性能和亲水性能。木材属于吸水性材料，而玻璃属于非吸水性材料。玻璃表面能凝结水膜，属于亲水性材料；石蜡和聚四氟乙烯表面不能凝结水膜，属于非亲水性材料
5	抗生物性能	是材料抵御霉菌等生物性破坏的能力

三、绝缘材料分级

级别	允许工作温度（℃）	材料举例
Y	90	纸板、有机填料、塑料、木材、棉花及其纺织品
A	105	层压布板、沥青漆、漆布、漆包线的绝缘、浸渍过的 Y 级绝缘材料
E	120	玻璃布、油性树脂漆、耐热漆包线的绝缘
B	130	高强度漆包线的绝缘、石棉纤维、玻璃纤维、聚酯漆、聚酯薄膜
F	155	云母制品、石棉、玻璃漆布、复合硅有机树脂漆
H	180	玻璃漆布、硅有机弹性体、石棉布、补强的云母
C	>180	电瓷、石英、玻璃

四、绝缘破坏

序号	破坏方式	内容
1	绝缘击穿	（1）气体绝缘击穿： ①由碰撞电离导致的电击穿。 ②气体击穿后绝缘性能会很快恢复。 （2）液体绝缘击穿： ①液体绝缘使用前须经过纯化、脱水、脱气处理；使用中应避免杂质的侵入。 ②液体绝缘击穿强度除受杂质、湿度、电压作用时间、电场均匀程度等因素的影响。 ③液体绝缘击穿后，绝缘性能只在一定程度上得到恢复。 ④液体绝缘的击穿特性与其纯净程度有关。纯净液体的击穿也是由碰撞电离最后导致的电击穿。 （3）固体绝缘击穿： ①有电击穿（是碰撞电离导致的击穿；特点是作用时间短、击穿电压高）、热击穿（是固体绝缘温度上升、局部熔化、烧焦或烧裂导致的击穿；特点是电压作用时间较长，而击穿电压较低）、电化学击穿（是由于电离、发热和化学反应等因素综合作用造成的击穿；特点是电压作用时间很长、击穿电压往往很低）、放电击穿（是固体绝缘在强电场作用下，内部气泡首先发生碰撞电离而放电，继而加热其他杂质，使之气化形成气泡，由气泡放电进一步发展导致的击穿）等击穿形式。 ②固体绝缘击穿受电压作用时间、电场均匀程度、温度、电极几何形状、周围媒质特征、电压种类等因素影响。 ③固体绝缘击穿后将失去其原有性能
2	绝缘老化	发生一系列不可逆的物理化学变化，导致电气性能和机械性能的劣化
3	绝缘损坏	绝缘材料受到外界污染和侵蚀，及受到外界热源、机械力、生物因素的作用，失去电气性能、力学性能的现象

五、绝缘检测

包括绝缘试验和外观检查。其中，外观检查项目包括：是否受潮，表面有无粉尘、纤维或其他污物，有无裂纹或放电痕迹，表面光泽是否减退，有无脆裂，有无破损，弹性是否消失，运行时有无异味等。

考点 2 屏护和间距

一、屏护

序号	项目	内容
1	概念	采用护罩、护盖、栅栏、箱体、遮栏等将带电体同外界隔绝开来
2	安全作用	防止触电（防止触及或过分接近带电体）、防止短路及短路火灾、防止被机械破坏以及便于安全操作
3	网眼屏护装置的网眼	不应大于 20mm×20mm～40mm×40mm
4	符合的安全条件	（1）遮栏高≥1.7m，下部边缘离地面高≤0.1m。户内栅栏高≥1.2m；户外栅栏高≥1.5m。 （2）低压设备，遮栏与裸导体间距≥0.8m，栏条间距离≤0.2m；网眼遮栏与裸导体距离≥0.15m。 （3）金属屏护必须接地（或接零）。 （4）屏护上挂上"止步！高压危险！""禁止攀登！"标示牌。 （5）遮栏出入口的门上应根据需要安装信号装置和联锁装置。屏护装置上锁的钥匙应有专人保管

二、间距

序号	项目	内容
1	安全距离的大小决定因素	电压高低、设备类型、环境条件和安装方式
2	具体要求	（1）架空线与绿化区或公园树木的距离≥3m。 （2）架空线路接地点 4～8m 范围内，不能随意进入。 （3）低压作业中，人体及其所携带工具与带电体的距离≥0.1m。 （4）10kV 作业中，无遮栏时，人体及其所携带工具与带电体的距离≥0.7m；有遮栏时，遮栏与带电体之间的距离≥0.35m

三、导线与建筑物的最小距离

线路电压（kV）	≤1	10	35
垂直距离（m）	2.5	3.0	4.0
水平距离（m）	1.0	1.5	3.0

四、导线与树木的最小距离

线路电压（kV）	≤1	10	35
垂直距离（m）	1.0	1.5	3.0
水平距离（m）	1.0	2.0	—

五、起重机具与线路导线的最小距离

线路电压（kV）	≤1	10	35
最小距离（m）	1.5	2	4

六、导线与地面和水面的最小距离

最小距离（m） 线路经过地区	线路电压		
	≤1kV	10kV	35kV
居民区	6	6.5	7
非居民区	5	5.5	6
不能通航或浮运的河、湖（冬季水面）	5	5	5.5
不能通航或浮运的河、湖（50年一遇的洪水水面）	3	3	3
交通困难地区	4	4.5	6
步行可以达到的山坡	3	4.5	5
步行不能达到的山坡、峭壁或岩石	1	1.5	3

考点3 保护接地和保护接零

一、防止间接接触电击的基本技术措施

接地保护和接零保护都是防止间接接触电击的基本技术措施。

二、接地保护中的 IT 系统（保护接地）

序号	项目	内容
1	IT 系统安全原理	 IT 系统安全原理 上图所示为在不接地配电网中，三相设备的一相碰连外壳时的示意图。上图中，R 是各相对地绝缘电阻，为 MΩ 级的电阻；C 是各相对地分布电容，范围是 0.006～0.06μF/km；R_P 是人体电阻；R_E 是接地电阻。 将在故障情况下可能呈现危险对地电压的金属部分经接地线、接地体同大地连接起来，把故障电压限制在安全范围以内就是保护接地。这种系统就是 IT 系统。I 表示配电网不接地或经高阻抗接地，T 表示电气设备外壳直接接地。 只有在不接地配电网中，由于单相接地电流较小，才有可能通过保护接地把漏电设备故障对地电压限制在安全范围之内

序号	项目	内容
2	保护接地应用范围	适用于各种不接地配电网。 在这类配电网中，凡由于绝缘损坏或其他原因而可能呈现危险电压的金属部位，除另有规定外，均应接地
3	保护接地基本要求	在 380V 不接地低压配电网中，为限制设备漏电时外壳对地电压不超过安全范围，一般要求保护接地电阻 $R_E \leqslant 4\Omega$。 当配电变压器或发电机的容量不超过 $100kV \cdot A$ 时，可以放宽到 $R_E \leqslant 10\Omega$

三、接地保护中的 TT 系统（工作接地）

序号	项目	内容
1	TT 系统安全原理	 TT 系统 上图所示为三相星形连接的低压中性点直接接地的三相四线配电网。这种配电网能提供一组线电压和一组相电压，便于动力和照明由同一台变压器供电。这种配电网的优点是过电压防护性能较好、一相故障接地时单相电击的危险性较小、故障接地点比较容易检测。 上图中，中性点引出的 N 线称为中性线，中性点引出的导线叫作中性线（也叫作工作零线）。中性点的接地 R_N 称为工作接地。 在接地的配电网中，单相电击的危险性比不接地的配电网单相电击的危险性大。 上图中，设备外壳采取了接地措施。这种做法类似不接地配电网中的保护接地，但由于电源中性点是直接接地的，结果与 IT 系统大不相同。这种配电防护系统称为 TT 系统。第一个字母 T 表示就是电源是直接接地的，第二个字母 T 表示电气设备外壳接地。TT 系统的接地 R_E 虽然可以大幅度降低漏电设备上的故障电压，使触电危险性降低，但单凭 R_E 的作用一般不能将触电危险性降低到安全范围以内。由于故障回路串联有 R_E 和 R_N，故障电流不会很大，一般的短路保护不起作用，不能及时切断电源，使故障长时间延续下去。 只有在采用其他防止间接接触电击的措施有困难的条件下才考虑采用 TT 系统
2	TT 系统保护装置	采用 TT 系统时，应当保证在允许故障持续时间内漏电设备的故障对地电压不超过某一限值。在 TT 系统中应装设能自动切断漏电故障的漏电保护装置（剩余电流保护装置）
3	TT 系统应用范围	主要用于低压用户，即用于未装备配电变压器，从外面引进低压电源的小型用户

四、接零保护（TN 系统）安全原理和类别

序号	项目	内容
1	保护接零系统安全原理	N 系统中的字母 N 表示电气设备在正常情况下不带电的金属部分与配电网中性点（N 点）之间做金属性连接，亦即与配电网保护零线（保护导体）的直接连接。 TN 系统 保护接零系统安全原理如上图，当设备某相带电体碰连设备外壳（外露导电部分）时，通过设备外壳形成该相对保护零线的单相短路，短路电流促使线路上的短路保护迅速动作，从而将故障部分断开电源，消除电击危险。保护接零也能在一定程度上降低漏电设备对地电压
2	保护接零系统类别	TN 系统分为 TN-S、TN-C-S、TN-C 三种方式。如下图所示，TN-S 系统是保护零线与中性线完全分开的系统；TN-C-S 系统是干线部分的前一段保护零线与中性线共用，后一段保护零线与中性线分开的系统；TN-C 系统是干线部分保护零线与中性线完全共用的系统。 (a) TN-S系统　　(b) TN-C-S系统　　(c) TN-C系统 TN 系统 该系统中，中性线用 N 表示，专用的保护线用 PE 表示，共用的保护线与中性线用 PEN 表示

五、接零保护（TN 系统）的其他要点

序号	项目	内容
1	TN 系统速断和限压要求	（1）对于配电线路或仅供给固定式电气设备的线路，故障持续时间≤5s。凡因绝缘损坏而可能呈现危险对地电压的金属部分均应接零。 （2）对于供给手持式电动工具、移动式电气设备的线路或插座回路，电压 220V 故障持续时间≤0.4s，380V 者≤0.2s。 （3）为了实现保护接零要求，可以采用一般过电流保护装置或剩余电流保护装置
2	应用范围	（1）保护接零：用于中性点直接接地电压 0.23/0.4kV 的三相四线配电网。 （2）TN-S 系统：用于有爆炸危险，或火灾危险性较大，或安全要求较高的场所，宜用于有独立附设变电站的车间。

续表

序号	项目	内容
2	应用范围	(3) TN-C-S 系统：用于厂内设有总变电站，厂内低压配电的场所及非生产性楼房。 (4) TN-C 系统：用于无爆炸危险、火灾危险性不大、用电设备较少、用电线路简单且安全条件较好的场所
3	重复接地	作用： (1) 减轻零线断开或接触不良时电击的危险性。 (2) 降低漏电设备的对地电压。 (3) 改善架空线路的防雷性能。 (4) 加速线路保护装置的动作，缩短漏电故障持续时间
4	工作接地	(1) 主要作用是减轻各种过电压的危险。如有工作接地 $R_N \leqslant 4\Omega$，一般可限制中性线对地电压一般不超过 50V，非接地相对地电压不超过 250V。 (2) 不接地的 10kV 系统中，工作接地与变压器外壳的接地、避雷器的接地是共用的。一般 $R_N \leqslant 4\Omega$；在高土壤电阻率地区，允许放宽至 $R_N \leqslant 10\Omega$。 (3) 直接接地的 10kV 系统中，工作接地应与变压器外壳的接地、避雷器的接地分开
5	等电位联结	(1) 是指保护导体与建筑物的金属结构、生产用的金属装备以及允许用作保护线的金属管道等用于其他目的的不带电导体之间的联结。 (2) 主等电位联结导体的最小截面积≥最大保护导体截面积的 1/2，且不得小于 $6mm^2$。 (3) 两台设备之间局部等电位联结导体的最小截面积≥两台设备保护导体中较小者的截面积。 (4) 设备与设备外导体之间的局部等电位联结线的截面积≥该设备保护零支线截面积的 1/2

六、保护导体

序号	项目	内容
1	包括的内容	保护接地线、保护接零线和等电位联结线
2	分类	分为人工保护导体（可以采用多芯电缆的芯线、与相线同一护套内的绝缘线、固定敷设的绝缘线或裸导体）和自然保护导体（交流电气设备应优先利用建筑物的金属结构、生产用的起重机的轨道、配线的钢管等自然导体作保护导体。在低压系统，允许利用不流经可燃液体或气体的金属管道作保护导体）
3	保护导体干线	必须与电源中性点和接地体（工作接地、重复接地）相连，保护导体支线应与保护干线相连。保护干线应经两条连接线与接地体相连
4	保护导体的具体要求	(1) 应有防机械损伤和化学腐蚀的措施。 (2) 所有保护导体，包括有保护作用的 PEN 线上均不得安装单极开关和熔断器。 (3) 接头应便于检查和测试（封装的除外）。 (4) 可拆开的接头必须是用工具才能拆开的接头
5	相－零线回路检测	包括保护零线完好性、连续性检查和相－零线回路阻抗测量

七、保护零线截面积

相线截面积 S_L（mm²）	保护零线最小截面积 S_{PE}（mm²）	相线截面积 S_L（mm²）	保护零线最小截面积 S_{PE}（mm²）
$S_L \leqslant 16$	S_L	$S_L > 35$	$S_L/2$
$16 < S_L \leqslant 35$	16		

注：1. 铜质 PEN 线截面积不得小于 10mm²、铝质的不得小于 16mm²，如系电缆芯线则不得小于 4mm²。

2. 采用单芯绝缘导线作保护零线时，有机械防护的不得小于 2.5mm²；没有机械防护的不得小于 4mm²。

3. 电缆线路应利用其专用保护芯线和金属包皮作为保护零线。

八、接地装置

序号	项目	内容
1	自然接地体和人工接地体	自然接地体： （1）可用作自然接地体情况：埋设在地下的金属管道（有可燃或爆炸性介质的管道除外）、金属井管、与大地有可靠连接的建筑物的金属结构、水工构筑物及类似构筑物的金属管、桩等自然导体。 （2）至少应有两根导体在不同地点与接地网相连（线路杆塔除外）。 人工接地体：当自然接地体的接地电阻符合要求时，可不敷设人工接地体（发电厂和变电所除外）
2	接地线	交流电气设备应优先利用自然导体作接地线。 不得作接地线情形：蛇皮管、管道保温层的金属外皮或金属网以及电缆的金属护层
3	接地装置安装	（1）接地体上端离地面深度≥0.6m（农田地带≥1m），并应在冰冻层以下。 （2）接地体宜避开人行道和建筑物出入口附近。 （3）接地体的引出导体应引出地面 0.3m 以上。 （4）接地体离独立避雷针接地体之间的地下水平距离≥3m；离建筑物墙基之间的地下水平距离≥1.5m。 （5）应尽量避免敷设在腐蚀性较强的地带。 （6）接地线与铁路或公路的交叉处及其他可能受到损伤处，均应穿管或用角钢保护。 （7）接地线穿过墙壁、楼板、地坪时，应敷设在明孔、管道或其他坚固的保护管中。 （8）接地线与建筑物伸缩缝、沉降缝交叉时，应弯成弧状或另加补偿连接件
4	接地装置连接	（1）地下部分的连接：采用焊接、搭焊，不得有虚焊。 （2）接地线与管道的连接：采用螺纹连接、抱箍螺纹连接，但必须采用镀锌件。 （3）利用建筑物的钢结构、起重机轨道、工业管道等自然导体作接地线时，其伸缩缝或接头处应另加跨接线，以保证连续可靠。自然接地体与人工接地体之间的连接必须可靠

九、钢质接地体和接地线的最小尺寸

材料种类		地上		地下	
		室内	室外	交流	直流
圆钢直径(mm)		6	8	10	12
扁钢	截面(mm²)	60	100	100	100
	厚度(mm)	3	4	4	6
角钢厚度(mm)		2	2.5	4	6
钢管管壁厚度(mm)		2.5	2.5	3.5	4.5

考点4 双重绝缘

序号	项目	内容
1	概述	双重绝缘属于防止间接接触电击的安全技术措施
1	双重绝缘结构	(1)双重绝缘是强化的绝缘结构,包括双重绝缘和加强绝缘两种类型。双重绝缘指工作绝缘(基本绝缘)和保护绝缘(附加绝缘)。前者是带电体与不可触及的导体之间的绝缘,是保证设备正常工作和防止电击的基本绝缘;后者是不可触及的导体与可触及的导体之间的绝缘,是当工作绝缘损坏后用于防止电击的绝缘。加强绝缘是具有与上述双重绝缘相同绝缘水平的单一绝缘。 (2)具有双重绝缘的电气设备属于Ⅱ类设备。按其外壳特征,Ⅱ类设备分为:有绝缘外壳基本上连成一体的设备、金属外壳基本上连成一体的设备和兼有部分绝缘外壳和部分金属外壳的设备
2	双重绝缘的基本条件	(1)凡属双重绝缘的设备,不得再行接地或接零。 (2)Ⅱ类设备的绝缘电阻:工作绝缘的绝缘电阻不得低于2MΩ,保护绝缘的绝缘电阻不得低于5MΩ,加强绝缘的绝缘电阻不得低于7MΩ。 (3)Ⅱ类设备在明显部位的标志:"回"形标志

考点5 安全电压

序号	项目	内容
1	概述	安全电压属既能防止间接接触电击也能防止直接接触电击的安全技术措施。具有依靠安全电压供电的设备属于Ⅲ类设备
2	安全电压限值和额定值	(1)工频安全电压:有效值的限值为50V,直流安全电压的限值为120V。对于电动儿童玩具及类似电器,当接触时间超过1s时,推荐干燥环境中工频安全电压有效值的限值取33V,直流安全电压的限值取70V;潮湿环境中工频安全电压有效值的限值取16V,直流安全电压的限值取35V。 (2)工频有效值的额定值:42V、36V、24V、12V、6V。 (3)安全额定电压值的选用: ①凡特别危险环境使用的手持电动工具应采用42V安全电压的Ⅲ类工具。

续表

序号	项目	内容
2	安全电压限值和额定值	②凡有电击危险环境使用的手持照明灯和局部照明灯应采用 36V、24V 安全电压。 ③金属容器内、隧道内、水井内以及周围有大面积接地导体等工作地点狭窄、行动不便的环境应采用 12V 安全电压。 ④6V 安全电压用于特殊场所。 ⑤当电气设备采用 24V 以上安全电压时，必须采取直接接触电击的防护措施
3	安全电源及回路配置	（1）采用安全隔离变压器作为特低电压的电源。特低电压边均应与高压边保持双重绝缘的水平。 （2）Ⅰ类电源变压器可能触及的金属部分必须接地（或接零）。其电源线中，应有一条专用的黄绿相间颜色的保护线。Ⅱ类电源变压器不接地（或接零），没有接地端子。 （3）安全电压回路的带电部分必须与较高电压的回路保持电气隔离，并不得与大地、保护接零（地）线或其他电气回路连接。 （4）安全电压的配线最好与其他电压等级的配线分开敷设
4	插销座	安全电压设备的插销座不得带有接零或接地插头或插孔
5	短路保护	安全隔离变压器的一次边和二次边均应装设短路保护元件
6	功能特低电压	（1）装设必要的屏护或加强设备的绝缘，以防止直接接触电击。 （2）当该回路与一次边保护零线或保护地线连接时，一次边应装设防止电击的自动断电装置，以防止间接接触电击

考点6 电气隔离和不导电环境

序号	项目	内容
1	概述	电气隔离和不导电环境都属于防止间接接触电击的安全技术措施
2	电气隔离	（1）安全原理：在隔离变压器的二次边构成了一个不接地的电网，阻断在二次边工作的人员单相电击电流的通路。 （2）电气隔离的回路必须符合以下条件： ①电源变压器必须是隔离变压器。隔离变压器的输入绕组与输出绕组没有电气连接，并具有双重绝缘的结构。隔离变压器的空载输出电压交流不应超过 1000V。 ②二次边保持独立。被隔离回路不得与其他回路及大地有任何连接。 ③二次边线路要求：二次边线路电压过高或二次边线路过长，都会降低其可靠性。应保证 $U \leq 500V$ 时线路长度 $L \leq 200m$、电压与长度的乘积 $UL \leq 100000V \cdot m$。 ④等电位联结：为了防止隔离回路中两台设备的不同相线漏电时的故障电压带来的危险，各台设备的金属外壳之间应采取等电位联结措施
3	不导电环境要求	（1）保持间距或设置屏障。 （2）具有永久性特征。 （3）场所内不得有保护零线或保护地线。 （4）有防止场所内高电位引出场所范围外和场所外低电位引入场所范围内的措施。 （5）电压 500V 及以下者，地板和墙每一点的电阻不应低于 50kΩ；电压 500V 以上者不应低于 100kΩ

考点7 漏电保护

一、漏电保护的功能、分类

序号	项目	内容
1	功能	主要用于防止间接接触电击和直接接触电击。用于防止直接接触电击时，只作为基本防护措施的补充保护措施。漏电保护装置也可用于防止漏电火灾，以及用于监测一相接地故障
2	分类	(1) 按照动作原理，分为电压型和电流型。 (2) 按照有无电子元器件，分为电子式和电磁式。 (3) 按照极数，分为二极、三极和四极漏电保护装置等

二、漏电保护的原理、动作参数

序号	项目	内容
1	原理	(1) 电压型漏电保护装置以设备上的故障电压为动作信号，电流型漏电保护装置以漏电电流或触电电流为动作信号。动作信号经处理后带动执行元件动作，促使线路迅速分断。 (2) 电流型漏电保护指剩余电流型漏电保护
2	动作参数	主要参数是动作电流和动作时间。 (1) 动作电流：30mA 及 30mA 以下的属高灵敏度，主要用于防止触电事故；30mA 以上、1000mA 及 1000mA 以下的属中灵敏度，用于防止触电事故和漏电火灾；1000mA 以上的属低灵敏度，用于防止漏电火灾和监视一相接地故障。保护装置的额定不动作电流不得低于额定动作电流的1/2。 (2) 动作时间：指动作时最大分断时间。漏电保护装置的动作时间应根据保护要求确定。按照动作时间，漏电保护装置有快速型、定时限型和反时限型之分。延时型只能用于动作电流 30mA 以上的漏电保护装置，其动作时间可选为 0.2s、0.8s、1s、1.5s 和 2s。防止触电的漏电保护装置宜采用高灵敏度、快速型装置

三、漏电保护装置的安装和运行

序号	项目	内容
1	必须安装漏电保护装置的场所	(1) 属于 I 类的移动式电气设备及手持式电动工具。 (2) 生产用的电气设备。 (3) 施工工地的电气机械设备。 (4) 安装在户外的电气装置。 (5) 临时用电的电气设备。 (6) 机关、学校、宾馆、饭店、企事业单位和住宅等除壁挂式空调电源插座外的其他电源插座或插座回路。

序号	项目	内容
1	必须安装漏电保护装置的场所	（7）游泳池、喷水池、浴池的电气设备。 （8）安装在水中的供电线路和设备。 （9）医院中可能直接接触人体的电气医用设备等
2	装设不切断电源的报警式漏电保护装置场所	公共场所的通道照明电源和应急照明电源、消防用电梯及确保公共场所安全的电气设备、用于消防设备的电源（如火灾报警装置、消防水泵、消防通道照明等）、用于防盗报警的电源，以及其他不允许突然停电的场所或电气装置的电源
3	可以不安装漏电保护装置场所	使用特低电压供电的电气设备、一般环境条件下使用的具有双重绝缘或加强绝缘结构的电气设备、使用隔离变压器且二次侧为不接地系统供电的电气设备，以及其他没有漏电危险和触电危险的电气设备可以不安装漏电保护装置
4	误动作和拒动作	误动作是指漏电保护装置在线路或设备未发生预期的触电或漏电时的动作。拒动作是指发生预期动作的触电或漏电时保护装置拒绝动作。误动作和拒动作都会影响漏电保护装置正常运行

四、剩余电流动作保护装置（RCD）的应用

序号	项目	内容
1	对直接接触电击事故的防护	根据《剩余电流动作保护装置安装和运行》GB/T 13955—2017 规定，在直接接触电击事故的防护中，RCD 只作为直接接触电击事故基本防护措施的补充保护措施（不包括对相与相、相与 N 线间形成的直接接触电击事故的保护）。 用于直接接触电击事故防护时，应选用无延时的 RCD，其额定剩余动作电流不超过 30mA
2	对间接接触电击事故的防护一般要求	根据《剩余电流动作保护装置安装和运行》GB/T 13955—2017 规定，间接接触电击事故防护的主要措施是采用自动切断电源的保护方式，以防止由于电气设备绝缘损坏发生接地故障时，电气设备的外露可接近导体持续带有危险电压而产生有害影响或电气设备损坏事故。当电路发生绝缘损坏造成接地故障，其接地故障电流值小于过电流保护装置的动作电流值时，应安装 RCD。 RCD 用于间接接触电击事故防护时，应正确地与电网系统接地型式相配合
3	对 TN 系统的防护要求	根据《剩余电流动作保护装置安装和运行》GB/T 13955—2017 规定： （1）采用 RCD 的 TN-C 系统，应根据电击防护措施的具体情况，将电气设备外露可接近导体独立接地，形成局部 TT 系统。 （2）在 TN 系统中，应将 TN-C 系统改造为 TN-C-S、TN-S 系统或局部 TT 系统后，方可安装使用 RCD。在 TN-C-S 系统中，RCD 只允许使用在 N 线与 PE 线分开部分
4	对 TT 系统的防护要求	根据《剩余电流动作保护装置安装和运行》GB/T 13955—2017 规定，TT 系统的电气线路或电气设备应装设 RCD 作为防电击事故的保护措施
5	对 IT 系统的防护要求	根据《剩余电流动作保护装置安装和运行》GB/T 13955—2017 规定，IT 系统的电气线路或电气设备可以针对外露的可接触不同电位的导电部分保护性安装 RCD

第三节　电气防火防爆技术

📝 考点1　电气引燃源

一、危险温度

序号	项目	内容
1	短路	发生短路时，线路中电流增大为正常时的数倍乃至数十倍，而产生的热量又与电流的平方成正比，使得温度急剧上升
2	接触不良	（1）接触部位是电路的薄弱环节，是产生危险温度的重点部位。 （2）不可拆卸的接头连接不牢、焊接不良或接头处夹有杂物，会增加接触电阻导致危险温度。 （3）可拆卸的接头连接不紧密或由于振动而松动也会导致危险温度。 （4）可开闭的触头，如各种开关的触头，如果没有足够的接触压力或表面粗糙不平，均可能增大接触电阻，产生危险温度。 （5）滑动接触处没有足够的压力或接触不良也会产生危险温度。 （6）不同种类导体连接处，由于二者的理化性能不同，接触处极易产生危险温度
3	过载	严重过载或长时间过载都会产生危险温度
4	铁芯过热	对于电动机、变压器、接触器等带有铁芯的电气设备，如铁芯短路，或线圈电压过高，或通电后铁芯不能吸合，由于涡流损耗和磁滞损耗增加都将造成铁芯过热并产生危险温度
5	散热不良	电气设备的散热或通风措施遭到破坏，如散热油管堵塞、通风道堵塞、安装位置不当、环境温度过高或距离外界热源太近，均可能导致电气设备和线路产生危险温度
6	漏电	当漏电电流集中在某一点时，可能引起比较严重的局部发热，产生危险温度
7	机械故障	电动机被卡死或轴承损坏、缺油，造成堵转或负载转矩过大，都将产生危险温度
8	电压过高或过低	电压过高，除使铁芯发热增加外，对于恒定电阻的负载，还会使电流增大，增加发热；电压过低，除使电磁铁吸合不牢或吸合不上外，对于恒定功率负载，还会使电流增大，增加发热。两种情况都可能导致产生危险温度
9	电热器具和照明灯具	电炉、电烘箱、电熨斗、电烙铁、电褥子等电热器具和照明器具的工作温度较高。这些发热部件紧贴可燃物或离可燃物太近，极易引燃成灾。 当白炽灯泡爆碎时，炽热的钨丝落到可燃物上，会引起可燃物质燃烧。 灯座内接触不良会造成过热，日光灯镇流器散热不良也会造成过热，都可能引燃成灾

二、电火花和电弧

序号	项目	内容
1	概述	（1）电火花是电极间的击穿放电；大量电火花汇集起来即构成电弧。电火花的温度很高，特别是电弧，温度高达 6000～8000℃。 （2）电火花和电弧不仅能引起可燃物燃烧，还能使金属熔化、飞溅，构成二次引燃源
2	电火花分类	电火花分为工作火花和事故火花。 （1）工作火花：指电气设备正常工作或正常操作过程中产生的电火花。举例： ①控制开关、断路器、接触器接通和断开线路时产生的火花。 ②插销拔出或插入时产生的火花。 ③直流电动机的电刷与换向器的滑动接触处、绕线式异步电动机的电刷与滑环的滑动接触处产生的火花等。 （2）事故火花：是线路或设备发生故障时出现的火花。举例： ①电路发生短路或接地时产生的火花。 ②熔丝熔断时产生的火花。 ③连接点松动或线路断开时产生的火花。 ④变压器、断路器等高压电气设备由于绝缘质量降低发生的闪络等。 事故火花还包括由外部原因产生的火花。如雷电火花、静电火花和电磁感应火花

📝 考点2　爆炸危险物质

一、爆炸危险物质分类

序号	分类	举例
1	Ⅰ类	矿井甲烷
2	Ⅱ类	爆炸性气体、蒸气、薄雾
3	Ⅲ类	爆炸性粉尘、纤维

二、爆炸危险物质的主要性能参数

序号	性能参数	内容
1	闪点	易燃液体能释放出足够的蒸气并在液面上方与空气形成爆炸性混合物，点火时能发生闪燃的最低温度。闪点越低者危险性越大
2	燃点	物质在空气中点火时发生燃烧，移开火源仍能继续燃烧的最低温度。 对于闪点不超过 45℃ 的易燃液体，一般只考虑闪点，不考虑燃点
3	引燃温度 （自燃点或自燃温度）	可燃物质不需外来火源即发生燃烧的最低温度
4	爆炸极限 （浓度极限）	爆炸极限分为爆炸浓度极限和爆炸温度极限。爆炸浓度极限是指在一定的温度和压力下，气体、蒸气、薄雾或粉尘、纤维与空气形成的能够被引燃并传播火焰的浓度范围。该范围的最低浓度称为爆炸下限，最高浓度称为爆炸上限。举例：

续表

序号	性能参数	内容
4	爆炸极限（浓度极限）	（1）甲烷的爆炸极限：5%～15%。 （2）汽油的爆炸极限：1.4%～7.6%。 （3）乙炔的爆炸极限：1.5%～2%
5	最小点燃电流比（MICR）	气体、蒸气、薄雾爆炸性混合物的最小点燃电流与甲烷爆炸性混合物的最小点燃电流之比。 最小引燃能量能使爆炸性混合物燃爆所需最小电火花的能量
6	最大试验安全间隙（MESG）	两个经长 25mm 的间隙连通的容器，一个容器内燃爆不引起另一个容器内燃爆的最大连通间隙。 MESG，是衡量爆炸性物质传爆能力的性能参数。 爆炸性气体按最小点燃电流比和最大试验安全间隙分为ⅡA级、ⅡB级、ⅡC级

三、气体、蒸气、薄雾按引燃温度分组

组别	T1	T2	T3	T4	T5	T6
引燃温度（℃）	>450	450≥T>300	300≥T>200	200≥T>135	135≥T>100	100≥T>85

四、炸性气体的分类、分级、分组

类和级	最大试验安全间隙 MESG	最小点燃电流比 MICR	组别及引燃温度（℃）					
			T1	T2	T3	T4	T5	T6
			T>450	300<T≤450	200<T≤300	135<T≤200	100<T≤135	85<T≤100
ⅡA	0.9～1.14	0.8～1.0	甲烷、乙烷、丙烷、丙酮、氯苯、苯乙烯、氯乙烯、甲苯、苯胺、甲醇、一氧化碳、乙酸乙酯、乙酸、丙烯腈	丁烷、乙醇、丙烯、丁醇、乙酸丁酯、乙酸戊酯、乙酸酐	戊烷、己烷、庚烷、癸烷、辛烷、汽油、硫化氢、环己烷	乙醚、乙醛		亚硝酸乙酯
ⅡB	0.5～0.9	0.45～0.8	二甲醚、民用煤气、环丙烷	环氧乙烷、环氧丙烷、丁二烯、乙烯	异戊二烯			
ⅡC	≤0.5	≤0.45	水煤气、氢、焦炉煤气	乙炔			二硫化碳	硝酸乙酯

五、爆炸性粉尘环境中粉尘分级

序号	项目	内容
1	分级	根据《爆炸危险环境电力装置设计规范》GB 50058—2014 第 4.1.2 条规定，在爆炸性粉尘环境中粉尘可分为下列三级： （1）ⅢA 级为可燃性飞絮； （2）ⅢB 级为非导电性粉尘； （3）ⅢC 级为导电性粉尘
2	常见的ⅢA 级可燃性飞絮举例	如棉花纤维、麻纤维、丝纤维、毛纤维、木质纤维、人造纤维等粉尘
3	常见的ⅢB 级可燃性非导电粉尘举例	如聚乙烯、苯酚树脂、小麦、玉米、砂糖、染料、可可、木质、米糠、硫黄等粉尘
4	常见的ⅢC 级可燃性导电粉尘举例	如石墨、炭黑、焦炭、煤、铁、锌、钛等粉尘

📝 考点3　爆炸危险环境

序号	项目	内容
1	气体、蒸气爆炸危险环境	（1）0区：持续出现或长时间出现或短时间频繁出现爆炸性气体、蒸气或薄雾，能形成爆炸性混合物的区域。如：密闭容器、储油罐等内部气体空间。 （2）1区：预计周期性出现或偶尔出现爆炸性气体、蒸气或薄雾，能形成爆炸性混合物的区域。 （3）2区：短时间偶然出现爆炸性气体、蒸气或薄雾，能形成爆炸性混合物的区域。 注：危险区级别受释放源特征、通风条件、危险物质性质的影响。
2	粉尘、纤维爆炸危险环境	（1）20区：空气中的可燃性粉尘云持续或长期或频繁地出现于爆炸性环境中的区域。 （2）21区：空气中的可燃性粉尘云很可能偶尔出现于爆炸性环境中的区域。 （3）22区：空气中的可燃粉尘云一般不可能出现于爆炸性粉尘环境中的区域，即使出现，持续时间也是短暂的。 注：危险区级别受粉尘量、粉尘爆炸极限和通风条件的影响

📝 考点4　爆炸危险区域

一、气体、蒸气爆炸危险环境

序号	项目		内容
1	释放源和通风条件对区域危险等级的影响	释放源	释放源是划分爆炸危险区域的基础。具体分级根据《爆炸危险环境电力装置设计规范》GB 50058—2014 第 3.2.3 条规定去划分。 释放源应按可燃物质的释放频繁程度和持续时间长短分为连续级释放源、一级释放源、二级释放源，释放源分级应符合下列规定： （1）连续级释放源应为连续释放或预计长期释放的释放源。下列情况可划为连续级释放源： ①没有用惰性气体覆盖的固定顶盖储罐中的可燃液体的表面；

序号	项目		内容
1	释放源和通风条件对区域危险等级的影响	释放源	②油、水分离器等直接与空间接触的可燃液体的表面； ③经常或长期向空间释放可燃气体或可燃液体的蒸气的排气孔和其他孔口。 （2）一级释放源应为在正常运行时，预计可能周期性或偶尔释放的释放源。下列情况可划为一级释放源： ①在正常运行时，会释放可燃物质的泵、压缩机和阀门等的密封处； ②贮有可燃液体的容器上的排水口处，在正常运行中，当水排掉时，该处可能会向空间释放可燃物质； ③正常运行时，会向空间释放可燃物质的取样点； ④正常运行时，会向空间释放可燃物质的泄压阀、排气口和其他孔口。 （3）二级释放源应为在正常运行时，预计不可能释放，当出现释放时，仅是偶尔和短期释放的释放源。下列情况可划为二级释放源： ①正常运行时，不能出现释放可燃物质的泵、压缩机和阀门的密封处； ②正常运行时，不能释放可燃物质的法兰、连接件和管道接头； ③正常运行时，不能向空间释放可燃物质的安全阀、排气孔和其他孔口处； ④正常运行时，不能向空间释放可燃物质的取样点。
2		通风	（1）通风情况是划分爆炸危险区域的重要因素。通风分为自然通风、一般机械通风和局部机械通风。 （2）《爆炸危险环境电力装置设计规范》GB 50058—2014 第 3.2.4 条规定，当爆炸危险区域内通风的空气流量能使可燃物质很快稀释到爆炸下限值的 25% 以下时，可定为通风良好，并应符合下列规定： ①下列场所可定为通风良好场所： 露天场所； 敞开式建筑物，在建筑物的壁、屋顶开口，其尺寸和位置保证建筑物内部通风效果等效于露天场所； 非敞开建筑物，建有永久性的开口，使其具有自然通风的条件； 对于封闭区域，每平方米地板面积每分钟至少提供 $0.3m^3$ 的空气或至少 1h 换气 6 次。 ②当采用机械通风时，下列情况可不计机械通风故障的影响： 封闭式或半封闭式的建筑物设置备用的独立通风系统； 当通风设备发生故障时，设置自动报警或停止工艺流程等确保能阻止可燃物质释放的预防措施，或使设备断电的预防措施
3		危险区域分级的原则规定	划分危险区域时，应综合考虑释放源和通风条件，并应遵循的原则： （1）首先按释放源级别划分区域： ①存在连续级释放源的区域可划为 0 区； ②存在第一级释放源的区域可划为 1 区； ③存在第二级释放源的区域可划为 2 区。 （2）根据通风条件调整区域划分： ①通风良好，可降低爆炸危险区域等级； ②通风不良，可提高爆炸危险区域等级； ③局部机械通风在降低爆炸性气体混合物浓度方面比自然通风和一般机械通风更为有效时，可采用局部机械通风降低爆炸危险区域等级； ④障碍物、凹坑和死角处，应局部提高爆炸危险区域等级。 （3）利用堤或墙等障碍物，限制爆炸性气体混合物的扩散，缩小爆炸危险区域

序号	项目	内容
4	危险区域的范围	《爆炸危险环境电力装置设计规范》GB 50058—2014 第 3.3.1 条规定，爆炸性气体环境危险区域范围应按下列要求确定： （1）爆炸危险区域的范围应根据释放源的级别和位置、可燃物质的性质、通风条件、障碍物及生产条件、运行经验，经技术经济比较综合确定。 （2）建筑物内部宜以厂房为单位划定爆炸危险区域的范围。当厂房内空间大时，应根据生产的具体情况划分，释放源释放的可燃物质量少时，可将厂房内部按空间划定爆炸危险的区域范围，并应符合下列规定： ①当厂房内具有比空气重的可燃物质时，厂房内通风换气次数不应少于每小时两次，且换气不受阻碍，厂房地面上高度1m以内容积的空气与释放至厂房内的可燃物质所形成的爆炸性气体混合浓度应小于爆炸下限； ②当厂房内具有比空气轻的可燃物质时，厂房平屋顶平面以下 1m 高度内，或圆顶、斜顶的最高点以下 2m 高度内的容积的空气与释放至厂房内的可燃物质所形成的爆炸性气体混合物的浓度应小于爆炸下限； ③释放至厂房内的可燃物质的最大量应按一小时释放量的三倍计算，但不包括由于灾难性事故引起破裂时的释放量。 （3）当高挥发性液体可能大量释放并扩散到 15m 以外时，爆炸危险区域的范围应划分为附加 2 区。 第 3.3.2 条规定，爆炸危险区域的等级和范围可根据可燃物质的释放量、释放速率、沸点、温度、闪点、相对密度、爆炸下限、障碍等条件，结合实践经验确定

二、粉尘、纤维爆炸危险环境

（1）粉尘释放源

《爆炸危险环境电力装置设计规范》GB 50058—2014 第 4.2.1 条规定，粉尘释放源应按爆炸性粉尘释放频繁程度和持续时间长短分为连续级释放源、一级释放源、二级释放源，释放源应符合下列规定：

① 连续级释放源应为粉尘云持续存在或预计长期或短期经常出现的部位。

② 一级释放源应为在正常运行时预计可能周期性的或偶尔释放的释放源。

③ 二级释放源应为在正常运行时，预计不可能释放，如果释放也仅是不经常地并且是短期地释放。

④ 下列三项不应被视为释放源：

压力容器外壳主体结构及其封闭的管口和人孔；

全部焊接的输送管和溜槽；

在设计和结构方面对防粉尘泄漏进行了适当考虑的阀门压盖和法兰接合面。

（2）爆炸性粉尘环境的范围确定因素

爆炸性粉尘的量、释放率、浓度和物理特性，以及同类企业相似厂房的实践经验。

（3）危险区域范围

① 20 区包括粉尘容器、旋风除尘器、搅拌器等设备内部的区域。

② 21 区包括频繁打开的粉尘容器出口附近、传送带附近等设备外部邻近区域。

③ 22 区包括粉尘袋、取样点周围的区域。

📝 考点5 爆炸危险物质的防爆措施

一、在爆炸性气体环境中应采取的防止爆炸的措施

《爆炸危险环境电力装置设计规范》GB 50058—2014 第 3.1.3 条规定，在爆炸性气体环境中应采取下列防止爆炸的措施：

（1）产生爆炸的条件同时出现的可能性应减到最小程度。

（2）工艺设计中应采取下列消除或减少可燃物质的释放及积聚的措施：

① 工艺流程中宜采取较低的压力和温度，将可燃物质限制在密闭容器内；

② 工艺布置应限制和缩小爆炸危险区域的范围，并宜将不同等级的爆炸危险区或爆炸危险区与非爆炸危险区分隔在各自的厂房或界区内；

③ 在设备内可采用以氮气或其他惰性气体覆盖的措施；

④ 宜采取安全连锁或发生事故时加入聚合反应阻聚剂等化学药品的措施。

（3）防止爆炸性气体混合物的形成或缩短爆炸性气体混合物的滞留时间可采取下列措施：

① 工艺装置宜采取露天或开敞式布置；

② 设置机械通风装置；

③ 在爆炸危险环境内设置正压室；

④ 对区域内易形成和积聚爆炸性气体混合物的地点应设置自动测量仪器装置，当气体或蒸气浓度接近爆炸下限值的 50% 时，应能可靠地发出信号或切断电源。

（4）在区域内应采取消除或控制设备线路产生火花、电弧或高温的措施。

二、在爆炸性粉尘环境中应采取的防止爆炸的措施

《爆炸危险环境电力装置设计规范》GB 50058—2014 第 4.1.4 条规定，在爆炸性粉尘环境中应采取下列防止爆炸的措施：

（1）防止产生爆炸的基本措施，应是使产生爆炸的条件同时出现的可能性减小到最小程度。

（2）防止爆炸危险，应按照爆炸性粉尘混合物的特征采取相应的措施。

（3）在工程设计中应先采取下列消除或减少爆炸性粉尘混合物产生和积聚的措施：

① 工艺设备宜将危险物料密封在防止粉尘泄漏的容器内。

② 宜采用露天或开敞式布置，或采用机械除尘措施。

③ 宜限制和缩小爆炸危险区域的范围，并将可能释放爆炸性粉尘的设备单独集中布置。

④ 提高自动化水平，可采用必要的安全联锁。

⑤ 爆炸危险区域应设有两个以上出入口，其中至少有一个通向非爆炸危险区域，其出入口的门应向爆炸危险性较小的区域侧开启。

⑥ 应对沉积的粉尘进行有效地清除。

⑦ 应限制产生危险温度及火花，特别是由电气设备或线路产生的过热及火花。应防止粉尘进入产生电火花或高温部件的外壳内。应选用粉尘防爆类型的电气设备及线路。

⑧ 可适当增加物料的湿度，降低空气中粉尘的悬浮量。

考点6 防爆电气设备

一、防爆电气设备类型

防爆电气设备有隔爆型、增安型、本质安全型、正压型、充油型、充砂型、无火花型浇封型、气密型等多种类型。具体内容阐述见下表。

序号	项目	内容
1	隔爆型设备	是具有能承受内部的爆炸性混合物发生爆炸而不致受到破坏，而且通过外壳任何结合面或结构间隙，不致由内部爆炸引起外部爆炸性混合物爆炸的电气设备
2	增安型设备	是在正常时不产生火花、电弧或高温的设备上采取加强措施以提高安全水平的电气设备
3	本质安全型设备	是正常状态下和故障状态下产生的火花或热效应均不能点燃爆炸性混合物的电气设备
4	正压型设备	是向外壳内充入带正压的清洁空气、惰性气体或连续通入清洁空气以阻止爆炸性混合物进入外壳内的电气设备。按其充气结构分为通风、充气、气密等三种型式
5	充油型设备	是将可能产生电火花、电弧或危险温度的带电零、部件浸在绝缘油里，使之不能点燃油面上方爆炸性混合物的电气设备
6	充砂型设备	是将细粒状物料充入设备外壳内，令壳内出现的电弧、火焰传播、壳壁温度及粒料表面温度不能点燃周围爆炸性混合物的电气设备
7	无火花型设备	是在防止产生危险温度、防冲击、防机械火花、防电缆事故、外壳防护等方面采取措施，以防止火花、电弧或危险温度的产生来提高安全程度的电气设备。设备在正常条件下不会点燃周围爆炸性混合物，而且一般不会发生有点燃作用的故障
8	浇封型设备	是将可能产生能点燃混合物的电弧、火花及高温部件浇封在环氧树脂等浇封剂里面，使其不能点燃周围爆炸性混合物的设备
9	气密型设备	是用熔化、挤压或胶粘的方法制成气密外壳，能防止外部气体进入壳内的设备

二、防爆电气设备的保护级别（EPL）

（1）EPL 用于表示设备的固有点燃风险。

（2）用于煤矿有甲烷的爆炸性环境中的Ⅰ类设备的 EPL 分为 Ma、Mb 两级（Ma＞Mb）。

（3）用于爆炸性气体环境的Ⅱ类设备的 EPL 分为 Ga、Gb、Gc 三级（Ga＞Gb＞Gc）。

（4）用于爆炸性粉尘环境的Ⅲ类设备的 EPL 分为 Da、Db、De 三级（Da＞Db＞Dc）。

（5）Ma、Ga、Da 级的设备具有"很高"的保护级别。

（6）Mb、Gb、Db 级的设备具有"高"的保护级别。

（7）Gc、De 级的设备具有爆炸性气体环境用设备，具有"加强"的保护级别。

三、防爆电气设备的标志

（1）防爆电气设备的型式和标志见下表。

防爆型式	隔爆型	增安型	本质安全型	正压型	充油型	充砂型	无火花型	浇封型
防爆型式标志	d	e	i	p	o	q	n	m

（2）防爆电气设备的标志应设置在设备外部主体部分的明显地方，且应设置在设备安装之后能看到的位置。

（3）防爆电气设备的标志应包含：制造商的名称或注册商标、制造商规定的型号标识、产品编号或批号、颁发防爆合格证的检验机构名称或代码、防爆合格证号、Ex 标志、防爆结构型式符号、类别符号、表示温度组别的符号（对于Ⅱ类电气设备）或最高表面温度及单位℃，前面加符号 T（对于Ⅲ类电气设备）、设备的保护级别（EPL）、外壳防护等级（仅对于Ⅲ类，如 IP54）。

（4）电气设备防爆标志举例如下：

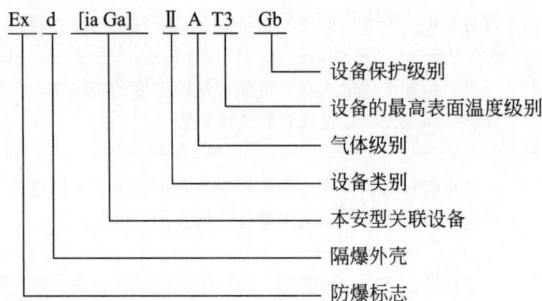

```
Ex  d  [ia Ga]  Ⅱ A  T3  Gb
                      │   │   └─ 设备保护级别
                      │   └───── 设备的最高表面温度级别
                      │
                      └───────── 气体级别
              └───────────────── 设备类别
       └──────────────────────── 本安型关联设备
    └─────────────────────────── 隔爆外壳
 └────────────────────────────── 防爆标志
```

四、爆炸危险环境中电气设备选用

（1）影响爆炸性环境内电气设备进行选择的因素

《爆炸危险环境电力装置设计规范》GB 50058—2014 第 5.2.1 条规定，在爆炸性环境内，电气设备应根据下列因素进行选择：

① 爆炸危险区域的分区；

② 可燃性物质和可燃性粉尘的分级；

③ 可燃性物质的引燃温度；

④ 可燃性粉尘云、可燃性粉尘层的最低引燃温度。

（2）爆炸性环境内电气设备保护级别的选择

危险区域	设备保护级别（EPL）
0 区	Ga
1 区	Ga 或 Gb

危险区域	设备保护级别（EPL）
2 区	Ga、Gb 或 Gc
20 区	Da
21 区	Da 或 Db
22 区	Da、Db 或 Dc

（3）电气设备保护级别（EPL）与电气设备防爆结构的关系

设备保护级别（EPL）	电气设备防爆结构	防爆形式
Ga	本质安全型	"ia"
	浇封型	"ma"
	由两种独立的防爆类型组成的设备，每一种类型达到保护级别"Gb"的要求	—
	光辐射式设备和传输系统的保护	"op is"
Gb	隔爆型	"d"
	增安型	"e"①
	本质安全型	"ib"
	浇封型	"mb"
	油浸型	"o"
	正压型	"px""py"
	充砂型	"q"
	本质安全现场总线概念（FISCO）	—
	光辐射式设备和传输系统的保护	"op pr"
Gc	本质安全型	"ic"
	浇封型	"mc"
	无火花	"n""nA"
	限制呼吸	"nR"
	限能	"nL"
	火花保护	"nC"
	正压型	"pz"
	非可燃现场总线概念（FNICO）	—
	光辐射式设备和传输系统的保护	"op sh"
Da	本质安全型	"iD"
	浇封型	"mD"
	外壳保护型	"tD"

设备保护级别 （EPL）	电气设备防爆结构	防爆形式
Db	本质安全型	"iD"
	浇封型	"mD"
	外壳保护型	"tD"
	正压型	"pD"
Dc	本质安全型	"iD"
	浇封型	"mD"
	外壳保护型	"tD"
	正压型	"pD"

（4）所选用的防爆电气设备的级别和组别不应低于该环境内爆炸性混合物的级别和组别。

（5）在爆炸危险环境应尽量少用携带式设备和移动式设备，应尽量少安装插销座。

（6）为了减小防爆电气设备的使用量，应当考虑把电气设备安装在危险环境之外；即使不得不安装在危险环境内，也应当安装在危险较小的位置。

五、电动机防爆结构选型

电气设备类别	爆炸危险环境区别						
	1区			2区			
	隔爆型	正压型	增安型	隔爆型	正压型	增安型	n型
三相鼠笼型感应电动机	○	○	△	○	○	○	○
三相绕线型感应电动机	△	△	—	○	○	○	×
直流电动机	△	△	—	○	○	—	—

注："○"表示适用，"△"表示尽量避免采用，"×"表示不适用，"—"表示一般不用。

六、压开关和控制器类防爆结构选型

电气设备类别	爆炸危险环境区别								
	0区	1区				2区			
	本质安全	本质安全	隔爆	油浸	增安	本质安全	隔爆	油浸	增安
刀开关、断路器	—	—	○	—	—	—	○	—	—
熔断器	—	—	△	—	—	—	○	—	—
操作用小开关	○	○	○	○	—	○	○	○	—
配电盘	—	—	△	—	—	—	○	—	—

注："○"表示适用，"△"表示尽量避免采用，"×"表示不适用，"—"表示一般不用。

七、明灯具类防爆结构选型

电气设备类别	爆炸危险环境区别			
	1 区		2 区	
	隔爆型	增安型	隔爆型	增安型
固定式白炽灯	○	×	○	○
移动式白炽灯	△	—	○	—
固定式荧光灯	○	×	○	○

注："○"表示适用，"△"表示尽量避免采用，"×"表示不适用，"—"表示一般不用。

八、防爆电气设备的安装要求

根据《电气装置安装工程 爆炸和火灾危险环境电气装置施工及验收规范》GB 50257—2014 第 3.0.7、3.0.10、4.1.2～4.1.8 条规定，防爆电气设备的安装要求如下：

（1）设备安装用的紧固件，除地脚螺栓外，铁制紧固件及支架应采用镀锌制品。

（2）防爆电气设备应有"Ex"标志和标明防爆电气设备的类型、级别、组别标志的铭牌，并应在铭牌上标明防爆合格证号。

（3）防爆电气设备宜安装在金属制作的支架上，支架应牢固，有振动的电气设备的固定螺栓应有防松装置。

（4）防爆电气设备接线盒内部接线紧固后，裸露带电部分之间及与金属外壳之间的电气间隙和爬电距离不应小于规范的规定。

（5）防爆电气设备的进线口与电缆、导线引入连接后，应保持电缆引入装置的完整性和弹性密封圈的密封性，并应将压紧元件用工具拧紧，且进线口应保持密封。多余的进线口其弹性密封圈和金属垫片、封堵件等应齐全，且安装紧固，密封良好。

（6）塑料透明件或其他部件，不得采用溶剂擦洗。

（7）事故排风机的按钮，应单独安装在便于操作的位置，且应有醒目的特殊标志。

（8）灯具的安装应符合下列规定：

① 灯具的种类、型号和功率，应符合设计和产品技术条件的要求，不得随意变更；

② 螺旋式灯泡应旋紧，接触应良好，不得松动；

③ 灯具外罩应齐全，螺栓应紧固。

（9）爆炸危险环境中电气设备的保护设置应符合设计要求。

考点7 防爆电气线路

一、线路敷设要求

根据《爆炸危险环境电力装置设计规范》GB 50058—2014 第 5.4.3 条规定，爆炸性环境电气线路的安装应符合下列规定：

（1）电气线路宜在爆炸危险性较小的环境或远离释放源的地方敷设，并应符合下列规定：

① 当可燃物质比空气重时，电气线路宜在较高处敷设或直接埋地；架空敷设时宜采用电缆桥架；电缆沟敷设时沟内应充砂，并宜设置排水措施。

② 电气线路宜在有爆炸危险的建筑物、构筑物的墙外敷设。

③ 在爆炸粉尘环境，电缆应沿粉尘不易堆积并且易于粉尘清除的位置敷设。

（2）敷设电气线路的沟道、电缆桥架或导管，所穿过的不同区域之间墙或楼板处的孔洞应采用非燃性材料严密堵塞。

（3）敷设电气线路时宜避开可能受到机械损伤、振动、腐蚀、紫外线照射以及可能受热的地方，不能避开时，应采取预防措施。

（4）钢管配线可采用无护套的绝缘单芯或多芯导线。当钢管中含有三根或多根导线时，导线包括绝缘层的总截面不宜超过钢管截面的 40%。钢管应采用低压流体输送用镀锌焊接钢管。钢管连接的螺纹部分应涂以铅油或磷化膏。在可能凝结冷凝水的地方，管线上应装设排除冷凝水的密封接头。

（5）在爆炸性气体环境内钢管配线的电气线路应做好隔离密封，且应符合下列规定：

① 在正常运行时，所有点燃源外壳的 450mm 范围内应做隔离密封。

② 直径 50mm 以上钢管距引入的接线箱 450mm 以内处应做隔离密封。

③ 相邻的爆炸性环境之间以及爆炸性环境与相邻的其他危险环境或非危险环境之间应进行隔离密封。进行密封时，密封内部应用纤维作填充层的底层或隔层，填充层的有效厚度不应小于钢管的内径，且不得小于 16mm。

④ 供隔离密封用的连接部件，不应作为导线的连接或分线用。

（6）在 1 区内电缆线路严禁有中间接头，在 2 区、20 区、21 区内不应有中间接头。

（7）当电缆或导线的终端连接时，电缆内部的导线如果为绞线，其终端应采用定型端子或接线鼻子进行连接。

铝芯绝缘导线或电缆的连接与封端应采用压接、熔焊或钎焊，当与设备（照明灯具除外）连接时，应采用铜-铝过渡接头。

（8）架空电力线路不得跨越爆炸性气体环境，架空线路与爆炸性气体环境的水平距离不应小于杆塔高度的 1.5 倍。在特殊情况下，采取有效措施后，可适当减少距离。

根据《电气装置安装工程 爆炸和火灾危险环境电气装置施工及验收规范》GB 50257—2014 的规定，当电气线路沿输送可燃气体或易燃液体的管道栈桥敷设时，管道内的易燃物质比空气重时，电气线路应敷设在管道的上方；管道内的易燃物质比空气轻时，电气线路应敷设在管道正下方的两侧。

二、爆炸危险环境配线

配线方式	区域危险等级				
	0、20	1	2	21	22
本质安全型配线	○	○	○	○	○
镀锌钢管配线	×	○	○	×	○

续表

配线方式		区域危险等级				
		0、20	1	2	21	22
电缆配线	低压	×	○	○	×	○
	高压	×	△	○	×	○

注意："△"表示尽量避免采用，"×"表示不适用，"—"表示一般不用，"○"表示适用。

三、导线材料

（1）爆炸危险环境应优先采用铜线。

（2）1区和21区的电力及照明线路应采用截面不小于2.5mm^{2}的铜芯导线。2区和22区电力线路应采用截面不小于1.5mm^{2}的铜芯导线或截面不小于16mm^{2}的铝芯导线。2区和22区照明线路应采用截面不小于1.5mm^{2}的铜芯导线。

（3）在有剧烈振动处应选用多股铜芯软线或多股铜芯电缆。

（4）爆炸危险环境不宜采用油浸纸绝缘电缆。

（5）在爆炸危险环境，低压电力、照明线路所用电线和电缆的额定电压不得低于工作电压，并不得低于500V。中性线应与相线有同样的绝缘能力，并应在同一护套内。

（6）对于爆炸危险环境中的移动式电气设备，1区和21区应采用重型电缆，2区和22区应采用中型电缆。

四、允许载流量

（1）爆炸危险环境导线允许载流量不应高于非爆炸危险环境的允许载流量。

（2）1区、2区导体允许载流量不应小于熔断器熔体额定电流和断路器长延时过电流脱扣器整定电流的1.25倍，也不应小于电动机额定电流的1.25倍。

（3）高压线路应进行热稳定校验。

考点8　火灾危险环境的电气装置

一、火灾危险环境

根据《电气装置安装工程 爆炸和火灾危险环境电气装置施工及验收规范》GB 50257—2014第6.1.1条的规定，根据火灾事故发生的可能性、后果以及危险程度，火灾危险环境包括以下环境：

（1）具有闪点高于环境温度的可燃液体，在数量和配置上能引起火灾危险的环境。

（2）具有悬浮状、堆积状的可燃粉尘或可燃纤维，虽不可能形成爆炸混合物，但在数量和配置上能引起火灾危险的环境。

（3）具有固体状可燃物质，在数量和配置上能引起火灾危险的环境。

二、电气设备安装

根据《电气装置安装工程 爆炸和火灾危险环境电气装置施工及验收规范》GB

50257—2014 第 6.2.1～6.2.5 条的规定，电气设备安装的一般要求如下：

（1）火灾危险环境所采用的电气设备类型，应符合设计的要求。

（2）装有电气设备的箱、盒等，应采用金属制品；电气开关和正常运行时产生火花或外壳表面温度较高的电气设备，应远离可燃物质的存放地点，其最小距离不应小于 3m。

（3）在火灾危险环境内不宜使用电热器。当生产要求应使用电热器时，应将其安装在非燃材料的底板上，并应装设防护罩。

（4）移动式和携带式照明灯具的玻璃罩，应采用金属网保护。

（5）露天安装的变压器或配电装置的外廓距火灾危险环境建筑物的外墙，不宜小于 10m。当小于 10m 时，应符合下列规定：

① 火灾危险环境建筑物靠变压器或配电装置一侧的墙，应为非燃烧性；

② 在高出变压器或配电装置高度 3m 的水平线以上或距变压器或配电装置外廓 3m 以外的墙壁上，可安装非燃烧的镶有铁丝玻璃的固定窗。

三、电气线路敷设

根据《电气装置安装工程 爆炸和火灾危险环境电气装置施工及验收规范》GB 50257—2014 第 6.3.1～6.3.9 条的规定，电气线路敷设的一般要求如下：

（1）在火灾危险环境内的电力、照明线路的绝缘导线和电缆的额定电压，不应低于线路的额定电压，且不得低于 500V。

（2）1kV 及以下的电气线路，可采用非铠装电缆或钢管配线；在火灾危险环境具有闪点高于环境温度的可燃液体，在数量和配置上能引起火灾危险的环境，或具有固体状可燃物质，在数量和配置上能引起火灾危险的环境内，可采用硬塑料管配线；在火灾危险环境具有固体状可燃物质，在数量和配置上能引起火灾危险的环境内，远离可燃物质时，可采用绝缘导线在针式或鼓型瓷绝缘子上敷设。沿未抹灰的木质吊顶和木质墙壁等处及木质闷顶内的电气线路，应穿钢管明敷，不得采用瓷夹、瓷瓶配线。

（3）在火灾危险环境内，当采用铝芯绝缘导线和电缆时，应有可靠的连接和封端。

（4）在火灾危险环境具有闪点高于环境温度的可燃液体，在数量和配置上能引起火灾危险的环境或具有悬浮状、堆积状的可燃粉尘或可燃纤维，虽不可能形成爆炸混合物，但在数量和配置上能引起火灾危险的环境内，电动起重机不应采用滑触线供电；在火灾危险环境具有固体状可燃物质，在数量和配置上能引起火灾危险的环境内，电动起重机可采用滑触线供电，但在滑触线下方，不应堆置可燃物质。

（5）移动式和携带式电气设备的线路，应采用移动电缆或橡套软线。

（6）在火灾危险环境内安装裸铜、裸铝母线时，应符合下列规定：

① 不需拆卸检修的母线连接宜采用熔焊。

② 螺栓连接应可靠，并应有防松装置。

③ 在火灾危险环境具有闪点高于环境温度的可燃液体，在数量和配置上能引起火灾危险的环境和具有固体状可燃物质，在数量和配置上能引起火灾危险的环境内的母线宜装设金属网保护罩，其网孔直径不应大于 12mm；在火灾危险环境 22 区内的母线应有 IP5X 型结构的外罩，并应符合现行国家标准《外壳防护等级（IP 代码）》GB/T 4208—2017 的有关规定。

（7）电缆引入电气设备或接线盒内，其进线口处应密封。

（8）钢管与电气设备或接线盒的连接，应符合下列规定：

① 螺纹连接的进线口应啮合紧密；非螺纹连接的进线口，钢管引入后应装设锁紧螺母；

② 与电动机及有振动的电气设备连接时，应装设金属挠性连接管。

（9）10kV 及以下架空线路，不应跨越火灾危险环境；架空线路与火灾危险环境的水平距离，不应小于杆塔高度的 1.5 倍。

📝 考点9　电气防火防爆技术

一、电气防火防暴技术

序号	防爆措施	内容
1	消除或减少爆炸性混合物	（1）封闭式作业。 （2）清理现场积尘。 （3）设计正压室。 （4）开式作业或通风措施。 （5）危险空间充填惰性气体或不活泼气体。 （6）安装报警装置
2	消除引燃源	（1）根据爆炸危险环境的特征和危险物的级别、组别选用电气设备和电气线路，并保持电气设备和电气线路安全运行。 （2）保持设备清洁有利于防火
3	隔离	（1）室内电压 10kV 以上、总油量 60kg 以下的充油设备，可安装在两侧有隔板的间隔内。 （2）总油量在 60～600kg 的，应安装在有防爆隔墙的间隔内。 （3）10kV 变、配电室不得设在爆炸危险环境的正上方或正下方
4	爆炸危险环境接地和接零	（1）所有设备的金属部分、金属管道，以及建筑物的金属结构全部接地（或接零），并连接成连续整体。 （2）采用 TN-S 系统，装设双极开关同时操作相线和中性线。保护导体的最小截面，铜导体不得小于 $4mm^2$，钢导体不得小于 $6mm^2$。 （3）不接地配电网，必须装设一相接地时或严重漏电时能自动切断电源的保护装置或能发出声、光双重信号的报警装置
5	电气灭火	（1）触电危险和断电： ①拉闸时最好用绝缘工具操作。 ②高压应先断开断路器，后断开隔离开关，低压应先断开电磁起动器或低压断路器，后断开闸刀开关。 ③剪断空中的电线时，剪断位置应选择在电源方向的支持点附近。 （2）带电灭火安全要求： ①二氧化碳灭火器、干粉灭火器可用于带电灭火。泡沫灭火器不宜用于电气灭火。 ②用水灭火时，水枪喷嘴至带电体的距离，电压 10kV 及以下者不应小于 3m。 ③用二氧化碳等有不导电灭火剂的灭火器灭火时，机体、喷嘴至带电体的最小距离，电压 10kV 者不应小于 0.4m。 ④对空中设备灭火时，人体位置与带电体之间的仰角不应超过 45°

二、外变、配电站与建筑物的防火间距

建筑物特征		防火间距(m)	变压器总油量		
			5~10t	10~50t	>50t
民用建筑	耐火等级	一、二级	15	20	25
		三级	20	25	30
		四级	25	30	35
丙、丁、戊类厂房及库房		一、二级	12	15	20
		三级	15	20	25
		四级	20	25	30
甲、乙类厂房			25		
甲、乙类库房	储量不超过10t的甲类1、2、5、6项物品及乙类物品		25		
	储量不超过5t的甲类3、4项物品和储量超过10t的甲类1、2、5、6项物品		30		
	储量超过5t的甲类3、4项物品		40		

第四节　雷击和静电防护技术

考点1　雷电灾害

根据《雷电灾害应急处置规范》GB/T 34312—2017 的规定，雷电灾害是指由雷电造成的人员伤亡、火灾、爆炸或电气、电子系统等严重损毁，造成重大经济损失和重大社会影响。

按照雷电灾害造成的人员伤亡或直接经济损失程度，将雷电灾害划分为以下四个等级：

（1）特大雷电灾害，是指一起雷击造成 4 人以上身亡，或 3 人身亡并有 5 人以上受伤，或没有人员身亡但有 10 人以上受伤，或直接经济损失 500 万元及以上的雷电灾害事故。

（2）重大雷电灾害，是指一起雷击造成 2~3 人身亡或 1 人身亡并有 4 人以上受伤，或没有人员身亡但有 5~9 人受伤，或直接经济损失 100 万元以上至 500 万元以下的雷电灾害事故。

（3）较大雷电灾害，是指一起雷击造成 1 人身亡，或没有人员身亡但有 2~4 人受伤，或直接经济损失 20 万元以上至 100 万元以下的雷电灾害事故。

（4）一般雷电灾害，是指一起雷击造成 1 人受伤或直接经济损失 20 万元以下的雷电灾害事故。

📝 考点 2　雷电概要

一、雷电种类

序号	雷电种类	内容
1	直击雷	(1) 是指带电积云与地面建筑物等目标之间的强烈放电。 (2) 第一阶段：跳跃式先导放电，持续时间为 5～10ms。 (3) 第二阶段：极明亮的主放电，其放电时间仅 50～100μs。 (4) 第三阶段：微弱的余光，持续时间为 30～150ms。 (5) 一次雷击的全部放电时间一般不超过 500ms
2	感应雷	(1) 也称作闪电感应，分为静电感应和电磁感应。 (2) 静电感应：带电积云接近地面与导体凸出物顶部感应出大量电荷。 (3) 电磁感应：冲击雷电流在周围空间产生迅速变化的强磁场
3	球雷	(1) 球雷是一团处在特殊状态下的带电气体。 (2) 放电时形成的发红光、橙光、白光或其他颜色光的火球。 (3) 在雷雨季节，球雷可能从门、窗、烟囱等通道侵入室内

注：1. 直击雷和感应雷都能在架空线路或在空中金属管道上产生沿线路或管道的两个方向迅速传播的闪电冲击波（闪电电涌）。

　　2. 直击雷和感应雷都能在空间产生辐射电磁波。

二、雷电的特点

（1）雷电流幅值很大。

（2）冲击过电压很高。

（3）冲击性强。

（4）雷电流陡度大，有高频特征。

三、雷电参数

序号	参数	内容
1	雷暴日	(1) 一天之内能听到雷声的就算一个雷暴日。 (2) 雷暴日是指年平均雷暴日，单位为 d/a。 (3) 年平均雷暴日不超过 15d/a 的地区为少雷区，超过 40d/a 的为多雷区。 (4) 长江流域以南大部分地区属于多雷区，西北很多地区属于少雷区
2	雷电流幅值	(1) 指主放电时冲击电流的最大值。 (2) 雷电流幅值可达数十千安至数百千安
3	雷电流陡度	(1) 指雷电流随时间上升的速度。 (2) 由于雷电流陡度很大，雷电具有高频特征
4	雷电冲击过电压	(1) 表现出极强的冲击性。 (2) 直击雷冲击过电压高达数千千伏；感应雷过电压也高达数百千伏

四、雷电的危害形式

序号	破坏作用	内容
1	电性质的破坏作用	破坏高压输电系统，毁坏发电机、电力变压器等电气设备的绝缘，烧断电线或劈裂电杆，造成大规模停电事故；绝缘损坏可能引起短路，导致火灾或爆炸事故；二次放电的电火花也可能引起火灾或爆炸，二次放电也可能造成电击，伤害人命；形成接触电压电击和跨步电压导致触电事故；雷击产生的静电场突变和电磁辐射，干扰电视电话通信，甚至使通信中断；雷电也能造成飞行事故
2	热性质的破坏作用	直击雷放电的高温电弧能直接引燃邻近的可燃物；巨大的雷电流通过导体能够烧毁导体；使金属熔化、飞溅引发火灾或爆炸。球雷侵入可引起火灾
3	机械性质的破坏作用	巨大的雷电流通过被击物，使被击物缝隙中的气体剧烈膨胀，缝隙中的水分也急剧蒸发汽化为大量气体，导致被击物破坏或爆炸。雷击时产生的冲击波也有很强的破坏作用。此外，同性电荷之间的静电斥力、同方向电流的电磁作用力也会产生很强的破坏作用

五、雷电危害的事故后果

序号	事故后果	内容
1	火灾和爆炸	直击雷放电的高温电弧能直接引燃邻近的可燃物造成火灾；高电压造成的二次放电可能引起爆炸性混合物爆炸；巨大的雷电流通过导体，在极短的时间内转换出大量的热能，可能烧毁导体、熔化导体，导致易燃品的燃烧，从而引起火灾乃至爆炸；球雷侵入可引起火灾；数百万伏乃至更高的冲击电压击穿电气设备的绝缘导致的短路亦可能引起火灾
2	电击	雷电直接对人放电会使人遭到致命电击；二次放电也能造成电击；球雷打击也能使人致命；数十至数百千安的雷电流流入地下，会在雷击点及其连接的金属部分产生极高的对地电压，可能直接导致接触电压和跨步电压电击；电气设备绝缘损坏后，可能导致高压窜入低压，在大范围内带来触电危险
3	设备和设施毁坏	数百万伏乃至更高的冲击电压可能毁坏发电机、电力变压器、断路器、绝缘子等电气设备的绝缘、烧断电线或劈裂电杆；巨大的雷电流瞬间产生的大量热量使雷电流通道中的液体急剧蒸发，体积急剧膨胀，造成被击物破坏甚至爆碎
4	大规模停电	电力设备或电力线路破坏后即可能导致大规模停电

📝 考点3　建筑物的防雷设计要求

一、建筑物的防雷分类

根据《建筑物防雷设计规范》GB 50057—2010 第 3.0.1 条规定，建筑物应根据建筑物的重要性、使用性质、发生雷电事故的可能性和后果，按防雷要求分为三类。

（1）第一类防雷建筑物

根据《建筑物防雷设计规范》GB 50057—2010 第 3.0.2 条规定，在可能发生对地闪击的地区，遇下列情况之一时，应划为第一类防雷建筑物：

① 凡制造、使用或贮存火炸药及其制品的危险建筑物，因电火花而引起爆炸、爆轰，会造成巨大破坏和人身伤亡者。

② 具有 0 区或 20 区爆炸危险场所的建筑物。

③ 具有 1 区或 21 区爆炸危险场所的建筑物，因电火花而引起爆炸，会造成巨大破坏和人身伤亡者。

（2）第二类防雷建筑物

根据《建筑物防雷设计规范》GB 50057—2010 第 3.0.3 条规定，在可能发生对地闪击的地区，遇下列情况之一时，应划为第二类防雷建筑物：

① 国家级重点文物保护的建筑物。

② 国家级的会堂、办公建筑物、大型展览和博览建筑物、大型火车站和飞机场、国宾馆、国家级档案馆、大型城市的重要给水泵房等特别重要的建筑物。

注：飞机场不含停放飞机的露天场所和跑道。

③ 国家级计算中心、国际通信枢纽等对国民经济有重要意义的建筑物。

④ 国家特级和甲级大型体育馆。

⑤ 制造、使用或贮存火炸药及其制品的危险建筑物，且电火花不易引起爆炸或不致造成巨大破坏和人身伤亡者。

⑥ 具有 1 区或 21 区爆炸危险场所的建筑物，且电火花不易引起爆炸或不致造成巨大破坏和人身伤亡者。

⑦ 具有 2 区或 22 区爆炸危险场所的建筑物。

⑧ 有爆炸危险的露天钢质封闭气罐。

⑨ 预计雷击次数大于 0.05 次/a 的部、省级办公建筑物和其他重要或人员密集的公共建筑物以及火灾危险场所。

⑩ 预计雷击次数大于 0.25 次/a 的住宅、办公楼等一般性民用建筑物或一般性工业建筑物。

（3）第三类防雷建筑物

根据《建筑物防雷设计规范》GB 50057—2010 第 3.0.4 条规定，在可能发生对地闪击的地区，遇下列情况之一时，应划为第三类防雷建筑物：

① 省级重点文物保护的建筑物及省级档案馆。

② 预计雷击次数大于或等于 0.01 次/a，且小于或等于 0.05 次/a 的部、省级办公建筑物和其他重要或人员密集的公共建筑物，以及火灾危险场所。

③ 预计雷击次数大于 0.05 次/a，且小于或等于 0.25 次/a 的住宅、办公楼等一般性民用建筑物或一般性工业建筑物。

④ 在平均雷暴日大于 15d/a 的地区，高度在 15m 及以上的烟囱、水塔等孤立的高耸建筑物；在平均雷暴日小于或等于 15d/a 的地区，高度在 20m 及以上的烟囱、水塔等孤立的高耸建筑物。

二、建筑物防雷措施的基本规定

根据《建筑物防雷设计规范》GB 50057—2010 规定，建筑物防雷措施的基本规定如下：

（1）各类防雷建筑物应设防直击雷的外部防雷装置，并应采取防闪电电涌侵入的措施。第一类防雷建筑物和部分第二类防雷建筑物，尚应采取防闪电感应的措施。

（2）各类防雷建筑物应设内部防雷装置，并应符合下列规定：

① 在建筑物的地下室或地面层处，下列物体应与防雷装置做防雷等电位联结：建筑物金属体；金属装置；建筑物内系统；进出建筑物的金属管线。

② 除上述措施外，外部防雷装置与建筑物金属体、金属装置、建筑物内系统之间，尚应满足间隔距离的要求。

三、第一类防雷建筑物的防雷措施

根据《建筑物防雷设计规范》GB 50057—2010 规定，第一类防雷建筑物的防雷措施如下：

（1）第一类防雷建筑物防直击雷的措施应符合下列规定：

① 应装设独立接闪杆或架空接闪线或网。架空接闪网的网格尺寸不应大于 5m×5m 或 6m×4m。

② 排放爆炸危险气体、蒸气或粉尘的放散管、呼吸阀、排风管等的管口外的下列空间应处于接闪器的保护范围内：当有管帽时应按规定确定；当无管帽时，应为管口上方半径 5m 的半球体；接闪器与雷闪的接触点应设在上述 2 项所规定的空间之外。

③ 排放爆炸危险气体、蒸气或粉尘的放散管、呼吸阀、排风管等，当其排放物达不到爆炸浓度、长期点火燃烧、一排放就点火燃烧，以及发生事故时排放物才达到爆炸浓度的通风管、安全阀，接闪器的保护范围应保护到管帽，无管帽时应保护到管口。

④ 独立接闪杆的杆塔、架空接闪线的端部和架空接闪网的每根支柱处应至少设一根引下线。对用金属制成或有焊接、绑扎连接钢筋网的杆塔、支柱，宜利用金属杆塔或钢筋网作为引下线。

⑤ 独立接闪杆和架空接闪线或网的支柱及其接地装置与被保护建筑物及与其有联系的管道、电缆等金属物之间的间隔距离，应按相关公式计算，且不得小于 3m。

⑥ 架空接闪线至屋面和各种突出屋面的风帽、放散管等物体之间的间隔距离，应按相关计算，且不应小于 3m。

⑦ 独立接闪杆、架空接闪线或架空接闪网应设独立的接地装置，每一引下线的冲击接地电阻不宜大于 10Ω。在土壤电阻率高的地区，可适当增大冲击接地电阻，但在 3000Ωm 以下的地区，冲击接地电阻不应大于 30Ω。

（2）第一类防雷建筑物防闪电感应应符合下列规定：

① 建筑物内的设备、管道、构架、电缆金属外皮、钢屋架、钢窗等较大金属物和突出屋面的放散管、风管等金属物，均应接到防闪电感应的接地装置上。金属屋面周边每隔 18~24m 应采用引下线接地一次。现场浇灌或用预制构件组成的钢筋混凝土屋面，其钢筋网的交叉点应绑扎或焊接，并应每隔 18~24m 采用引下线接地一次。

② 平行敷设的管道、构架和电缆金属外皮等长金属物，其净距小于 100mm 时，应采用金属线跨接，跨接点的间距不应大于 30m；交叉净距小于 100mm 时，其交叉处也应跨接。

当长金属物的弯头、阀门、法兰盘等连接处的过渡电阻大于 0.03Ω 时，连接处应用金属线跨接。对有不少于 5 根螺栓连接的法兰盘，在非腐蚀环境下，可不跨接。

③ 防闪电感应的接地装置应与电气和电子系统的接地装置共用，其工频接地电阻不宜大于 10Ω。防闪电感应的接地装置与独立接闪杆、架空接闪线或架空接闪网的接地装置之间的间隔距离，应符合相关规定。当屋内设有等电位联结的接地干线时，其与防闪电感应接地装置的连接不应少于 2 处。

四、第二类防雷建筑物的防雷措施

根据《建筑物防雷设计规范》GB 50057—2010 规定，第二类防雷建筑物的防雷措施如下：

（1）第二类防雷建筑物外部防雷的措施，宜采用装设在建筑物上的接闪网、接闪带或接闪杆，也可采用由接闪网、接闪带或接闪杆混合组成的接闪器。接闪网、接闪带应按规定沿屋角、屋脊、屋檐和檐角等易受雷击的部位敷设，并应在整个屋面组成不大于 10m×10m 或 12m×8m 的网格；当建筑物高度超过 45m 时，首先应沿屋顶周边敷设接闪带，接闪带应设在外墙外表面或屋檐边垂直面上，也可设在外墙外表面或屋檐边垂直面外。接闪器之间应互相连接。

（2）专设引下线不应少于 2 根，并应沿建筑物四周和内庭院四周均匀对称布置，其间距沿周长计算不应大于 18m。当建筑物的跨度较大，无法在跨距中间设引下线时，应在跨距两端设引下线并减小其他引下线的间距，专设引下线的平均间距不应大于 18m。

（3）外部防雷装置的接地应和防闪电感应、内部防雷装置、电气和电子系统等接地共用接地装置，并应与引入的金属管线做等电位联结。外部防雷装置的专设接地装置宜围绕建筑物敷设成环形接地体。

五、第三类防雷建筑物的防雷措施

根据《建筑物防雷设计规范》GB 50057—2010 规定，第三类防雷建筑物的防雷措施如下：

（1）第三类防雷建筑物外部防雷的措施宜采用装设在建筑物上的接闪网、接闪带或接闪杆，也可采用由接闪网、接闪带和接闪杆混合组成的接闪器。接闪网、接闪带应按本规范附录 B 的规定沿屋角、屋脊、屋檐和檐角等易受雷击的部位敷设，并应在整个屋面组成不大于 20m×20m 或 24m×16m 的网格；当建筑物高度超过 60m 时，首先应沿屋顶周边敷设接闪带，接闪带应设在外墙外表面或屋檐边垂直面上，也可设在外墙外表面或屋檐边垂直面外。接闪器之间应互相连接。

（2）专设引下线不应少于 2 根，并应沿建筑物四周和内庭院四周均匀对称布置，其间距沿周长计算不应大于 25m。当建筑物的跨度较大，无法在跨距中间设引下线时，应在跨距两端设引下线并减小其他引下线的间距，专设引下线的平均间距不应大于 25m。

（3）防雷装置的接地应与电气和电子系统等接地共用接地装置，并应与引入的金属管线做等电位联结。外部防雷装置的专设接地装置宜围绕建筑物敷设成环形接地体。

（4）建筑物宜利用钢筋混凝土屋面、梁、柱、基础内的钢筋作为引下线和接地装置，当其女儿墙以内的屋顶钢筋网以上的防水和混凝土层允许不保护时，宜利用屋顶钢筋网作为接闪器，以及当建筑物为多层建筑，其女儿墙压顶板内或檐口内有钢筋且周围除保安人员巡逻外通常无人停留时，宜利用女儿墙压顶板内或檐口内的钢筋作为接闪器。

六、其他防雷措施

根据《建筑物防雷设计规范》GB 50057—2010规定，其他防雷措施如下：

（1）当采用接闪器保护建筑物、封闭气罐时，其外表面外的2区爆炸危险场所可不在滚球法确定的保护范围内。

（2）在独立接闪杆、架空接闪线、架空接闪网的支柱上，严禁悬挂电话线、广播线、电视接收天线及低压架空线等。

📝 考点4 防雷装置

一、防雷装置分类

序号	项目	内容
1	外部防雷装置	由接闪器、引下线和接地装置组成
2	内部防雷装置	主要指防雷等电位联结及防雷间距

二、常用防雷装置

序号	防雷装置	内容
1	接闪器	（1）避雷针（接闪杆）、避雷线、避雷网和避雷带都可作为接闪器，建筑物的金属屋面可作为第一类工业建筑物以外其他各类建筑物的接闪器。 （2）对于建筑物，接闪器的保护范围按滚球法计算。 ①第一类防雷建筑物：滚球半径为30m，避雷网格≤5m×5m或≤6m×4m。 ②第二类防雷建筑物：滚球半径为45m，避雷网格≤10m×10m或≤12m×8m。 ③第三类防雷建筑物：滚球半径为60m，避雷网格≤20m×20m或≤24m×16m。 （3）对于电力装置，接闪器的保护范围可按折线法计算。 折线法是将避雷针或避雷线保护范围的轮廓看作是折线，折点在避雷针或避雷线高度的1/2处。 （4）接闪器截面锈蚀30%以上时应予更换。 （5）避雷线采用截面不小于$50mm^2$的热镀铸钢绞线或铜绞线。 （6）金属屋面作接闪器时，金属板之间的搭接长度不得小于100mm
2	避雷器和电涌保护器	（1）避雷器： ①作用：保护电力设备和电力线路、防止高电压侵入室内的安全措施。 ②装设：避雷器装设在被保护设施的引入端。 （2）电涌保护器： ①就是低压阀型避雷器，雷电流，阀门打开；工频电流，阀门关闭。 ②无冲击波时表现为高阻抗，冲击到来时急剧转变为低阻抗
3	引下线	应满足力学强度、耐腐蚀和热稳定的要求
4	防雷接地装置	（1）冲击接地电阻：独立避雷针，不应大于10Ω；附设接闪器每一引下线，不应大于10Ω，但对于不太重要的第三类建筑物可放宽至30Ω。防雷电冲击波的接地电阻，不应大于5~30Ω。 （2）工频接地电阻：防感应雷装置，不应大于10Ω。 （3）接地电阻：阀型避雷器，一般不应大于5Ω

三、闪器常用材料的最小尺寸

类别	规格	圆钢或钢管		扁钢	
		圆钢直径(mm)	钢管直径(mm)	截面(mm²)	厚度(mm)
避雷针	针长1m以下	12	20	—	—
	针长1~2m	16	25	—	—
	针在烟囱上方	20	40	—	—
避雷网和避雷带	不在烟囱上方	8	—	50	2.5
	在烟囱上方	12	—	100	4

📝 考点5　防雷技术

序号	项目		内容
1	直击雷防护	可以采取防直击雷防护措施的位置	(1) 第一类防雷建筑物、第二类防雷建筑物以及第三类防雷建筑物的易受雷击部位。 (2) 可能遭受雷击，且一旦遭受雷击后果比较严重的设施或堆料（如装卸油台、露天油罐、露天储气罐等）。 (3) 35kV 及以上的高压架空电力线路、发电厂、变电站
2	直击雷防护	直击雷防护的主要措施	(1) 主要措施：装设避雷针、避雷线、避雷网、避雷带。 (2) 避雷针分独立避雷针和附设避雷针。独立避雷针是离开建筑物单独装设的，接地装置应当单设。附设避雷针是装设在建筑物或构建物屋面上的避雷针。 (3) 严禁在装有避雷针的构筑物上架设通信线、广播线或低压线。利用照明灯塔作独立避雷针支柱时，为了防止将雷冲击电压引进室内，照明电源线必须采用铅皮电缆或穿入铁管，并将铅皮电缆或铁管埋入地下经 10m 以上（水平距离，埋深0.5~0.8m）才能引进室内独立避雷针不应设在人经常通行的地方
3	二次放电防护		防止二次放电的最小距离： (1) 一类防雷建筑物，不得小于3m。 (2) 第二类防雷建筑物，不得小于2m。 注：不能满足间距要求时，即进行等电位联结
4	感应雷防护	采取感性雷防护的部位	电力系统、有爆炸和火灾危险的建筑物
5		具体措施	(1) 静电感应防护：将建筑物内的金属设备、金属管道、金属构架、钢屋架、钢窗、电缆金属外皮以及凸出屋面的放散管、风管等金属物件与防雷电感应的接地装置相连。屋面结构钢筋绑扎或焊接成闭合回路。 (2) 电磁感应防护：平行敷设的管道、构架、电缆相距不到 100mm 时，交叉相距不到 100mm 时，用金属线跨接
6	雷电冲击波防护		(1) 全长直接埋地电缆供电入户处电缆金属外皮接地。 (2) 架空线转电缆供电的，架空线与电缆连接处装设阀型避雷器。 (3) 架空线供电者，入户处装设阀型避雷器或保护间隙

序号	项目	内容
7	电涌防护	方法是在配电箱或开关箱内安装电涌保护器
8	电磁脉冲防护	基本方法：将建筑物所有正常时不带电的导体进行充分的等电位联结，并接地。在配电箱或开关箱内安装电涌保护器
9	人身防雷	雷暴天气注意事项： （1）非工作必需，应尽量减少在户外或野外逗留。 （2）应尽量离开小山、小丘、隆起的小道，应尽量离开海滨、湖滨、河边、池塘旁，应尽量避开电力设施、铁丝网、铁栅栏、金属晒衣绳、旗杆、电线杆、烟囱、宝塔、孤独的树木、铁轨附近，应尽量离开没有防雷保护的小建筑物或其他设施。 （3）在户外避雨时，要注意离开墙壁或树干 8m 以外。 （4）雷暴时，不要在河里游泳或划船。 （5）应停止高空作业；应避免田间工作，避免露天行走；不应持有高出人体的金属器具。 （6）在户内应注意防止雷电冲击波的危险，应离开照明线、动力线、电话线、广播线、收音机和电视机电源线、收音机和电视机天线，以及与其相连的各种金属设备，以防止这些线路或设备对人体二次放电。 （7）雷暴时人体最好离开可能传来雷电冲击波的线路和设备 1.5m 以上。 （8）雷雨天气，还应注意关闭门窗

考点 6　雷电灾害应急处置管理和原则

一、应急处置管理

根据《雷电灾害应急处置规范》GB/T 34312—2017 规定，应急处置管理规定如下：

（1）雷电灾害的应急处置管理应按照"政府主导、部门联动、社会参与"的防灾减灾机制，建立健全雷电灾害应急处置预案。

（2）地方各级人民政府应负责雷电灾害应急处置工作的领导和协调。

（3）气象主管机构负责雷电灾害的管理，协助各级人民政府做好雷电灾害的现场应急处置工作。

（4）地方各级人民政府的其他有关部门应按各级职责做好雷电灾害的应急处置工作。

（5）雷电灾害发生单位承担雷电灾害的主体责任，并按雷电灾害应急预案进行处置。

二、应急处置原则

根据《雷电灾害应急处置规范》GB/T 34312—2017 规定，应急处置原则规定如下：

（1）雷电灾害应急处置采取分级处置的原则。

（2）雷电灾害发生单位应启动雷电灾害应急处置预案，组织自救，并及时上报有关部门。

（3）地方各级人民政府组织有关部门按各自职责开展雷电灾害应急处置工作。

（4）气象主管机构要协助同级人民政府按雷电灾害等级进行分级处置。具体分级规定如下：

① 特大和重大雷电灾害发生后，省级气象主管机构报同级人民政府应急管理机构，同时报上一级气象主管机构备案。

② 较大雷电灾害发生后，地（市）级气象主管机构报同级人民政府应急管理机构，同时报上一级气象主管机构备案。

③ 一般雷电灾害发生后，县级气象主管机关报同级人民政府应急主管机构，同时上报上一级气象主管机构备案。

考点7　雷电灾害应急处置要求

序号	项目		内容
1	灾害上报		根据《雷电灾害应急处置规范》GB/T 34312—2017 规定，灾害上报规定如下： （1）雷电灾害发生后，由当事人、发现人或发生单位及时报当地人民政府应急管理机构或气象主管机构。 （2）上报雷电灾害应真实、客观，并简单描述雷电灾害发生时间、地点和受灾情况。 （3）气象主管机构在发现雷电灾害或接到灾害报告后，应及时向同级人民政府应急管理机构报送灾情信息，同时报上一级气象主管机构。 （4）雷电灾害应急处置有关部门应将搜集到的最新资料、灾害的最新发展变化、处置进程等信息及时向当地人民政府应急管理机构报送，并对初次报告的情况进行补充和修正。 （5）对特大和重大雷电灾害或由雷电引起的特大次生灾害，应在两个工作日内核定灾情并向有关部门报送
2	处理程序		根据《雷电灾害应急处置规范》GB/T 34312—2017 规定，处理程序规定如下： （1）雷电灾害发生后，当事人或发现人应采取如下措施： ①应采取有效措施控制灾情，并尽可能保护现场或通过拍照、摄像等方式记录下现场破坏之前的情况。 ②有人员伤亡、火灾、爆炸时，应当迅速报告消防、医疗等有关部门并组织救援。 （2）雷电灾害发生后，所在单位应采取如下措施： ①所在单位接到报告后，应立即采取措施控制灾情和开展应急救援，并尽可能保护现场或通过拍照、摄像等方式记录下现场破坏之前的情况。 ②应立即启动应急预案，并向当地人民政府应急管理机构、气象主管机构报告。 ③有人员伤亡、火灾、爆炸时，应当迅速报告消防、医疗等有关部门，并组织抢救人员和财产
3	处置措施	先期处置	根据《雷电灾害应急处置规范》GB/T 34312—2017 规定，先期处置规定如下： （1）雷电灾害发生后，气象主管机构应组织有关人员根据气象信息提出后续处置建议，并协助当地人民政府应急管理机构进行现场应急处置。 （2）雷电灾害发生后，当地人民政府应急管理机构应根据雷电灾害的不同等级及时组织有关人员成立雷电灾害应急处置小组，赶赴灾害现场，进行现场应急处置。 （3）有关部门应了解掌握灾害情况，核实灾害上报信息，共同分析灾害发展态势，并及时报告事态状况及趋势

序号	项目		内容
4	处置措施	现场处置	根据《雷电灾害应急处置规范》GB/T 34312—2017 规定，现场处置规定如下： （1）雷电灾害现场应急处置包括组织营救、伤员救治、疏散撤离和妥善安置受到威胁的人员，及时上报灾情和人员伤亡情况，分配救援任务，协调各级各类救援队伍的行动，查明并及时组织力量消除次生、衍生灾害，组织公共设施的抢修和援助物资的接收与分配等工作。 （2）现场处置人员应根据不同类型事故的特点，配备相应的专业防护装备，采取安全防护措施，严格执行应急人员出入事发现场的有关规定。 （3）因抢救人员、防止灾害扩大、恢复生产以及疏通交通等原因，需要移动现场物件的，应当做好标志，采取拍照、摄像、绘图等方法详细记录灾害现场原貌，妥善保存现场重要痕迹和物证。 （4）雷电灾害现场处置规定如下： ①特大和重大雷电灾害，由省级及省级以上人民政府应急管理机构组织有关专家成立雷电灾害应急处置小组。 ②较大雷电灾害，由地（市）及地（市）以上人民政府应急管理机构参照上述应急处置措施执行，并报上级气象主管机构。 ③一般雷电灾害，由县级及县级以上人民政府应急管理机构参照上述应急处置措施执行，并报上级气象主管机构
5		后期处置	根据《雷电灾害应急处置规范》GB/T 34312—2017 规定，现场灾情处置结束后，气象主管机构应立即组织开展雷电灾害调查和鉴定，进行防雷安全隐患排查，并开展雷电灾害防护知识科普教育
6	应急总结		根据《雷电灾害应急处置规范》GB/T 34312—2017 规定，雷电灾害处置结束后，气象主管机构应及时将应急处置的工作总结和技术总结报送上级气象主管机构和同级人民政府应急管理机构

📝 考点 8　静电防护技术

序号	项目	内容
1	静电产生方式	（1）接触—分离起电。 （2）感应起电。 （3）破断、挤压、吸附
2	易产生和积累静电过程	（1）固体物质大面积的摩擦，固体物质在压力下接触而后分离，固体物质在挤出、过滤时与管道、过滤器摩擦，固体物质的粉碎、研磨。 （2）粉体物料筛分、过滤、输送、干燥，悬浮粉尘高速运动。 （3）在混合器中搅拌各种高电阻率物质。 （4）高电阻率液体在管道中高速流动，液体喷出管口，液体注入容器发生冲击、冲刷和飞溅。 （5）液化气体、压缩气体或高压蒸汽在管道中高速流动和由管口喷出。 （6）穿化纤布料衣服、穿高绝缘鞋的人员操作、行走、起立等
3	静电的影响因素	材质、工艺设备和工艺参数、环境条件

序号	项目		内容
4	静电特点		（1）静电电压高。 （2）静电泄漏慢：泄漏途径是绝缘体表面、绝缘体内部。 （3）多种放电形式：有电晕放电、刷形放电、传播型刷形放电、云形放电
5	静电危害		（1）爆炸和火灾：是最大的危害和危险。 （2）静电电击。 （3）妨碍生产
6	静电防护措施	环境危险程度控制措施	取代易燃介质、降低爆炸性混合物的浓度、减少氧化剂含量
7		工艺控制措施	材料的选用、摩擦速度或流速的限制、静电松弛过程的增强、附加静电的消除
8		接地	金属导体
9		增湿	为防止大量带电，相对湿度应在50%以上
10		抗静电添加剂	加入抗静电添加剂之后，能降低材料的体积电阻率或表面电阻率以加速静电的泄漏
11		静电消除器	主要用来消除非导体上的静电。静电消除器分为感应式中和器、高压式中和器、放射线式消除器和离子风式中和器

第五节　电气装置安全技术

考点1　电气设备环境条件和外壳防护等级

一、电气设备环境条件

潮湿、导电性粉尘、腐蚀性蒸气和气体对电气设备的绝缘起破坏作用，可能造成电气设备的外壳及其连接的金属部件带上危险的电压。在上述情况下，如果环境温度较高，人体电阻降低，则触电危险性增大。又如，导电性地面以及电气设备附近有金属接地物体存在使得容易构成电流回路，增大触电的危险性。

二、电气设备外壳防护等级分类

序号	分类	内容
1	第一种防护	对固体异物进入内部以及对人体触及内部带电部分或运动部分的防护，分为7级
2	第二种防护	对水进入内部的防护，分为9级

三、电气设备第一种防护性能

防护等级	简称	防护性能
0	无防护	没有专门的防护
1	防护大于 50mm 的固体	能防止直径大于 50mm 的固体异物进入壳内；能防止人体的某一大面积部分（如手）偶然或意外触及壳内带电或运动部分，但不能防止有意识地接近这些部分
2	防护大于 12.5mm 的固体	能防止直径大于 12.5mm 的固体异物进入壳内；能防止手指触及壳内带电或运动部分
3	防护大于 2.5mm 的固体	能防止直径大于 2.5mm 的固体异物进入壳内；能防止厚度（或直径）大于 2.5mm 的工具、金属线等触及壳内带电或运动部分
4	防护大于 1mm 的固体	能防止直径大于 1mm 的固体异物进入壳内；能防止厚度（或直径）大于 1mm 的工具、金属线等触及壳内带电或运动部分
5	防尘	能防止灰尘进入达到影响产品正常运行的程度；能完全防止触及壳内带电或运动部分
6	尘密	能完全防止灰尘进入壳内；能完全防止触及壳内带电运动部分

四、电气设备第二种防护性能

防护等级	简称	防护性能
0	无防护	没有专门的防护
1	防滴	垂直的滴水不能直接进入产品内部
2	15°防滴	与垂线成 15°角范围内的滴水不能直接进入产品内部
3	防淋水	与垂线成 60°角范围内的淋水不能直接进入产品内部
4	防溅	任何方向的溅水对产品应无有害的影响
5	防喷水	任何方向的喷水对产品应无有害的影响
6	防海浪或强力喷水	强烈的海浪或强力喷水对产品应无有害的影响
7	浸水	产品在规定的压力和时间下浸在水中，进水量应无有害影响
8	潜水	产品在规定的压力下长时间浸在水中，进水量应无有害影响

五、电气设备外壳防护等级标志方法

外壳防护等级按以下方法标志：

```
IP □ □ □ □
              └─ 后附加字母
            └─── 第二位数字
          └───── 第一位数字
        └─────── 前附加字母
      └───────── 防护标志
```

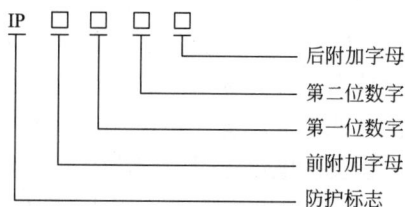

第一位数字表示第一种防护型式等级；第二位数字表示第二种防护型式等级。仅考虑一种防护时，另一位数字用"×"代替。前附加字母是电机产品的附加字母，W 表示气候防护式电机，R 表示管道通风式电机；后附加字母也是电机产品的附加字母，S 表示在静止状态下进行第二种防护型式试验的电机，M 表示在运转状态下进行第二种防护型式试验的电机。

考点2 电气设备安全技术要求

根据《国家电气设备安全技术规范》GB 19517—2009，电气设备安全技术要求如下：

（1）一般要求

① 电气设备必须按本标准制造，在规定使用期限内保证安全，不应发生危险。电气设备采用的安全技术按直接安全技术、间接安全技术、提示性安全技术的顺序实现。

② 电气设备在使用时可采用专门的、与电气设备的特性和功能无关的安全技术措施。如果对使用者或第三者都能达到结果一样和必要的安全，则允许个别措施与本标准的规定有所不同。

③ 电气设备在按设计用途使用时遇到特殊环境或运行条件，则在特殊条件下也必须符合本标准。

④ 电气设备必须承受预见会出现的诸如静态或动态负载、液体或气体作用、热或特殊气候等引起危险的物理和化学作用，不造成危险。

⑤ 电气设备上必须防止危险的静电积聚，或采取专门安全技术手段使其无危害或释放。

⑥ 电气设备使用的燃料和工作介质不能有有害影响，设计时必须使其内部或周围聚集的外溢燃料量不能达到危险的程度。

⑦ 制造电气设备时，只允许使用能够承受在按设计用途使用时所出现的如老化、腐蚀、气体、辐射等物理或化学影响的材料。

⑧ 电气设备的设计应符合人类工效学的结构、减轻劳动强度和便于使用，使之能预防危险。

（2）电击危险防护

可以采用绝缘保护技术，直接接触保护技术、间接接触保护技术等对电气设备按设计用途使用时由于电能直接作用而造成的危险提供足够的保护。

① 为保证正常运行和防止由于电流的直接作用造成的危险，电气设备必须有足够的绝缘电阻、介质强度、耐热能力、防潮湿、防污秽、阻燃性、抗漏电起痕性等电气绝缘性能。

② 在基本绝缘损坏时，有可能产生故障接触电压的危险，附加绝缘或加强绝缘应单

独考核。

③ 为防止意外接触带电部分，可以采用电气设备结构与外壳，或将其装置在封闭的电气作业场中等直接接触保护技术。外壳等用作防止直接接触保护的部件只允许用工具拆卸或打开。由安全特低电压供电的电气设备，并且直接接触时，只有一个频率，作用时间和能量大小限制在一个无危险程度的电流流过，则可不采用上述的直接接触保护措施。

④ 电气设备必须保证基本绝缘发生故障或出现电弧时，故障接触电压不产生危害。电气设备必须有接地保护，或双重绝缘结构，或安全特低电压供电的防护措施。双重绝缘结构和安全特低电压供电的防护措施中不允许有保护接地装置。所有由于工作电压、故障电流、泄漏电流或类似作用而会发生危害的部位，必须留有足够的电气间隙和爬电距离。

⑤ 应采取适当的措施，防止电气设备自身或旁邻设备产生的高温、电弧、辐射、气体、噪声、振动等电能和非电能的间接作用所造成的危险。应采取适当的措施，防止电气设备由于过载、冲击、压力、潮湿、异物等外界因素的间接作用而造成的危险。

（3）机械危险防护

① 电气设备应具有足够的机械强度、良好的外壳防护和相应的稳定性，以及适应运输的结构。

② 应采取适当的措施，避免电气设备的尖角、棱以及粗糙的表面造成伤害。

③ 应采取适当的措施，避免电气设备正常使用时接触或接近危险的运动部件，避免金属屑、粉尘的飞甩，避免液体、气体的溢出，避免外壳灼热或低温。

（4）电气连接和机械连接

① 电气设备必须设置电源连接装置。电源线应选用橡皮绝缘软线或软电缆，或聚氯乙烯绝缘软电缆。电源线中的绿/黄组合绝缘线芯只能与专门的接地端子连接。电源线应采用螺钉、螺母或等效件进行连接，并由专门固定装置定位。连接电源的耦合器、连接器或插头插座应在切断保护接地连接之前切断供电导体，在接通供电导体之前接通保护接地连接。

② 凡因失效而可能有损于按设计用途使用的紧固件，应能经受正常使用中产生的机械应力。用金属材料制造的螺纹连接件不允许采用易蠕变的金属材料，传递接触压力的电气连接螺钉应旋入金属中。

③ 绝缘材料制成的螺纹件不能应用于任何电气连接。用绝缘材料制成的螺钉如果被金属螺钉替代会损害电气绝缘，则螺纹件也不能用绝缘材料制造。日常维修时更换电气设备的外部螺钉，如果被替换的螺钉能用长螺钉替代，则不应对电击防护造成危害。

④ 电气设备的电气连接、机械连接和既是电气连接又是机械连接的连接件、装置、连接器、端子、导体等必须可靠锁定。使用中发热、松动、位移或其他变动应保持在允许的范围内，并能承受电、热、机械的应力。

（5）运行危险防护

① 电气设备运行时，可采用防护罩，或防护窗，或排屑装置等专门技术手段防止工件、刀具或部件以及作业时的金属屑、粉尘等飞甩出去。

② 应采用平衡、减振、隔声、消声、导声等技术，降低电气设备噪声和振动，使其控制值尽可能低。

③ 应采取适当措施避免电气设备灼热或低温，防止危险热辐射。使用液体介质的电

气设备，液体介质不应溢出或飞溅到使用者身上和作业场所。

④ 为了应用而装入电气设备内的有危害粉尘、蒸汽或气体，或者在工作过程产生的这类物质，必须将其可靠地密封起来或排出，不能造成危险。

（6）电源控制及其危险防护

① 电气设备的电源必须能通、断或控制，使其有最大限度的安全性。

② 控制装置和联锁机构必须具有危险防护功能。

③ 下列情况，电气设备必须装设应急切断电源线路：危险情况，操作开关不能快速和无危险地切断；有数个能造成危险的运动单元存在，且不能通过一个共同的快速和无危险地操作的开关来切断；通过切断某个单元会出现附带的危险；从控制台上不能全面监视的电气设备。

④ 对应在安装、维修、检验和保养时有察看维修区域或人体部分（例如手）有伸进维修区域要求的电气设备必须能够保证防止误起动。

⑤ 手持式电气器具必须保证使用者在不松开器具的手柄时能切断电源，或松开手柄时自动回到"断开"位置。

（7）标志

① 标志是电气设备必要的组成部分，基本特性、接线，符合标准必须明示。识别必须使用中文，并清晰、持久地标记在产品上。如不能标记在产品上，应在包装箱上标记或使用说明书中说明。

② 电气设备的制造商名称或商标、产地应清楚地标记在产品上，如不能标记，则应在最小包装箱上标记。

考点 3 电动机

一、电动机的危险因素

（1）电动机漏电，导致金属外壳及相连接的底座、传动装置、金属管线带电。

（2）电动机接线错误，导致外壳带电；电动机未连接保护线，导致外壳带故障电压、传导电压或感应电压。

（3）直流电动机和绕线型异步电动机滑环处的火花，各种绝缘击穿时产生的电火花，各种异常状态下产生的危险温度构成点火源。

（4）电动机故障停车，影响系统正常运行，排放有毒气体、可燃气体、烟尘的风机电动机故障停车将带来严重的次生灾难。

（5）电动机突然启动或转速失控，可能造成严重的机械伤害。

二、电动机安全运行条件

（1）电动机选型正确，规格与使用条件相符。接法正确，安装良好，控制电器及传动机构完好，空载试运行时转向、转速、声音、振动、电流正常。

（2）电动机的电压、电流、温升等运行参数应符合要求。电压波动不得超过 $-5\% \sim 10\%$，电压不平衡不得超过 5%。电流不平衡不得超过 10%。

（3）电动机绝缘良好。

（4）电动机保护完善；用熔断器保护时，熔体额定电流应取异步电动机额定电流的1.5倍（减压启动或轻载启动）或2.5倍（全压启动或重载启动）；用热继电器保护时，热元件的电流不应大于电动机额定电流的1～1.5倍；电动机最好有失压保护装置；重要的电动机应装设缺相保护单元。电动机的外壳应根据配电网的运行方式可靠接零或接地。

（5）电动机应保持主体完整、零附件齐全、无损坏，并保持清洁。

（6）定期维修，有维修记录。

考点4 手持电动工具和移动式电气设备

一、手持电动工具和移动式设备类别

序号	项目	内容
1	手持电动工具	包括手电钻、手砂轮、冲击电钻、电锤、手电锯等工具
2	移动式设备	包括蛙夯、振捣器、水磨石磨平机等电气设备

二、电气设备触电防护分类

序号	分类	内容
1	0类设备	（1）仅依靠基本绝缘来防止触电。 （2）外壳用绝缘材料、金属材料制成。 （3）可以有Ⅱ类结构或Ⅲ类结构的部件
2	0Ⅰ类设备	（1）依靠基本绝缘来防止触电的，也可以有Ⅱ类结构或Ⅲ类结构的部件。 （2）金属外壳上装有接地（零）的端子，不提供带有保护芯线的电源线
3	Ⅰ类设备	（1）设备除依靠基本绝缘外，还有一个附加的安全措施。 （2）外壳上没有接地端子，但内部有接地端子。 （3）带有全部或部分金属外壳，所用电源开关为全极开关。 （4）可以有Ⅱ类结构或Ⅲ类结构的部件
4	Ⅱ类设备	（1）具有双重绝缘和加强绝缘的结构。 （2）可以有Ⅱ类结构或Ⅲ类结构的部件
5	Ⅲ类设备	（1）依靠安全特低电压供电以防止触电。 （2）设备内不得产生高出安全特低电压的电压

注：手持电动工具没有0类和0Ⅰ类产品，市售产品绝大多数都是Ⅱ类设备；移动式电气设备大部分是Ⅰ类产品。

三、手持电动工具和移动式电气设备的危险性

手持电动工具和移动式电气设备是触电事故较多的用电设备。其主要原因是：

（1）这些工具和设备是在人的紧握之下运行的，人与工具之间的接触电阻小，一旦工具带电，将有较大的电流通过人体，容易造成严重后果；同时，操作者一旦触电，由于肌肉收缩而难以摆脱带电体，后果比较严重。

（2）这些工具和设备有很大的移动性，其电源线容易受拉、磨而损坏，电源线容易接错，而且连接处容易脱落而使金属外壳带电，导致触电事故。

（3）这些工具和设备没有固定的工位，运行时振动大，而且可能在恶劣的条件下运行，本身容易损坏而使金属外壳带电，导致触电事故。

四、手持电动工具和移动式电气设备的安全使用

（1）Ⅰ类设备必须接地、接零。

（2）有爆炸和火灾危险的环境中，设中性线、保护零线。

（3）单相设备的相线和中性线上都应该装有熔断器，并装有双极开关。

（4）移动式电气设备的保护线不应单独敷设，用保护芯线的橡皮套软线作为电源线。

（5）移动式电气设备的电源插座和插销应有专用的保护线插孔和插头。其结构应能保证插入时保护插头在导电插头之前接通，拔出时保护插头在导电插头之后拔出。同时，其结构还应能保证保护插头与导电插头不得互相插错。

（6）一般场所，手持电动工具应采用Ⅱ类设备。在潮湿或金属构架上等导电性能良好的作业场所，必须使用Ⅱ类或Ⅲ类设备。在锅炉内、金属容器内、管道内等狭窄的特别危险场所，应使用Ⅲ类设备；如果使用Ⅱ类设备，则必须装设额定漏电动作电流≤15mA、动作时间≤0.1s的漏电保护装置；Ⅲ类设备的安全隔离变压器、Ⅱ类设备的漏电保护装置以及Ⅱ、Ⅲ类设备的控制箱和电源、连接器件等必须放在外部。

（7）鉴于不接地配电网中单相触电的危险性小于接地配电网中单相触电的危险性，在接地配电网中，可以装设一台隔离变压器，并由该隔离变压器给设备供电。

除上述几项措施外，操作时使用绝缘手套、绝缘鞋、绝缘垫等安全用具也是一种防止触电的安全措施。

📝 考点5 电气照明

序号	项目	内容
1	电气照明的光源分类	分为热辐射光源、气体放电光源和半导体光源
2	电气照明分类	按照明功能，分为正常照明、应急照明（包括备用照明、安全照明和疏散照明）、值班照明、警卫照明和障碍照明
3	应该有应急照明的位置	在爆炸危险环境、中毒危险环境、火灾危险性较大的环境、手术室之类一旦停电即关系到人身安危的环境、500人以上的公共环境、一旦停电使生产受到影响会造成大量废品的环境
4	电气照明基本安全要求	（1）一般照明电源采用220V电压。安装高度不足2.2m的特别潮湿场所、高温场所、有导电灰尘的场所或有导电地面的场所，应采用24V安全电压。 （2）照明配线应采用额定电压500V的绝缘导线。重要的政治活动场所、易燃易爆场所、重要的仓库均应采用金属管配线。 （3）线路的进户处，应装设带有保护装置的总开关。配电箱内单相照明线路的开关应用双极开关；照明器具的单极开关必须装在相线上。 （4）应急照明的电源区别于正常照明的电源。 （5）白炽灯的功率不应超过1000W。 （6）照明灯具灯泡的额定功率不应超过灯具的额定功率。 （7）灯饰所用材料应为难燃型材料；100W及100W以上的照明应采用瓷灯座。 （8）库房内不应装设碘钨灯、卤钨灯、60W以上的白炽灯等高温灯具

📝 考点 6　低压电器

一、低压电器分类及通用安全要求

序号	项目	内容
1	分类	分为控制电器（主要用来接通、断开线路和用来控制电气设备，包括控制电器刀开关、低压断路器、减压启动器、电磁启动器）和保护电器（主要用来获取、转换和传递信号，并通过其他电器对电路实现控制，包括熔断器、热继电器）
2	通用安全要求	（1）运行参数符合要求。 （2）结构形式与使用的环境条件相适应。 （3）安装牢固、连接紧密、机构灵活、操作方便。能防止自行合闸，电源线应接在固定触头上。 （4）灭弧装置完好。 （5）触头接触表面光洁，接触紧密，并有足够的接触压力；各级触头应当同时动作。 （6）防护完善，门（或盖）上的联锁装置可靠，外壳、手柄、漆层无变形和损伤。 （7）正常时不带电的金属部分接地（或接零）良好。 （8）绝缘电阻符合要求

二、常见低压电器图例

(a) 胶盖刀开关　　　　(b) 铁壳开关　　　　(c) 转扳开关　　　　(d) 万能型低压断路器

(e) 装置型低压断路器　　(f) 微型断路器　　　(g) 接触器　　　　(h) 凸轮控制器

三、常见低压电器的特点、性能和应用

类型	主要品种	特点和性能	应用	备注
刀开关 (低压隔离开关)	胶盖刀开关	手动操作,没有或只有简单的灭弧机构;不能切断短路电流和较大的负荷电流	主要用来隔离电压,与熔断器串联使用	—
	石板刀开关			
	铁壳开关			
	转扳开关		用来隔离电压和控制小容量设备,与熔断器串联使用	有快动作分、合闸机构
	组合开关			
低压断路器	万能型	有强有力的灭弧装置,能分断短路电流,有多种保护功能	用作线路主开关	故障时自动分闸
	装置型			
接触器	—	有灭弧装置,能分、合负荷电流,不能分断短路电流,能频繁操作	用作线路主开关	本身有失压保护功能
控制器	凸轮控制器	触头多、挡位多	用于起重机等的控制	手动电器
	主令控制器			属于主令电器

四、低压保护电器的特点和性能

序号	类别	内容
1	热继电器	(1) 热继电器如下图所示。 热继电器 (2) 核心元件:热元件,利用电流的热效应实施保护作用。 (3) 热容量较大,动作延时也较大,只宜用于过载保护,不能用于短路保护。 (4) 对于电动机,热元件的额定电流原则上按电动机的额定电流选取。对于照明线路,可按负荷电流的85%~100%选取

序号	类别	内容
2	熔断器	（1）几种常用熔断器如下图。 石英砂填料管式　　　纤维管式 滑轨式　　　螺塞式 （2）是将易熔元件串联在线路上，遇到短路电流时迅速熔断来实施保护的保护电器。 （3）低熔点易熔元件由锑铅合金、锡铅合金、锌等材料制成；高熔点易熔元件由铜、银、铝制成。 （4）易熔元件的临界电流大于其额定电流，临界电流多为额定电流的 1.3～1.5 倍。 （5）熔断器可用作短路保护元件；在有冲击电流出现的线路上，熔断器不可用作过载保护元件

五、低压配电箱和配电柜的安全要求

（1）箱柜用不可燃材料制作。

（2）除触电危险性小的生产场所和办公室外，不得采用开启式的配电板。

（3）触电危险性大或作业环境较差的场所，如铸造车间、锻造车间、热处理车间、锅炉房、木工房等，应安装封闭式箱柜。

（4）有导电性粉尘或产生易燃易爆气体的危险作业场所，必须安装密闭式或防爆型箱柜。

（5）箱柜里各电气元件、仪表、开关和线路应排列整齐、安装牢固、操作方便，箱柜内应无积尘、积水和杂物。

（6）落地安装的箱柜底面应高出地面 50～100mm，操作手柄中心高度一般为 1.2～1.5m，箱柜前方 0.8～1.2m 的范围内无障碍物。

（7）箱柜安装稳固，保护线连接可靠。

（8）箱柜外不得有裸带电体外露，装设在箱柜外表面或配电板上的电气元件必须有可靠的屏护。

（9）箱柜内各电气元件及线路应连接可靠、接触良好，不得有严重发热、烧损迹象。

（10）箱柜的门应完好，门锁应有专人保管。

考点7 高压电气设备

一、变、配电站安全要求

序号	项目	内容
1	变、配电站位置	(1) 应接近负荷中心，进出线应方便。 (2) 不应妨碍生产和厂内运输，本身设备的运输应当方便。 (3) 应避开燃易爆场所；应设在企业的上风侧，并不得设在容易沉积粉尘和纤维的场所；不应设在人员密集的场所。 (4) 选址和建筑还应考虑到灭火、防蚀、防污、防水、防雨、防雪、防振以及防止小动物钻入的要求
2	建筑结构	(1) 耐火等级要求：高压配电室和高压电容器室，不应低于二级；低压配电室，不应低于三级；油浸电力变压器室应为一级耐火建筑；对于不易取得钢材和水泥的地区，可以采用三级耐火等级的独立单层建筑。 (2) 长度超过7m的高压配电室和长度超过10m的低压配电室至少有两个门。 (3) 长度大于8m的配电装置室应设两个出口，并宜布置在配电室的两端。 (4) 蓄电池室隔离安装。 (5) 屋外单台电气设备的油量在1000kg以上时，设贮油或挡油设施
3	间距、屏护和隔离	高压装置应有屏护、遮栏。在遮栏上悬挂标示牌
4	通风	变压器室、电容器室等，必须自然通风，必要时强迫通风。进风口宜在下方，出风口宜在上方
5	保护	10kV变、配电站应装有电流速断保护、过电流保护、熔断器保护和防雷保护，10kV不接地系统应装有绝缘监视
6	安全用具和消防器材	应备有绝缘杆、绝缘夹钳、绝缘靴、绝缘手套、绝缘垫、绝缘站台、各种标示牌、临时接地线、验电器、脚扣、安全带、梯子等安全用具。应配备可用于带电灭火的灭火器材
7	联锁装置	油断路器与隔离开关操动机构之间的联锁装置，电力电容器的开关与其放电负荷之间的联锁装置，禁区门上的联锁装置等。 避免注意力不集中造成事故，还可安装指示灯等信号装置
8	防护	室、配电装置室、电容器室等应有防止雨、雪和小动物从采光窗、通风窗、门、电缆沟等进入屋内的措施。通向站外的孔洞、沟道应予封堵
9	电气设备正常运行	(1) 观察电流、电压、功率因数、油量、油色、温度、接点状态等是否正常。 (2) 观察绝缘件有无损坏、是否严重脏污以及观察门窗、围栏等辅助设施是否完好，听声音是否正常。 (3) 注意有无放电声等异常声响，闻有无焦烟味及其他异常气味
10	技术资料	变、配电站应备有高压系统图、低压系统图、电缆布线图、二次回路接线图、设备使用说明书、试验记录、测量记录、检修记录、运行记录等技术资料及重要设备的技术档案
11	规章制度	变、配电站应建立并执行相关规章制度，如工作票制度、操作票制度、工作许可制度、工作监护制度、值班制度、巡视制度、检查制度、检修制度、事故处理规程及岗位责任制等规章制度

二、变压器

序号	项目	内容
1	类型	 油浸自冷式　　全密闭油浸式　　干式
2	特点	变压器油的闪点在 135～160℃，油浸式变压器的火灾危险性较大还有爆炸危险
3	运行	（1）高压边电压偏差不得超过额定值的±5％。 （2）温度和温升不得超过规定值；接线端子不应过热。 （3）油浸式电力变压器的绝缘材料的最高工作温度不得超过 105℃；油箱上层油温最高不得超过 95℃。 （4）器身、套管等保持清洁。 （5）外壳和低压中性点接地应保持完好。 （6）声音不得太大或不均匀。 （7）干式变压器所在环境的相对湿度不超过 70％～85％

三、高压开关的特点和性能

名称	常见类型	灭弧方法	性能	应用
断路器	真空断路器	真空灭弧	能切断短路电流，故障时能自动跳闸	用作控制及保护的主开关
	SF_6 断路器	气吹灭弧		
	少油断路器	油、气纵横吹灭弧		
负荷开关	压气式、真空式、SF_6 式等	气吹、真空等灭弧	不能切断短路电流，能接通、分断负荷电流	与熔断器串联安装用作主开关
跌开式熔断器	—	气吹、拉长灭弧	能接通、分断不大的负荷电流	用于小容量线路的控制和保护
隔离开关	户内型	无专门灭弧装置，拉长灭弧	能分断不大的空载电流	用于隔离电压
	户外型			

四、高压开关安全要点

（1）整体完好、机构灵活、绝缘件无损伤并保持清洁、灭弧装置完善。

（2）安装牢固、间距合格、屏护完好、连接紧密、电气接触良好。

（3）运行时无异常声音、气味、过热点。

（4）高压断路器必须与高压隔离开关或隔离插头串联使用，由断路器接通和分断电流，由隔离开关或隔离插头隔断电源。

（5）高压负荷开关必须串联有高压熔断器。由熔断器切断短路电流。负荷开关只用来操作负荷电流。

（6）正常情况下，跌开式熔断器只用来操作空载线路或空载变压器。

（7）隔离开关不具备操作负荷电流的能力。切断电路时必须先拉开断路器，后拉开隔离开关；接通电路时必须先合上隔离开关，后合上断路器。如果断路器两侧都有隔离开关，分断电路时拉开断路器后，应先拉开负荷侧隔离开关，后拉开电源侧隔离开关；接通电路时顺序相反。为确保断路器与隔离开关之间的正确操作顺序，除严格执行操作制度外，10kV 系统中常安装机械式或电磁式联锁装置。

（8）跌开式熔断器正确的操作顺序是拉闸时先拉开中相，再拉开下风侧边相，最后拉开上风侧边相；合闸时先合上上风侧边相，再合上下风侧边相，最后合上中相。

（9）高压开关喷出电弧方向不得有可燃物。

五、高压开关柜的外形、基本要求、使用

序号	项目	内容
1	外形	固定式柜、移开式柜、环网柜
2	基本要求	（1）各种开关柜柜体应有足够的力学强度。 （2）柜体结构应具有防止事故扩大的设计。 （3）开关柜应装有必需的安全联锁装置。 （4）柜内各相导体之间及带电导体与接地导体之间均应保持规定的安全距离，当通过额定电流时，柜内导体最高温度不得超过规定值。 （5）高压开关柜应具备"五防"功能： 保证只有断路器处在断开位置时才能操作隔离开关，防止带负荷操作隔离开关。 防止未拆除临时接地线之前或未拉开接地隔离开关之前合闸送电。 防止未断开电源前挂临时接地线或合上接地隔离开关。 防止断路器在合闸状态移动手车、防止断路器未处在工作位置或试验位置误合闸。 保证断路器、隔离开关未断开前，开关柜的门不能打开，防止工作人员误入带电间隔。 注意：以上功能都是由高压开关柜的联锁装置保证的。联锁装置是用强制性的技术方法防止错误操作的自动化装置。联锁装置可分为机械式联锁装置和电磁式联锁装置
3	使用	使用中应注意以下问题： （1）运行中的断路器故障跳闸后，必须详细检查一次隔离触头和断路器。 （2）接地开关闭合后才能拆卸柜后的下封板。 （3）合上手车上的照明灯开关后，照明灯应亮。 （4）开关柜应在额定参数下运行。 （5）采用油断路器的开关柜应定期巡视油面是否在油标管的两条红线之间；采用真空断路器时，应注意其真空度。 （6）油断路器未注足油前，不得快速分合操作。 （7）手车拖出柜外时，附加万向小轮应转向灵活。 （8）安装调试后，应将一、二次电缆孔堵死，以防潮气或小动物钻入

考点 8　电气线路

一、电力线路类型和特点

序号	类型	内容
1	架空线路	（1）由导线、杆塔、横担、绝缘子、金具、基础及拉线组成。 （2）导线多采用钢芯铝绞线、硬铜绞线、硬铝绞线和铝合金绞线。 （3）造价低、机动性强、便于施工和检修。妨碍城市建设；易受空气中杂物的污染；可能碰撞或过分接近树木及其他高大设施或物件，导致触电、短路等事故
2	电缆线路	（1）由电力电缆、终端接头、中间接头及支撑件组成。 （2）造价高，不妨碍市容和交通，可靠性高，受外界因素的影响小，不易发生因雷击、风害、冰雪等自然灾害造成的故障。在有腐蚀性气体或蒸气，或易燃、易爆的场所应用最为广泛
3	室内配线	（1）类型有金属管配线、硬塑料管配线、金属槽配线、塑料槽配线、护套线直敷配线、瓷绝缘配线等。 （2）配线应能预防外部机械力、热源、灰尘、腐蚀性物质等有害因素的影响

二、各种配线方式的特点和适用范围

配线方式	特点	适用范围	备注
金属管配线	机械防护性能好、封闭式配线	适用于爆炸危险环境、火灾危险环境、多尘环境、高温环境、建筑物顶棚内；不适用于特别潮湿的环境	水管（或煤气管）的防护性能较电线管好
金属槽配线	防护式配线、机械防护性能好、机动性较好	不适用于特别潮湿的环境、多尘环境	—
硬塑料管配线	封闭式配线	适用于潮湿和特别潮湿的环境、有腐蚀性物质的环境、多尘环境；不适用于高温和易受机械损伤的环境	塑料管的氧指数应高于27%
塑料槽配线	防护式配线、机动性较好	不适用于在高温和易受机械损伤的环境	塑料管的氧指数应高于27%
护套线直敷配线	非防护式配线	适用于室内正常的环境和室外挑檐下方；不适用于建筑物顶棚内	—
瓷绝缘配线	非防护式配线、维修方便	适用于正常的环境、高温环境	

三、电力线路安全条件

序号	项目	内容
1	导电能力	应满足发热、电压损失和短路电流等三方面的要求。 （1）发热条件 最高运行温度：橡皮绝缘线为65℃，塑料绝缘线为70℃，裸线为70℃，铅包或铝包电缆为80℃，塑料电缆为65℃。

序号	项目	内容
1	导电能力	（2）电压损失条件 线路导线太细将导致其阻抗过大，受电端得不到足够的电压。 （3）短路电流条件 在 TN 系统中、如果线路导线太细，则单相短路电流可能不能推动短路保护动作
2	力学强度	运行中的导线将受到自重、风力、热应力、电磁力和覆冰重力的作用，故障时还会受到短路电磁力的作用。导线必须保证足够的力学强度
3	绝缘和间距	中低压电力线路的绝缘电阻不得低于每伏工作电压 1000Ω，新安装和大修后的低压电力线路不得低于 0.5MΩ。 电力线路与建筑物、与树木、与地面、与水面、与其他电力线路以及与各种工程设施之间均应保持足够的安全距离
4	导线连接	（1）接头过多的导线不宜使用。 （2）导线连接处的力学强度不得低于原导线力学强度的 80%；绝缘强度不得低于原导线的绝缘强度；接头部位电阻不得大于原导线电阻的 1.2 倍。 （3）铜导线与铝导线之间的连接应尽量采用铜-铝过渡接头，特别是在潮湿环境，或在户外，或遇大截面导线，必须采用铜-铝过渡接头
5	线路防护和过电流保护	各种线路对化学性质、热性质、机械性质、环境性质、生物性质及其他方面有害因素的危害具有足够的防护能力。 电力线路的过电流保护包括短路保护和过载保护
6	线路管理	电力线路应有必要的资料和文件，如施工图、试验记录等。还应建立巡视、清扫、维修等制度。 对临时线应建立相应的管理制度

📝 考点9　电气安全检测仪器

一、绝缘电阻测量仪

序号	项目	内容
1	概要	（1）绝缘电阻是电气设备最基本的性能指标。绝缘电阻是兆欧级的电阻，要求在较高的电压下进行测量。现场应用兆欧表测量绝缘电阻。 （2）兆欧表有指针式兆欧表和数字式兆欧表，如下图所示。 指针式兆欧表　　　　数字式兆欧表

序号	项目	内容
1	概要	（3）指针式兆欧表俗称摇表，主要由作为电源的手摇发电机和作为测量机构的磁电系比率计组成。 （4）数字式兆欧表由脉冲宽带调制器、升压变压器、倍压整流器等将电池电压转换为直流高电压加到被测绝缘电阻上，由运算放大器、反相器、双积分模数转换器处理数据，由液晶显示器或发光二极管显示测量结果。 （5）兆欧表有 E（接地端）、L（线路端）、G（屏蔽端）三个端子。一般测量只用到 E 端和 L 端。E 端接外壳或接地，L 接被测导体。G 端是消除表面电流影响测量准确性的专用端子。测量电缆的绝缘电阻须将 G 端连接到被测缆芯的绝缘层上
2	选用	（1）测量额定电压 500V 以下的线路或设备应采用 500V 或 1000V 的兆欧表。 （2）测量 500V 以上的线路或设备应采用 1000V 或 2500V 的兆欧表。 （3）测量 10kV 及 10kV 以上的线路或设备应采用 2500V 的兆欧表。 （4）测量新的和大修后的线路或设备应采用较高电压的兆欧表。测量运行中的线路或设备应采用较低电压的兆欧表
3	使用注意事项	（1）被测设备必须停电。对于有较大电容的设备，停电后还必须充分放电。 （2）测量连接导线不得采用双股绝缘线，而应采用绝缘良好单股线分开连接，以免双股线绝缘不良带来测量误差。 （3）使用指针式兆欧表摇把的转速应由慢至快，转速应稳定。一般在转速 120r/min 左右时持续摇动 1min，待指针稳定后读数。记录完毕后应将转速由快至慢，逐渐停止下来。 （4）使用指针式兆欧表测量过程中，如果指针指向"0"位，表明被测绝缘已经失效。应立即停止转动摇把，防止烧坏兆欧表。 （5）对于有较大电容的线路和设备，测量终了也应进行放电。 （6）测量应尽可能在设备刚停止运转时进行，以使测量结果符合运转时的实际温度

二、接地电阻测量仪

序号	项目	内容
1	概要	（1）是用于测量接地电阻的仪器，有机械式测量仪和数字式测量仪，如下图所示。 机械式测量仪　　　　数字式测量仪

续表

序号	项目	内容
1	概要	（2）指针式接地电阻测量仪俗称接地摇表，主要由手摇交流发电机和电位差计式测量机构组成。 （3）数字式接地电阻测量仪采用中大规模集成电路，应用 DC/AC 等转换技术进行测量和显示。 （4）接地电阻测量仪有 C2、P2、P、C，四个接线端子或 E、P、C 三个接线端子。测量时，在离被测接地体一定的距离向地下打入电流极和电压极。 （5）一般应当在雨季前或其他土壤最干燥的季节测量。雨天一般不应测量接地电阻
2	使用	（1）正确选定测量电极的位置。 （2）尽可能将被测接地与电力网分开。 （3）测量电极间的连线应避免与邻近的高压架空线路平行，以防止感应电压的危险。 （4）雷雨天气不得测量防雷接地装置的接地电阻。 （5）使用机械式接地电阻测量仪测量时，摇把的转速应由慢至快，至 120r/min 左右时调节电位器，边调边摇；至指针稳定指在中心刻线位置停止调节，再逐渐减速，停止摇动。然后将刻度盘指示值乘以倍率得到被测接地电阻值，并记录

三、谐波测试仪

序号	项目	内容
1	谐波的产生和危害	（1）是频率为基波（50Hz）整数倍的正弦波。 （2）由于非线性负载的大量应用，线路上产生不同频率、不同幅值、不同相位的谐波。 （3）谐波的产生必然影响电能质量。谐波的出现可能引起谐振，会增加变压器、电动机、电容器、电缆等设备发热，会在中性线上产生很大的电流，还会影响电子设备正常工作，会产生电磁干扰，甚至危及系统的稳定等
2	谐波测试与监测	（1）钳形谐波测试仪如下图所示。测试仪能测量谐波电压、电流的峰值和真有效值，还能测量有功功率、无功功率、视在功率、功率因数、频率。配置外设装置后，测试仪可实现监测、打印等功能。 （2）谐波分析仪如下图所示。这种仪器可同时测量各相谐波，可实时显示波形，并能完成相关计算，把结果以波形、图表的形式显示出来 钳形谐波测试仪　　　　谐波分析仪

四、红外测温仪

序号	项目	内容
1	概要	红外测温仪是利用热辐射体在红外波段的辐射通量来测量温度的，属于非接触式测量，如下图所示。 红外测温仪
2	使用红外测温仪应注意的问题	(1) 避免在强电磁环境、温度大幅度急剧变化的环境使用。 (2) 不应把测温仪存放在高温处。 (3) 将测温仪对准被测物后再按键测量。 (4) 为了保证测量的准确度，测量区域应小于被测目标的范围。 (5) 与带电体保持安全距离。 (6) 对于光亮的被测表面，宜在表面上覆盖黑色薄膜再进行测量，以提高测量准确度

五、可燃气体检测仪

序号	项目	内容
1	概要	(1) 由不同类型的传感器（探测器）、测量电路和显示单元组成。 (2) 当可燃气体浓度达到其爆炸下限（LEL）的20％应报警。 (3) 催化燃烧型传感器属于热电阻传感器。 (4) 半导体气敏传感器具有灵敏度高、响应快、简单等特点，可用于天然气、煤气、氢气、烷类气体、烯类气体、汽油、煤油、乙炔、氨气、酒精、烟雾等的检测和报警
2	安装和使用	(1) 对区域内易形成和积聚爆炸性气体混合物的地点应设置自动测量仪器装置，当气体或蒸气浓度接近爆炸下限值的50％时，应能可靠地发出信号或切断电源。 (2) 建筑物内可能散发可燃气体、可燃蒸气的场所应设置可燃气体报警装置。 (3) 在使用或产生甲类气体或甲、乙类液体的工艺装置、系统单元和储运设施区内，应按区域控制和重点控制相结合的原则，设置可燃气体报警系统。 (4) 应指定化验分析人员经常检测设备周围爆炸性混合物的浓度。 (5) 探头的安装注意问题： ①安装前检查探头是否完好，规格是否与安装条件相符，并校准。 ②应尽量接近阀门、管道接头等较容易泄漏处安装探头，与阀门、管道接头等之间的距离不宜超过1m。 ③探头应尽量避开高温、潮湿、多尘等有害环境，并不得妨碍正常操作。 ④可燃气体比空气轻时，探头应安装在设备上方；离屋顶距离视建筑特征、建筑物内设备安装等因素确定，通常为1m左右。 ⑤可燃气体比空气重时，探头应安装在设备下方；离地面高度不应太大，通常不超过1.5～2m。

续表

序号	项目	内容
2	安装和使用	⑥探头安装可采用吊装、壁装、抱管安装等安装方式,安装应牢固;应方便维护、标定。 ⑦探头所接电线应采用三芯屏蔽电缆,芯线截面不应小于$1mm^2$,屏蔽层应接地;电线安装应符合所在场所电力线路的安装要求。 ⑧探头应定期标定。 ⑨安装作业应符合爆炸危险环境作业的要求

第六节 用电安全导则

考点1 用电产品的设计

序号	项目	内容
1	本质安全要求	根据《用电安全导则》GB/T 13869—2017 规定,在下述情况下,用电产品对人身、财产和牲畜不产生伤害,包括但不限于:在预期使用条件下;在合理可预见的误使用下
2	安全防护措施	根据《用电安全导则》GB/T 13869—2017 规定,对于本质安全不能满足的情况,应采取安全防护措施实现用电安全,采取防护的情况包括但不限于:直接或间接与人员接触且会发生危险的区域;残余风险区域;风险评估后应进行安全防护的区域
3	使用信息	根据《用电安全导则》GB/T 13869—2017 规定,在铭牌、警示、安全标志、说明书等提供用电产品的使用信息,包括但不限于:生产信息;预期使用条件;安全安装、使用、维修等生命周期的各阶段信息;警示残余风险或潜在风险的信息

考点2 用电产品的安装

一、用电产品的安装规定

根据《用电安全导则》GB/T 13869—2017 规定,用电产品的安装规定如下:

(1)用电产品的安装应符合相应产品标准的规定。

(2)用电产品应按照制造商要求的使用环境条件进行安装,如果不能满足制造商的环境要求,应该采取附加的安装措施,例如,为用电产品提供防止外来电气、机械、化学和物理应力的防护。

(3)一般条件下,用电产品的周围应留有足够的安全通道和工作空间,且不应堆放易燃、易爆和腐蚀性物品。

二、电气线路的安装规定

根据《用电安全导则》GB/T 13869—2017 规定,电气线路的安装规定如下:

（1）电气线路应具有足够的绝缘强度、机械强度和导电能力，其安装应符合相应产品标准的规定。

（2）当系统接地的形式采用保护接地系统（Ⅱ系统）时，应在电路采用剩余电流保护器进行保护，并且保护应具有选择性。

（3）保护接地线应采用焊接、压接、螺栓连接或其他可靠方法连接，严禁缠绕或挂钩。电缆线中的绿/黄双色线在任何情况只能用作保护接地线。

三、插头插座的安装规定

根据《用电安全导则》GB/T 13869—2017 规定，插头插座的安装规定如下：

插头插座的安装应符合相应产品标准的规定。

插拔插头时，应保证电气设备和电气装置处于非工作状态，同时人体不得触及插头的导电极，并避免对电源线施加外力。

插头与插座应按规定正确接线，插座的保护接地极在任何情况下都应单独与保护接地线可靠连接，不得在插头（座）内将保护接地极与工作中性线连接在一起。

考点3　用电产品的使用

一、通用要求

根据《用电安全导则》GB/T 13869—2017 规定，通用要求的规定如下：

（1）正确选用用电产品的规格型式、容量和保护方式（如过载保护等），不得擅自更改用电产品的结构、原有配置的电气线路以及保护装置的整定值和保护元件的规格等。

（2）选择用电产品，应确认其符合产品使用说明书规定的环境要求和使用条件，并根据产品使用说明书的描述，了解使用时可能出现的危险及应采取的预防措施。用电产品检修后重新使用前应再次确认。

（3）用电产品应该在规定的使用寿命期间内使用，超过使用寿命期限的应及时报废或更换，必要时按照相关规定延长使用寿命。任何用电产品在运行过程中，应有必要的监控或监视措施；用电产品不允许超负荷运行。

（4）用电产品因停电或故障等情况而停止运行时，应及时切断电源。在查明原因、排除故障，并确认已恢复正常后才能重新接通电源。

（5）正常运行时会产生飞溅火花或外壳表面温度较高的用电产品，使用时应远离可燃物质或采取相应的密闭、隔离等措施，用完后及时切断电源。

二、各类产品的特殊要求

根据《用电安全导则》GB/T 13869—2017 规定，各类产品的特殊要求规定如下：

（1）移动使用的用电产品，应采用完整的铜芯橡皮套软电缆或护套软线作为电源线，移动时，应防止电源线拉断或损坏。

（2）固定使用的用电产品，应在断电状态移动，并防止任何降低其安全性能的损害。

0 类设备只能在非导电场所中使用，在其他场所不应使用 0 类设备。

（3）Ⅰ类设备使用时，应先确认其金属外壳或构架已可靠接地，或已与插头插座内接地效果良好的保护接地极可靠连接，同时应根据环境条件加装合适的电击保护装置。

（4）自备发电装置应有措施保证与供电电网隔离，并满足用电产品的正常使用要求，不得擅自并入电网。露天（户外）使用的用电产品应采取适用标准的防雨、防雾和防尘等措施。

📝 考点4　特殊场所和特殊环境条件用电安全的一般原则

一、特殊场所的一般原则

根据《用电安全导则》GB/T 13869—2017规定，特殊场所的一般原则规定如下：

（1）在儿童活动场所，应考虑将插座安装在一定的高度，否则应采取必要的防护措施。

（2）在浴场（室）、蒸汽房、游泳池等潮湿的公共场所，应有特殊的用电安全措施，保证在任何情况下人体不触及用电产品的带电部分，并当用电产品发生漏电、过载、短路或人员触电时能自动切断电源。

（3）在可燃、助燃、易燃（爆）物体的储存、生产、使用等场所或区域内使用的用电产品，其阻燃或防爆等级要求应符合特殊场所的标准规定。

二、特殊环境条件的一般原则

根据《用电安全导则》GB/T 13869—2017规定，特殊场所的一般原则规定如下：

（1）我国地域广阔，应考虑电气设备及电气装置的特殊环境条件，包括热带、寒冷、高原、工业腐蚀、矿山、船用等。

（2）在不同特殊环境条件下使用的各类产品，可按其产品特点和使用环境对其的影响，考虑适用的环境参数和严酷等级，确定用电产品的防护类型。

（3）在特殊环境条件下使用的用电产品，可通过提高设计参数等措施确保：绝缘性能良好、满足各种环境条件的特殊要求、保持正常运行等。此外，热带环境中的干热型、干热沙漠型和其他特殊环境条件下户外使用的用电产品应满足一定的外壳防护等级，并能在高温、低温或太阳辐射下正常工作。

第七节　施工现场临时用电安全技术

📝 考点1　施工现场临时用电的三项基本安全技术原则

根据《施工现场临时用电安全技术规范》JGJ 46—2005规定，建筑施工现场临时用电工程专用的电源中性点直接接地的220/380V三相四线制低压电力系统，必须符合下列规定：

（1）采用三级配电系统；

（2）采用TN-S接零保护系统；

（3）采用二级漏电保护系统。

考点2 外电线路及电气设备防护

根据《施工现场临时用电安全技术规范》JGJ 46—2005 规定，外电线路及电气设备防护要求如下：

（1）在建工程不得在外电架空线路正下方施工、搭设作业棚、建造生活设施或堆放构件、架具、材料及其他杂物等。

（2）在建工程（含脚手架）的周边与外电架空线路的边线之间的最小安全操作距离应符合下表规定。

外电线路电压等级(kV)	<1	1~10	35~110	220	330~500
最小安全操作距离(m)	4.0	6.0	8.0	10	15

注：上、下脚手架的斜道不宜设在有外电线路的一侧。

（3）施工现场的机动车道与外电架空线路交叉时，架空线路的最低点与路面的最小垂直距离应符合下表规定。

外电线路电压等级(kV)	<1	1~10	35
最小垂直距离(m)	6.0	7.0	7.0

（4）起重机严禁越过无防护设施的外电架空线路作业。在外电架空线路附近吊装时，起重机的任何部位或被吊物边缘在最大偏斜时与架空线路边线的最小安全距离应符合下表规定。

电压(kV) 安全距离(m)	<1	10	35	110	220	330	500
沿垂直方向	1.5	3.0	4.0	5.0	6.0	7.0	8.5
沿水平方向	1.5	2.0	3.5	4.0	6.0	7.0	8.5

（5）施工现场开挖沟槽边缘与外电埋地电缆沟槽边缘之间的距离不得小于 0.5m。

（6）当达不到第（2）～（4）项中的规定时，必须采取绝缘隔离防护措施，并应悬挂醒目的警告标志。架设防护设施时，必须经有关部门批准，采用线路暂时停电或其他可靠的安全技术措施，并应有电气工程技术人员和专职安全人员监护。防护设施与外电线路之间的安全距离不应小于下表所列数值。防护设施应坚固、稳定，且对外电线路的隔离防护应达到 IP30 级。当防护措施无法实现时，必须与有关部门协商，采取停电、迁移外电线路或改变工程位置等措施，未采取上述措施的严禁施工。

外电线路电压等级(kV)	≤10	35	110	220	330	500
最小安全距离(m)	1.7	2.0	2.5	4.0	5.0	6.0

（7）电气设备现场周围不得存放易燃易爆物、污源和腐蚀介质，否则应予清除或做防护处置，其防护等级必须与环境条件相适应。

（8）电气设备设置场所应能避免物体打击和机械损伤，否则应做防护处置。

考点3　配电箱及开关箱防护

根据《施工现场临时用电安全技术规范》JGJ 46—2005 规定，配电箱及开关箱防护要求如下：

（1）配电箱及开关箱的设置

① 配电系统应设置配电柜或总配电箱、分配电箱、开关箱，实行三级配电。配电系统宜使三相负荷平衡。220V 或 380V 单相用电设备宜接入 220/380V 三相四线系统；当单相照明线路电流大于 30A 时，宜采用 220/380V 三相四线制供电。

② 总配电箱以下可设若干分配电箱；分配电箱以下可设若干开关箱。总配电箱应设在靠近电源的区域，分配电箱应设在用电设备或负荷相对集中的区域，分配电箱与开关箱的距离不得超过 30m，开关箱与其控制的固定式用电设备的水平距离不宜超过 3m。

③ 每台用电设备必须有各自专用的开关箱，严禁用同一个开关箱直接控制 2 台及 2 台以上用电设备（含插座）。

④ 动力配电箱与照明配电箱宜分别设置。当合并设置为同一配电箱时，动力和照明应分路配电；动力开关箱与照明开关箱必须分设。

⑤ 配电箱、开关箱应装设在干燥、通风及常温场所，不得装设在有严重损伤作用的瓦斯、烟气、潮气及其他有害介质中，亦不得装设在易受外来固体物撞击、强烈振动、液体浸溅及热源烘烤场所。否则，应予清除或做防护处理。

⑥ 配电箱、开关箱周围应有足够 2 人同时工作的空间和通道，不得堆放任何妨碍操作、维修的物品，不得有灌木、杂草。

⑦ 配电箱、开关箱应采用冷轧钢板或阻燃绝缘材料制作，钢板厚度应为 1.2～2.0mm，其中开关箱箱体钢板厚度不得小于 1.2mm，配电箱箱体钢板厚度不得小于 1.5mm，箱体表面应做防腐处理。

⑧ 配电箱、开关箱应装设端正、牢固。固定式配电箱、开关箱的中心点与地面的垂直距离应为 1.4～1.6m。移动式配电箱、开关箱应装设在坚固、稳定的支架上。其中心点与地面的垂直距离宜为 0.8～1.6m。

⑨ 配电箱、开关箱内的电器（含插座）应先安装在金属或非木质阻燃绝缘电器安装板上，然后方可整体紧固在配电箱、开关箱箱体内。金属电器安装板与金属箱体应做电气连接。

⑩ 配电箱、开关箱内的电器（含插座）应按其规定位置紧固在电器安装板上，不得歪斜和松动。

⑪ 配电箱的电器安装板上必须分设 N 线端子板和 PE 线端子板。N 线端子板必须与金属电器安装板绝缘；PE 线端子板必须与金属电器安装板做电气连接。进出线中的 N 线必须通过 N 线端子板连接；PE 线必须通过 PE 线端子板连接。

⑫ 配电箱、开关箱内的连接线必须采用铜芯绝缘导线。导线绝缘的颜色标志应按要求配置并排列整齐；导线分支接头不得采用螺栓压接，应采用焊接并做绝缘包扎，不得有外露带电部分。

⑬ 配电箱、开关箱的金属箱体、金属电器安装板以及电器正常不带电的金属底座、

外壳等必须通过 PE 线端子板与 PE 线做电气连接，金属箱门与金属箱体必须通过采用编织软铜线做电气连接。

⑭ 配电箱、开关箱的进、出线口应配置固定线卡，进出线应加绝缘护套并成束卡固在箱体上，不得与箱体直接接触。移动式配电箱、开关箱的进、出线应采用橡皮护套绝缘电缆，不得有接头。

（2）电器装置的选择

① 配电箱、开关箱内的电器必须可靠、完好，严禁使用破损、不合格的电器。

② 总配电箱的电器应具备电源隔离，正常接通与分断电路，以及短路、过载、漏电保护功能。电器设置应符合下列原则：

当总路设置总漏电保护器时，还应装设总隔离开关、分路隔离开关以及总断路器、分路断路器或总熔断器、分路熔断器。当所设总漏电保护器是同时具备短路、过载、漏电保护功能的漏电断路器时，可不设总断路器或总熔断器。

当各分路设置分路漏电保护器时，还应装设总隔离开关、分路隔离开关以及总断路器、分路断路器或总熔断器、分路熔断器。当分路所设漏电保护器是同时具备短路、过载、漏电保护功能的漏电断路器时，可不设分路断路器或分路熔断器。

隔离开关应设置于电源进线端，应采用分断时具有可见分断点，并能同时断开电源所有极的隔离电器。如采用分断时具有可见分断点的断路器，可不另设隔离开关。

熔断器应选用具有可靠灭弧分断功能的产品。

总开关电器的额定值、动作整定值应与分路开关电器的额定值、动作整定值相适应。

③ 总配电箱应装设电压表、总电流表、电度表及其他需要的仪表。专用电能计量仪表的装设应符合当地供用电管理部门的要求。装设电流互感器时，其二次回路必须与保护零线有一个连接点，且严禁断开电路。

④ 分配电箱应装设总隔离开关、分路隔离开关以及总断路器、分路断路器或总熔断器、分路熔断器。

⑤ 开关箱必须装设隔离开关、断路器或熔断器，以及漏电保护器。当漏电保护器是同时具有短路、过载、漏电保护功能的漏电断路器时，可不装设断路器或熔断器。隔离开关应采用分断时具有可见分断点，能同时断开电源所有极的隔离电器，并应设置于电源进线端。当断路器是具有可见分断点时，可不另设隔离开关。

⑥ 开关箱中的隔离开关只可直接控制照明电路和容量不大于 3.0kW 的动力电路，但不应频繁操作。容量大于 3.0kW 的动力电路应采用断路器控制，操作频繁时还应附设接触器或其他启动控制装置。

⑦ 开关箱中各种开关电器的额定值和动作整定值应与其控制用电设备的额定值和特性相适应。

⑧ 漏电保护器应装设在总配电箱、开关箱靠近负荷的一侧，且不得用于启动电气设备的操作。

⑨ 开关箱中漏电保护器的额定漏电动作电流不应大于 30mA，额定漏电动作时间不应大于 0.1s。使用于潮湿或有腐蚀介质场所的漏电保护器应采用防溅型产品，其额定漏电动作电流不应大于 15mA，额定漏电动作时间不应大于 0.1s。

⑩ 总配电箱中漏电保护器的额定漏电动作电流应大于 30mA，额定漏电动作时间应大

于 0.1s，但其额定漏电动作电流与额定漏电动作时间的乘积不应大于 30mA·s。

⑪ 总配电箱和开关箱中漏电保护器的极数和线数必须与其负荷侧负荷的相数和线数一致。

⑫ 配电箱、开关箱中的漏电保护器宜选用无辅助电源型（电磁式）产品，或选用辅助电源故障时能自动断开的辅助电源型（电子式）产品。当选用辅助电源故障时不能自动断开的辅助电源型（电子式）产品时，应同时设置缺相保护。

⑬ 漏电保护器应按产品说明书安装、使用。对搁置已久重新使用或连续使用的漏电保护器应逐月检测其特性，发现问题应及时修理或更换。漏电保护器的正确使用接线方法应按下图选用。

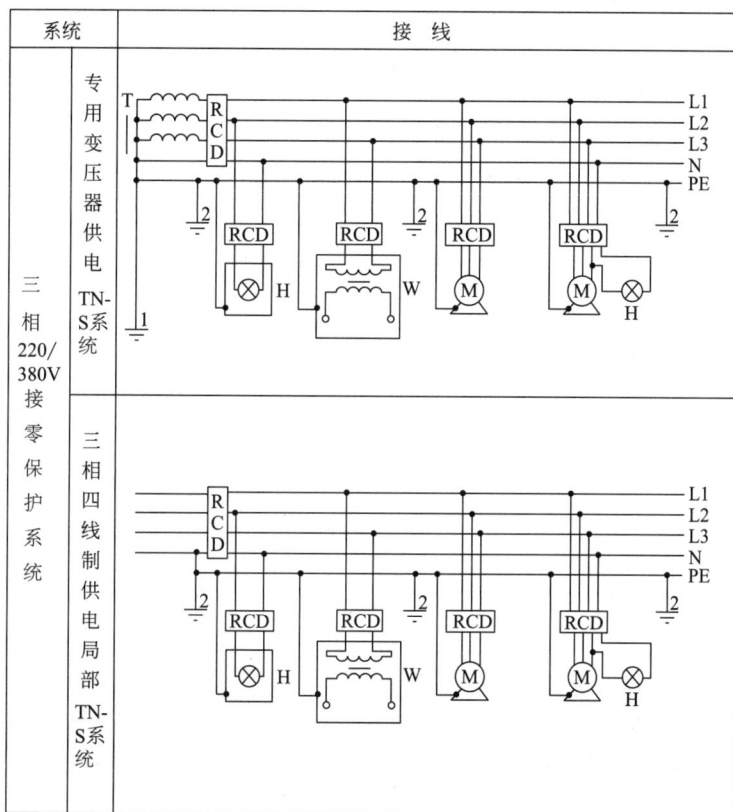

漏电保护器使用接线方法示意

L1、L2、L3—相线；N—工作零线；PE—保护零线、保护线；1—工作接地；2—重复接地；
T—变压器；RCD—漏电保护器；H—照明器；W—电焊机；M—电动机

⑭ 配电箱、开关箱的电源进线端严禁采用插头和插座做活动连接。

考点 4　照明防护

根据《施工现场临时用电安全技术规范》JGJ 46—2005 规定，照明防护要求如下：
（1）一般规定
① 在坑、洞、井内作业、夜间施工或厂房、道路、仓库、办公室、食堂、宿舍、料

具堆放场及自然采光差等场所，应设一般照明、局部照明或混合照明。在一个工作场所内，不得只设局部照明。停电后，操作人员需及时撤离的施工现场，必须装设自备电源的应急照明。

② 现场照明应采用高光效、长寿命的照明光源。对需大面积照明的场所，应采用高压汞灯、高压钠灯或混光用的卤钨灯等。

③ 照明器的选择必须按下列环境条件确定：正常湿度一般场所，选用开启式照明器；潮湿或特别潮湿场所，选用密闭型防水照明器或配有防水灯头的开启式照明器；含有大量尘埃但无爆炸和火灾危险的场所，选用防尘型照明器；有爆炸和火灾危险的场所，按危险场所等级选用防爆型照明器；存在较强振动的场所，选用防振型照明器；有酸碱等强腐蚀介质场所，选用耐酸碱型照明器。

④ 照明器具和器材的质量应符合国家现行有关强制性标准的规定，不得使用绝缘老化或破损的器具和器材。

（2）照明供电防护

① 一般场所宜选用额定电压为 220V 的照明器。

② 下列特殊场所应使用安全特低电压照明器：

隧道、人防工程、高温、有导电灰尘、比较潮湿或灯具离地面高度低于 2.5m 等场所的照明，电源电压不应大于 36V；

潮湿和易触及带电体场所的照明，电源电压不得大于 24V；

特别潮湿场所、导电良好的地面、锅炉或金属容器内的照明，电源电压不得大于 12V。

③ 使用行灯应符合下列要求：

电源电压不大于 36V；

灯体与手柄应坚固、绝缘良好并耐热耐潮湿；

灯头与灯体结合牢固，灯头无开关；

灯泡外部有金属保护网；

金属网、反光罩、悬吊挂钩固定在灯具的绝缘部位上。

④ 远离电源的小面积工作场地、道路照明、警卫照明或额定电压为 12～36V 照明的场所，其电压允许偏移值为额定电压值的 -10%～5%；其余场所电压允许偏移值为额定电压值的 ±5%。

⑤ 照明变压器必须使用双绕组型安全隔离变压器，严禁使用自耦变压器。

⑥ 照明系统宜使三相负荷平衡，其中每一单相回路上，灯具和插座数量不宜超过 25 个，负荷电流不宜超过 15A。

⑦ 携带式变压器的一次侧电源线应采用橡皮护套或塑料护套铜芯软电缆，中间不得有接头，长度不宜超过 3m，其中绿/黄双色线只可作 PE 线使用，电源插销应有保护触头。

（3）照明装置防护

① 照明灯具的金属外壳必须与 PE 线相连接，照明开关箱内必须装设隔离开关、短路与过载保护电器和漏电保护器，并应符合规定。

② 室外 220V 灯具距地面不得低于 3m，室内 220V 灯具距地面不得低于 2.5m。普通

灯具与易燃物距离不宜小于 300mm；聚光灯、碘钨灯等高热灯具与易燃物距离不宜小于 500mm，且不得直接照射易燃物。达不到规定安全距离时，应采取隔热措施。

③ 路灯的每个灯具应单独装设熔断器保护。灯头线应做防水弯。

④ 荧光灯管应采用管座固定或用吊链悬挂。荧光灯的镇流器不得安装在易燃的结构物上。

⑤ 碘钨灯及钠、铊、铟等金属卤化物灯具的安装高度宜在 3m 以上，灯线应固定在接线柱上，不得靠近灯具表面。

⑥ 投光灯的底座应安装牢固，应按需要的光轴方向将枢轴拧紧固定。

⑦ 螺口灯头及其接线应符合下列要求：灯头的绝缘外壳无损伤、无漏电；相线接在与中心触头相连的一端，零线接在与螺纹口相连的一端。

⑧ 灯具内的接线必须牢固，灯具外的接线必须做可靠的防水绝缘包扎。

⑨ 灯具的相线必须经开关控制，不得将相线直接引入灯具。

⑩ 对夜间影响飞机或车辆通行的在建工程及机械设备，必须设置醒目的红色信号灯，其电源应设在施工现场总电源开关的前侧，并应设置外电线路停止供电时的应急自备电源。

第三章　特种设备安全技术

扫码免费观看
基础直播课程

第一节　特种设备的基础知识

考点1　特种设备范围

序号	类别		法定范围
1	承压类特种设备	锅炉	设计正常水位容积≥30L，且额定蒸汽压力≥0.1MPa（表压）的承压蒸汽锅炉；出口水压≥0.1MPa（表压），且额定功率≥0.1MW的承压热水锅炉；额定功率≥0.1MW的有机热载体锅炉
2		压力容器	最高工作压力≥0.1MPa（表压）的气体、液化气体和最高工作温度高于或者等于标准沸点的液体、容积≥30L且内直径≥150mm的固定式容器和移动式容器；盛装公称工作压力≥0.2MPa（表压），且压力与容积的乘积≥1.0MPa·L的气体、液化气体和标准沸点等于或者低于60℃液体的气瓶；氧舱
3		压力管道	最高工作压力≥0.1MPa（表压），介质为气体、液化气体、蒸汽或者可燃、易爆、有毒、有腐蚀性、最高工作温度高于或者等于标准沸点的液体，且公称直径≥50mm的管道。公称直径小于150mm，且其最高工作压力小于1.6MPa（表压）的输送无毒、不可燃、无腐蚀性气体的管道和设备本体所属管道除外
4	机电类特种设备	电梯	载人（货）电梯、自动扶梯、自动人行道
5		起重机械	额定起重量≥0.5t的升降机；额定起重量≥3t（或额定起重力矩≥40t·m的塔式起重机，或生产率≥300t/h的装卸桥），且提升高度≥2m的起重机；层数≥2层的机械式停车设备
6		客运索道	客运架空索道、客运缆车、客运拖牵索道
7		大型游乐设施	设计最大运行线速度≥2m/s，或者运行高度距地面高于或者等于2m的载人大型游乐设施。用于体育运动、文艺演出和非经营活动的大型游乐设施除外
8		场（厂）内专用机动车辆	特定区域使用的专用机动车辆

考点 2　特种设备安全要求的规定

一、总的管理规定

根据《中华人民共和国特种设备安全法》规定：

（1）国家对特种设备实行目录管理。特种设备目录由国务院负责特种设备安全监督管理的部门制定，报国务院批准后执行。

（2）特种设备安全工作应当坚持安全第一、预防为主、节能环保、综合治理的原则。

（3）国家对特种设备的生产、经营、使用，实施分类的、全过程的安全监督管理。

（4）国务院负责特种设备安全监督管理的部门对全国特种设备安全实施监督管理。县级以上地方各级人民政府负责特种设备安全监督管理的部门对本行政区域内特种设备安全实施监督管理。

二、特种设备生产和充装单位许可的规定

《特种设备生产和充装单位许可规则》TSG 07—2019 规定，实施特种设备生产和重装单位许可的部门为国家市场监督管理总局和省级人民政府特种设备安全监督管理的部门。

申请特种设备生产和充装许可的单位，应具有法定资质，具有与许可范围相适应的资源条件，建立并且有效实施与许可单位相适应的质量保证体系、安全管理制度等，具备保障特种设备安全性能的技术能力。

三、特种设备生产、经营、使用的规定

（1）一般规定

根据《中华人民共和国特种设备安全法》，特种设备生产、经营、使用的一般规定如下：

① 特种设备生产、经营、使用单位及其主要负责人对其生产、经营、使用的特种设备安全负责。特种设备生产、经营、使用单位应当按照国家有关规定配备特种设备安全管理人员、检测人员和作业人员，并对其进行必要的安全教育和技能培训。

② 特种设备安全管理人员、检测人员和作业人员应当按照国家有关规定取得相应资格，方可从事相关工作。特种设备安全管理人员、检测人员和作业人员应当严格执行安全技术规范和管理制度，保证特种设备安全。

（2）特种设备生产的规定

根据《中华人民共和国特种设备安全法》，特种设备生产的规定如下：

① 国家按照分类监督管理的原则对特种设备生产实行许可制度。特种设备生产单位应当具备下列条件，并经负责特种设备安全监督管理的部门许可，方可从事生产活动：

有与生产相适应的专业技术人员；

有与生产相适应的设备、设施和工作场所；

有健全的质量保证、安全管理和岗位责任等制度。

② 特种设备生产单位应当保证特种设备生产符合安全技术规范及相关标准的要求，对其生产的特种设备的安全性能负责。不得生产不符合安全性能要求和能效指标以及国家

明令淘汰的特种设备。

③ 锅炉、气瓶、氧舱、客运索道、大型游乐设施的设计文件，应当经负责特种设备安全监督管理的部门核准的检验机构鉴定，方可用于制造。

④ 特种设备出厂时，应当随附安全技术规范要求的设计文件、产品质量合格证明、安装及使用维护保养说明、监督检验证明等相关技术资料和文件，并在特种设备显著位置设置产品铭牌、安全警示标志及其说明。

⑤ 特种设备安装、改造、修理的施工单位应当在施工前将拟进行的特种设备安装、改造、修理情况书面告知直辖市或者设区的市级人民政府负责特种设备安全监督管理的部门。

⑥ 特种设备安装、改造、修理竣工后，安装、改造、修理的施工单位应当在验收后三十日内将相关技术资料和文件移交特种设备使用单位。特种设备使用单位应当将其存入该特种设备的安全技术档案。

⑦ 锅炉、压力容器、压力管道元件等特种设备的制造过程和锅炉、压力容器、压力管道、电梯、起重机械、客运索道、大型游乐设施的安装、改造、重大修理过程，应当经特种设备检验机构按照安全技术规范的要求进行监督检验；未经监督检验或者监督检验不合格的，不得出厂或者交付使用。

（3）特种设备经营的规定

根据《中华人民共和国特种设备安全法》，特种设备经营的规定如下：

① 特种设备销售单位销售的特种设备，应当符合安全技术规范及相关标准的要求，其设计文件、产品质量合格证明、安装及使用维护保养说明、监督检验证明等相关技术资料和文件应当齐全。特种设备销售单位应当建立特种设备检查验收和销售记录制度。禁止销售未取得许可生产的特种设备，未经检验和检验不合格的特种设备，或者国家明令淘汰和已经报废的特种设备。

② 特种设备出租单位不得出租未取得许可生产的特种设备或者国家明令淘汰和已经报废的特种设备，以及未按照安全技术规范的要求进行维护保养和未经检验或者检验不合格的特种设备。

（4）特种设备使用的规定

根据《中华人民共和国特种设备安全法》，特种设备使用的规定如下：

① 特种设备使用单位应当使用取得许可生产并经检验合格的特种设备。禁止使用国家明令淘汰和已经报废的特种设备。

② 特种设备使用单位应当在特种设备投入使用前或者投入使用后三十日内，向负责特种设备安全监督管理的部门办理使用登记，取得使用登记证书。登记标志应当置于该特种设备的显著位置。

③ 特种设备使用单位应当建立岗位责任、隐患治理、应急救援等安全管理制度，制定操作规程，保证特种设备安全运行。

④ 特种设备使用单位应当建立特种设备安全技术档案。安全技术档案应当包括以下内容：特种设备的设计文件、产品质量合格证明、安装及使用维护保养说明、监督检验证明等相关技术资料和文件；特种设备的定期检验和定期自行检查记录；特种设备的日常使用状况记录；特种设备及其附属仪器仪表的维护保养记录；特种设备的运行故障和事故

记录。

⑤ 特种设备的使用应当具有规定的安全距离、安全防护措施。

⑥ 特种设备使用单位应当按照安全技术规范的要求，在检验合格有效期届满前一个月向特种设备检验机构提出定期检验要求。特种设备检验机构接到定期检验要求后，应当按照安全技术规范的要求及时进行安全性能检验。特种设备使用单位应当将定期检验标志置于该特种设备的显著位置。未经定期检验或者检验不合格的特种设备，不得继续使用。

⑦ 特种设备安全管理人员应当对特种设备使用状况进行经常性检查，发现问题应当立即处理；情况紧急时，可以决定停止使用特种设备并及时报告本单位有关负责人。特种设备作业人员在作业过程中发现事故隐患或者其他不安全因素，应当立即向特种设备安全管理人员和单位有关负责人报告；特种设备运行不正常时，特种设备作业人员应当按照操作规程采取有效措施保证安全。

⑧ 特种设备出现故障或者发生异常情况，特种设备使用单位应当对其进行全面检查，消除事故隐患，方可继续使用。

⑨ 客运索道、大型游乐设施在每日投入使用前，其运营使用单位应当进行试运行和例行安全检查，并对安全附件和安全保护装置进行检查确认。电梯、客运索道、大型游乐设施的运营使用单位应当将电梯、客运索道、大型游乐设施的安全使用说明、安全注意事项和警示标志置于易于为乘客注意的显著位置。公众乘坐或者操作电梯、客运索道、大型游乐设施，应当遵守安全使用说明和安全注意事项的要求，服从有关工作人员的管理和指挥；遇有运行不正常时，应当按照安全指引，有序撤离。

⑩ 锅炉使用单位应当按照安全技术规范的要求进行锅炉水（介）质处理，并接受特种设备检验机构的定期检验。从事锅炉清洗，应当按照安全技术规范的要求进行，并接受特种设备检验机构的监督检验。

⑪ 电梯的维护保养应当由电梯制造单位或者依照本法取得许可的安装、改造、修理单位进行。电梯的维护保养单位应当在维护保养中严格执行安全技术规范的要求，保证其维护保养的电梯的安全性能，并负责落实现场安全防护措施，保证施工安全。电梯的维护保养单位应当对其维护保养的电梯的安全性能负责；接到故障通知后，应当立即赶赴现场，并采取必要的应急救援措施。

⑫ 电梯投入使用后，电梯制造单位应当对其制造的电梯的安全运行情况进行跟踪调查和了解，对电梯的维护保养单位或者使用单位在维护保养和安全运行方面存在的问题，提出改进建议，并提供必要的技术帮助；发现电梯存在严重事故隐患时，应当及时告知电梯使用单位，并向负责特种设备安全监督管理的部门报告。电梯制造单位对调查和了解的情况，应当作出记录。

⑬ 移动式压力容器、气瓶充装单位，应当具备下列条件，并经负责特种设备安全监督管理的部门许可，方可从事充装活动：有与充装和管理相适应的管理人员和技术人员；有与充装和管理相适应的充装设备、检测手段、场地厂房、器具、安全设施；有健全的充装管理制度、责任制度、处理措施。充装单位应当建立充装前后的检查、记录制度，禁止对不符合安全技术规范要求的移动式压力容器和气瓶进行充装。气瓶充装单位应当向气体使用者提供符合安全技术规范要求的气瓶，对气体使用者进行气瓶安全使用指导，并按照安全技术规范的要求办理气瓶使用登记，及时申报定期检验。

四、特种设备检验、检测的规定

根据《中华人民共和国特种设备安全法》，特种设备检验、检测的规定如下：

（1）从事本法规定的监督检验、定期检验的特种设备检验机构，以及为特种设备生产、经营、使用提供检测服务的特种设备检测机构，应当具备下列条件，并经负责特种设备安全监督管理的部门核准，方可从事检验、检测工作：①有与检验、检测工作相适应的检验、检测人员；②有与检验、检测工作相适应的检验、检测仪器和设备；③有健全的检验、检测管理制度和责任制度。

（2）特种设备检验、检测机构的检验、检测人员应当经考核，取得检验、检测人员资格，方可从事检验、检测工作。

（3）特种设备生产、经营、使用单位应当按照安全技术规范的要求向特种设备检验、检测机构及其检验、检测人员提供特种设备相关资料和必要的检验、检测条件，并对资料的真实性负责。

五、特种设备监督管理的规定

根据《中华人民共和国特种设备安全法》，特种设备监督管理的规定如下：

（1）负责特种设备安全监督管理的部门依照本法规定，对特种设备生产、经营、使用单位和检验、检测机构实施监督检查。负责特种设备安全监督管理的部门应当对学校、幼儿园以及医院、车站、客运码头、商场、体育场馆、展览馆、公园等公众聚集场所的特种设备，实施重点安全监督检查。

（2）负责特种设备安全监督管理的部门在依法履行监督检查职责时，可以行使下列职权：

① 进入现场进行检查，向特种设备生产、经营、使用单位和检验、检测机构的主要负责人和其他有关人员调查、了解有关情况；

② 根据举报或者取得的涉嫌违法证据，查阅、复制特种设备生产、经营、使用单位和检验、检测机构的有关合同、发票、账簿以及其他有关资料；

③ 对有证据表明不符合安全技术规范要求或者存在严重事故隐患的特种设备实施查封、扣押；

④ 对流入市场的达到报废条件或者已经报废的特种设备实施查封、扣押；

⑤ 对违反《中华人民共和国特种设备安全法》规定的行为作出行政处罚决定。

（3）负责特种设备安全监督管理的部门在依法履行职责过程中，发现重大违法行为或者特种设备存在严重事故隐患时，应当责令有关单位立即停止违法行为、采取措施消除事故隐患，并及时向上级负责特种设备安全监督管理的部门报告。接到报告的负责特种设备安全监督管理的部门应当采取必要措施，及时予以处理。

📝 考点3 锅炉基础知识

一、锅炉组成

由"锅"和"炉"以及相配套的附件、自控装置、附属设备组成。

（1）"锅"主要包括锅筒（或锅壳）、水冷壁、过热器、再热器、省煤器、对流管束及集箱等。

（2）"炉"是指燃料燃烧产生高温烟气，将化学能转化为热能的空间和烟气流通的通道——炉膛和烟道。"炉"主要包括燃烧设备和炉墙等。

二、锅炉工作原理

序号	项目	内容
1	工作过程	锅炉产生热水或蒸汽需要以下 3 个过程： （1）燃料的燃烧过程：燃料在炉膛内燃烧放出热量的过程。 （2）传热过程：燃料燃烧后产生的热量，通过受热面传递给锅内的水或蒸汽的过程。 （3）水的加热、汽化过程：锅内的水吸收热量转变成具有一定温度和压力的热水或蒸汽的过程
2	工作系统	锅炉工作过程是通过两个工作系统来实现的：一个系统是介质系统（在蒸汽锅炉中称为汽水系统），另一个系统是燃烧系统。 （1）汽水系统：任务是使进入锅炉的给水吸热升温、汽化、过热，最后成为具有一定温度和压力的热水或蒸汽。 （2）燃烧系统：任务是将燃料和空气送入锅炉炉膛内进行燃烧放热，将热量以辐射方式传给炉膛四周的水冷壁等辐射受热面；燃烧生成的高温烟气主要以对流传热方式把热量传递给对流管、烟管或者过热器、省煤器等对流受热面。在传热过程中，烟气温度不断降低，最后由引风机送进烟囱，排入大气；燃烧生成的灰渣由排渣设备排出锅炉

三、锅炉工作特性

（1）爆炸危险性：使用中容器或管路破裂、超压、严重缺水等导致爆炸。

（2）易于损坏性：长期运行在高温高压工况下，受到局部损坏，不能及时处理，会导致重要部件和整个系统的全面受损。

（3）应用的广泛性。

（4）连续运行性。

四、锅炉的分类

序号	分类依据	类别
1	用途	分为电站锅炉、工业锅炉
2	锅炉产生的蒸汽压力	分为超临界压力锅炉、亚临界压力锅炉、超高压锅炉、高压锅炉、中压锅炉、低压锅炉。 （1）出口蒸汽压力超过水蒸气的临界压力（22.1MPa）的锅炉为超临界压力锅炉。 （2）出口蒸汽压力低于但接近于临界压力，一般为 15.7～19.6MPa 的锅炉为亚临界压力锅炉。 （3）出口蒸汽压力一般为 11.8～14.7MPa 的锅炉为超高压锅炉。 （4）出口蒸汽压力一般为 7.84～10.8MPa 的锅炉为高压锅炉。

序号	分类依据	类别
2	锅炉产生的蒸汽压力	（5）出口蒸汽压力一般为 2.45～4.90MPa 的锅炉为中压锅炉。 （6）出口蒸汽压力一般不大于 2.45MPa 的锅炉为低压锅炉
3	锅炉的蒸发量	分为大型、中型、小型锅炉
4	载热介质	分为蒸汽锅炉、热水锅炉和有机热载体锅炉。 （1）锅炉出口介质为饱和蒸汽或者过热蒸汽的锅炉称为蒸汽锅炉。 （2）锅炉出口介质为高温水（＞120℃）或者低温水（120℃以下）的锅炉称为热水锅炉。 （3）以有机质液体（如高温导热油）作为热载体工质的锅炉称为有机热载体锅炉
5	燃料种类	分为燃煤锅炉、燃油锅炉、燃气锅炉、电热锅炉、余热锅炉、废料锅炉等
6	燃烧方式	分为层燃炉、室燃炉、旋风炉和流化床燃烧锅炉。 （1）层燃炉：采用火床燃烧，主要用于工业锅炉，火床燃烧是固体燃料以一定厚度分布在炉排上进行燃烧的方式。 （2）室燃炉：采用火室燃烧，电站锅炉和部分容量较大的工业锅炉采用室燃方式，燃料为油、气和煤粉。火室燃烧（悬浮燃烧）是燃料以粉状、雾状或气态随同空气喷入炉膛中进行燃烧的方式。 （3）旋风炉：采用旋风燃烧，炉型有卧式和立式两种，燃用粗煤粉或煤屑。旋风燃烧是燃料和空气在高温的旋风筒内高速旋转，部分燃料颗粒被甩向筒壁液态渣膜上进行燃烧的方式。 （4）流化床燃烧锅炉送入炉排的空气流速较高，使大粒燃煤在炉排上面的流化床中翻腾燃烧，小粒燃煤随空气上升并燃烧。宜于燃用劣质燃料，主要用于工业锅炉。现已经开发了大型循环流化床燃烧锅炉
7	锅炉结构	分为锅壳锅炉、水管锅炉
8	制造、安装许可	分为 A、B 级。 （1）额定出口压力大于 2.5MPa 的蒸汽和热水锅炉属于 A 级。 （2）额定出口压力小于或等于 2.5MPa 的蒸汽和热水锅炉，以及有机热载体锅炉属于 B 级

考点4　压力容器基础知识

一、压力容器

压力容器，指在工业生产中盛装用于完成反应、传质、传热、分离和储存等生产工艺过程的气体或液体，并能承载一定压力的密闭设备。它被广泛用于石油、化工、能源、冶金、机械、轻纺、医药、国防等工业领域。

二、压力容器工作特性

序号	项目	内容
1	压力容器结构特点	一般由筒体（又称壳体）、封头（又称端盖）、法兰、密封元件、开孔与接管（人孔、手孔、视镜孔、物料进出口接管）、附件（液位计、流量计、测温管、安全阀等）和支座等所组成

序号	项目	内容
2	固定式压力容器的特点	（1）具有爆炸的危险性。 （2）介质种类繁多。易燃易爆介质泄漏，可引起爆燃。有毒介质泄漏，能引起中毒。 （3）有的能承受高温高压；有的能在低温环境下工作；有的能投入运行后要求连续运行。 （4）材料种类多
3	移动式压力容器的主要特点	（1）活动范围大，运行环境条件复杂，在运输和装卸过程中易受冲击、振动，有时还可能发生碰撞、倾翻。 （2）介质绝大多数是易燃、易爆以及有毒等液化气体，一旦发生事故，造成的后果严重、社会影响大。 （3）活动场所不固定，监督管理难度大
4	压力容器的参数	主要工艺参数为压力、温度、介质。此外，容积、直径、壁厚也是重要的特性指标。 （1）压力 ①压力容器的压力来自两个方面：在容器外产生（增大）的、在容器内产生（增大）的。 ②最高工作压力：多指在正常操作情况下，容器顶部可能出现的最高压力。 ③设计压力：系指在相应设计温度下用以确定容器壳体厚度及其元件尺寸的压力，即标注在容器铭牌上的设计压力。 ④压力容器的设计压力值不得低于最高工作压力。 （2）温度 ①设计温度：系指容器在正常工作情况下，设定的元件的金属温度。设计温度与设计压力一起作为设计载荷条件。当壳壁或元件金属的温度低于−20℃，按最低温度确定设计温度；除此之外，设计温度一律按最高温度选取。 ②试验温度：指的是压力试验时，壳体的金属温度。 ③实际工作温度：是相对设计温度而言的一个参数，是容器在实际工作情况下，元件的金属温度。 （3）介质 按物质状态分类，有气体、液体、液化气体、单质和混合物等；按化学特性分类，则有可燃、易燃、惰性和助燃4种；按它们对人类毒害程度，又可分为极度危害（Ⅰ）、高度危害（Ⅱ）、中度危害（Ⅲ）、轻度危害（Ⅳ）4级；按它们对容器材料的腐蚀性可分为强腐蚀性、弱腐蚀性和非腐蚀性

三、压力容器的分类

序号	分类依据	类别
1	承压方式	分为内压容器（低压：0.1MPa≤p<1.6MPa；中压：1.6MPa≤p<10.0MPa；高压：10.0MPa≤p<100.0MPa；超高压：p≥100.0MPa）和外压容器。 注：外压容器中，当容器的内压力小于一个绝对大气压（约0.1MPa）时，又称为真空容器
2	容器在生产中的作用	分为反应压力容器、换热压力容器、分离压力容器、储存压力容器。 （1）反应压力容器：各种反应器、反应釜、聚合釜、合成塔、变换炉、煤气发生炉等。

序号	分类依据	类别
2	容器在生产中的作用	（2）换热压力容器：各种热交换器、冷却器、冷凝器、蒸发器等。 （3）分离压力容器：各种分离器、过滤器、集油器、洗涤器、吸收塔、干燥塔、汽提塔、分汽缸、除氧器等。 （4）储存压力容器：各种型式的储罐、缓冲罐、消毒锅、印染机、烘缸、蒸锅等
3	安装方式	分为固定式压力容器、移动式压力容器。 （1）固定式压力容器：生产车间内的储罐、球罐、塔器、反应釜等。 （2）移动式压力容器：适用于铁路、公路、水路的运输装备，包括汽车罐车、铁路罐车、罐式集装箱、长管拖车等
4	制造许可	分为：A、B、C、D四个许可级别。 （1）制造许可 A 级：大型高压容器（A1），其他高压容器（A2），球罐（A3），非金属压力容器（A4），氧舱（A5），超高压容器（A6）。 （2）制造许可 B 级：无缝气瓶（B1），焊接气瓶（B2），特种气瓶［纤维缠绕气瓶（B3）、低温绝热气瓶（B4）、内装填料气瓶（B5）］。 （3）制造许可 C 级：铁路罐车（C1），汽车罐车、罐式集装箱（C2），长管拖车、管束式集装箱（C3）。 （4）制造许可 D 级：中、低压容器
5	安全技术管理	分为：Ⅰ、Ⅱ、Ⅲ三类

考点5　压力管道基础知识

一、压力管道

（1）压力管道是指在生产和生活中用于输送流体介质，并能承载一定压力的密闭管状设备。

（2）被广泛用于石油、化工、电力、冶金、机械、轻纺、医药、国防等工业，以及城市供热和供气领域。

（3）管道输送具有隐蔽、连续、密闭、营运成本低、不占用地面空间、不受周围环境影响等特点。

二、压力管道工作原理

（1）单条压力管道：工作原理就是依靠外界的动力或者是介质本身的驱动力将该条管道源头的介质输送到该条管道的终点。

（2）压力管道的主要用途就是输送介质，还储存功能（主要用于长输管道）和热交换（主要用于工业管道）等。

三、压力管道输送介质特性

输送的介质均为流体介质，包括气体（常见的有空气、氮气、氧气、天然气、氯气等）、液化气体（常见的有液化烃、液氨、液氧、液氮、液氯）、蒸汽，可燃、易爆、有毒、有腐蚀性、最高工作温度高于或者等于标准沸点的液体。

四、压力管道结构特点

序号	项目	内容
1	组成	由管子、管件、阀门、补偿器等压力管道元件以及安全保护装置（安全附件）、附属设施等组成
2	压力管道元件	一般分成管子、管件（弯头、异径接头、三通、法兰、管帽）、阀门、补偿器、连接件、密封件、附属部件（疏水器、过滤器、分离器、除污器、凝水缸、缓冲器等）、支吊架等，也可以将压力管道元件分成管道组成件和支承件，其中管道组成件是承受介质压力的部件
3	安全保护装置	包括紧急切断装置（紧急切断阀等）、安全泄压装置（安全阀、爆破片等）、测漏装置、测温测压装置（温度计、压力表等）、静电接地装置、阻火器、液位计和泄漏气体安全报警装置
4	附属设施	指阴极保护装置、压气站、泵站、阀站、调压站、监控系统等

五、压力管道工作特点

（1）应用广泛。化工、石化系统有大量的压力管道，其工作压力由真空负压到300MPa 以上的高压、超高压，工作温度由 −200℃ 到 1000℃ 以上，介质多具有有毒、可燃、易爆等特征。

（2）管道体系庞大。

（3）管道空间变化大。

（4）腐蚀机理和材料损伤复杂

六、压力管道工艺参数

序号	工艺参数	内容
1	设计压力	管道系统中每个管道组成件的设计压力，应不小于在操作中可能遇到的最苛刻的压力和温度组合工况下的压力
2	操作压力	在稳定操作条件下，压力管道系统内介质的压力
3	设计温度	管道组成件的设计温度，按操作中可能遇到的最苛刻的压力和温度组合工况下的温度确定
4	管输介质温度	管道输送介质在管道内输送时的流动温度
5	介质	输送介质均为流体介质，包括气体、液化气体、蒸汽，或者可燃、易爆、有毒、有腐蚀性、最高工作温度高于或者等于标准沸点的液体
6	公称直径	代表管道组成件的规格
7	公称压力	代表管道组成件的压力等级
8	设计壁厚	在相应的设计压力和公称直径下，根据选用材料的许用应力，设计得出的满足工艺条件的管壁厚度

七、压力管道分类

序号	分类依据	类别
1	主体材料	分为：金属管道（铸铁管道、碳钢管道、低合金钢管道、不锈钢管道、有色金属管道）和非金属管道（塑料管道、玻璃钢管道、金属与非金属复合管道、非金属复合管道）
2	敷设位置	分为架空管道、埋地管道、地沟敷设管道
3	介质压力	分为超高压管道（＞42MPa）、高压管道（10～42MPa）、中压管道（1.6～10MPa）、低压管道（＜1.6MPa）
4	介质温度	分为高温管道（＞200℃）、常温管道（－29～200℃）、低温管道（＜－29℃）
5	管道用途	分为长输油气管道、城镇燃气管道、热力管道、工业管道（包括工艺管道、公用工程管道）、动力管道、制冷管道
6	安全监督管理	分为长输管道（GA类）、公用管道（GB类）、工业管道（GC类）。 （1）长输管道（GA类）：指产地、储存库、使用单位间的用于输送商品介质的管道。级别划分为GA1级和GA2级。 ①符合下列条件之一的长输管道为GA1级： 输送有毒、可燃、易爆气体介质，最高工作压力大于4.0MPa的长输管道。 输送有毒、可燃、易爆液体介质，最高工作压力大于6.4MPa，并且输送距离（指产地、储存地、用户间的用于输送商品介质管道的长度）大于或者等于200km的长输管道。 ②GA1级以外的长输管道为GA2级。 （2）公用管道（GB类）：指城市或者乡镇范围内的用于公用事业或者民用的燃气管道和热力管道，划分为GB1级和GB2级。 ①GB1级：城镇燃气管道。 ②GB2级：城镇热力管道。 （3）工业管道（GC类）：指企业、事业单位所属的用于输送工艺介质的工艺管道、公用工程管道及其他辅助管道，划分为GC1级、GC2级、CC3级

📝 考点6　起重机械基础知识

序号	项目	内容
1	起重机械工作特点	（1）具有庞大、复杂的机构，操作技术难度较大。 （2）吊运过程复杂而危险。 （3）造成事故影响面积大。 （4）起重机械的可靠性直接影响人身安全。 （5）潜在许多偶发的危险因素。 （6）作业环境复杂，对设备和作业人员形成威胁。 （7）作业中需要多人配合，共同完成一项操作
2	起重机械分类	（1）桥式起重机。 （2）门式起重机。 （3）塔式起重机：结构特点是悬架长（服务范围大）、塔身高（增加升降高度）、设计精巧，可以快速安装、拆卸。

序号	项目	内容
2	起重机械分类	（4）流动式起重机：优点是机动性好，生产效率高。 （5）门座式起重机：多用于港口装卸作业，或造船厂进行船体与设备装配。 （6）升降机。 （7）缆索起重机：适用于跨度大、地形复杂的货场、水库或工地作业。 （8）梳杆式起重机：适用于吊装工程量比较集中的工程。 （9）机械式停车设备
3	起重机械安全正常工作的条件	（1）金属结构和机械零部件应具有足够的强度、刚性和抗屈曲能力。 （2）整机必须具有必要的抗倾覆稳定性。 （3）原动机具有满足作业性能要求的功率，制动装置提供必需的制动力矩

📝 考点7　场（厂）内专用机动车辆基础知识

序号	项目	内容
1	场（厂）内专用机动车辆工作特点	（1）机构复杂，操作技术难度较大。 （2）作业过程复杂而危险。 （3）造成事故影响的面积较大。 （4）潜在许多偶发的危险因素。 （5）作业环境复杂，对设备和作业人员形成威胁。 （6）各类产品之间具有使用成套性。 （7）一机具有多种可换的工作装置。 （8）对行驶路面、作业环境有要求。 （9）安全性要求高
2	场（厂）内专用机动车辆分类	（1）机动工业车辆包括：平衡重式叉车、前移式叉车、侧面式叉车、插腿式叉车、托盘堆垛车、三向堆垛车。 （2）非公路用旅游观光车辆包括：观光车和列车观光
3	场（厂）内专用机动车辆正常工作条件	（1）车辆的技术性能、动力性能、制动性能、承载能力、运行方向的控制能力和产品标识符合要求。 （2）满载作业时的纵向、横向稳定性，满载运行时的纵向稳定性，空载运行时的横向稳定性满足要求。 （3）车辆的动力输出能力、工作装置的控制和标识符合要求。 （4）车辆的各种安全保护装置，监测、指示、仪表、报警等自动报警、信号装置应完好齐全。 （5）操作人员能够正确操作和维护车辆

📝 考点8　客运索道基础知识

一、客运索道

客运索道是指动力驱动，利用柔性绳索牵引箱体等运载工具运送人员的机电设备，包括客运架空索道、客运缆车、客运拖牵索道等。

（1）客运架空索道：以架空的柔性绳索承载，用来输送物料或人员的索道。

153

（2）客运缆车：运载工具沿地面轨道或由固定结构支承的轨道运行的索道。

（3）客运拖牵索道：用绳索牵引，在地面上运送乘客的索道。

二、客运索道分类

序号	分类		内容
1	客运架空索道	按索系分	（1）单线架空索道：一根钢丝绳既承载又牵引的架空索道。 （2）双线架空索道：同时具有承载索和牵引索（包括平衡索）的架空索道，其中承载索可以是单承载或双承载，牵引索可以是单牵引或双牵引
2		按吊具运行方向分	（1）循环式架空索道： ①连续循环式架空索道：运载工具在线路上以恒定速度运行的循环式架空索道。 ②脉动循环式架空索道：运载工具在线路上脉动运行（快行—慢行—快行—慢行）的循环式架空索道。 （2）往复式架空索道：运载工具在线路上往复运行的架空索道
3		按抱索器类型分	（1）固定抱索器：在索道运行过程中，抱索器在绳索上保持固定位置不能脱开的架空索道。 （2）脱挂抱索器：到达索道站内时，抱索器能够与牵引索或运载索脱开的架空索道
4		按吊具类型分	吊厢式、吊篮式、吊椅式
5	客运缆车		（1）循环式缆车：运载工具与钢丝绳可脱开和挂接，并在线路上循环运行的缆车。 （2）往复式缆车：运载工具在线路上往复运行的缆车。 ①单往复式缆车：只有一个或一组运载工具在轨道线路上运动的往复式缆车。 ②有会车段往复式缆车：两个或两组运载工具分别在中间有会车段的轨道线路上运动的往复式缆车。 ③双线往复式缆车：两个或两组运载工具分别在两条轨道线路上运行的往复式缆车
6	客运拖牵索道		（1）高位拖牵索道：拖牵索距地面高度在 2m 以上的拖牵索道。 （2）低位拖牵索道：拖牵索距地面高度小于 2m 的拖牵索道

三、客运索道工作原理和特点

序号	项目		内容
1	客运架空索道	循环式架空索道	（1）工作原理：是用一根首尾相接的环行钢丝绳（运载索）绕于驱动轮和迂回轮上，中间支撑在各支架的托压索轮组上，并用张紧装置张紧，保证运载索具有一定的初张力，利用摩擦原理带动运载索做循环运动。 （2）特点： ①对自然地形适应性强，爬坡能力大，能够适应险峻陡坡，可直接跨越峡谷、河流等天然障碍；节省乘客行程时间。 ②站房配置紧凑，支架占地少。 ③无须修筑桥梁、涵洞，不需要开挖大量土方石，占地面积小，对地形、地貌及自然环境破坏小。

序号	项目		内容
1	客运架空索道	循环式架空索道	④索道一般都采用电力驱动，不污染环境。 ⑤运行安全可靠，维护简单，容易实现机械化、自动化操作，劳动定员少。 ⑥能耗低。 ⑦安全级别等同于飞机，对设计、制造、安装、使用和管理的要求较高
2		往复式索道	（1）工作原理：布置形式是两侧各用一根或两根钢丝绳（承载索）作为运载工具的轨道，由牵引索牵引客车沿承载索往复运动。 （2）特点： ①爬坡能力大，可跨越大跨度，客车距地高度允许超过100m；客车数量少；支架少，便于检查维护；运行效率高；耗电少可运送大件重物；救护简单方便。 ②缺点是运输能力与索道的长度成反比，受到限制；候车时间长；索系比较复杂，站房受水平力大，造价较高，吊厢和支架受力极大，一旦发生故障，易产生大的影响和损失
3	客运缆车		（1）工作原理：利用钢丝绳作为牵引动力，带动车厢在两站之间轨道上做往复运动或循环移动的运送乘客的设施。 （2）特点是线路在地面，运行安全性高，便于营救。
4	客运拖牵索道		（1）工作原理：是一条钢丝绳（运载索）绕过驱动轮和迂回轮，中间支撑在线路支架托压轮组上，拖牵器通过抱索器联于运载索上，拖牵器的托座托住滑雪者的臀部向上牵引，实现拖载乘客的目的。 （2）工作特点是：①投资成本低，结构简单，操作人员少。②操作方便，便于维护。③中途可随时上下。④不能与滑雪道交叉，对地形要求较高。⑤乘客必须穿戴滑雪板等用具

📝 考点9　游乐设施基础知识

序号	项目	内容
1	游乐设施特点	（1）机构复杂，运动方式多样。 （2）载荷变化范围较大。 （3）速度、加速度较大，运动方向变化急剧。 （4）存在许多偶发的危险因素。 （5）使用环境、对象复杂。 （6）安全装置可靠性要求高
2	游乐设施分类	（1）转马类。 （2）陀螺类。 （3）飞行塔类。 （4）自控飞机类。 （5）观览车类。 （6）滑行车类。 （7）架空游览车类。 （8）小火车类。 （9）赛车类。 （10）滑道类。

续表

序号	项目	内容
2	游乐设施分类	(11) 碰碰车类。 (12) 水上游乐设施。 (13) 无动力类
3	游乐设施现场工作条件	室外游乐设施在暴风雨等危险的天气条件下不得操作和使用。 高度超过20m的游乐设施在风速大于15m/s时，必须停止运行

第二节　特种设备事故的类型

考点1　锅炉事故

一、锅炉事故的特点、发生原因及应急措施

序号	项目	内容
1	特点	(1) 易造成事故，且事故种类呈现形式多样。 (2) 一旦发生故障，造成损失严重。 (3) 发生爆炸，将摧毁设备和建筑物，造成人身伤亡
2	发生原因	(1) 超压运行。如安全阀、压力表等安全装置失灵，或者在水循环系统发生故障，造成锅炉压力超过许可压力，严重时会发生锅炉爆炸。 (2) 超温运行。由于烟气流差或燃烧工况不稳定等原因，使锅炉出口气温过高、受热面温度过高，造成金属烧损或发生爆管事故。 (3) 锅炉水位过低会引起严重缺水事故；锅炉水位过高会引起满水事故，长时间高水位运行，还容易使压力表管口结垢而堵塞，使压力表失灵而导致锅炉超压事故。 (4) 水质管理不善。锅炉水垢太厚，又未定期排污，会使受热面水侧积存泥垢和水垢，热阻增大，而使受热面金属烧坏；给水中带有油质或给水呈酸性，会使金属壁过热或腐蚀；碱性过高，会使钢板产生苛性脆化。 (5) 水循环被破坏。结垢会造成水循环被破坏；锅炉碱度过高，锅筒水面起泡沫、汽水共腾易使水循环遭到破坏。水循环被破坏，锅内的水况紊乱，有的受热面管子将发生倒流或停滞，或者造成"汽塞"，在停滞水流的管子内产生泥垢和水垢堵塞，从而烧坏受热面管子或发生爆炸事故。 (6) 违章操作。锅炉工的误操作，错误的检修方法和不对锅炉进行定期检查等都可能导致事故的发生
3	应急措施	(1) 司炉人员应立即判断和查明事故原因，进行事故处理。发生重大事故和爆炸事故时启动应急预案，保护现场，并及时报告有关领导和监察机构。 (2) 发生爆炸事故，躲避爆炸物和高温水、汽，尽快将人员撤离现场。 (3) 发生锅炉重大事故时，要停止供给燃料和送风，减弱引风；熄灭和清除炉膛内的燃料，注意不能向炉膛浇水灭火，而用黄砂或湿煤灰将红火压灭；打开炉门、灰门、烟风道闸门等，以冷却炉子；切断锅炉同蒸汽总管的联系，打开锅筒上放空排放或安全阀以及过热器出口集箱和疏水阀；向锅炉内进水、放水，以加速锅炉的冷却；严重缺水事故时，切勿向锅炉内进水

二、锅炉爆炸事故

序号	类别	主要原因
1	水蒸气爆炸	发生在锅筒,锅筒破裂,高于标准沸点的饱和水瞬间汽化
2	超压爆炸	安全阀、压力表不齐全、损坏或装设错误,操作人员擅离岗位或放弃监视责任,关闭或关小出汽通道,无承压能力的生活锅炉改作承压蒸汽锅炉
3	缺陷导致爆炸	锅炉主要承压部件出现裂纹、严重变形、腐蚀、组织变化等情况,导致主要承压部件丧失承载能力,突然大面积破裂爆炸
4	严重缺水导致爆炸	给严重缺水的锅炉上水,往往酿成爆炸事故。长时间缺水干烧的锅炉也会爆炸。缺水情况是严禁加水的,应立即停炉

三、锅炉缺水事故

序号	项目	内容
1	事故判断与现象	锅炉水位低于水位表最低安全水位刻度线。 现象是水位表内往往看不到水位,表内发白发亮
2	后果	严重缺水会使锅炉蒸发受热面管子过热变形甚至烧塌,胀口渗漏,胀管脱落,受热面钢材过热或过烧,降低或丧失承载能力,管子爆破,炉墙损坏。甚至会导致锅炉爆炸
3	原因	(1) 运行人员对水位监视不严;操作人员放弃了对水位及其他仪表的监视。 (2) 水位表故障造成假水位。 (3) 水位报警器或给水自动调节器失灵。 (4) 给水设备或给水管路故障。 (5) 操作人员排污后忘记关排污阀,或排污阀泄漏。 (6) 水冷壁、对流管束或省煤器管子爆破漏水
4	处理	(1) 通过"叫水"判断是轻微缺水还是严重缺水。 ①"叫水"操作方法:打开水位表的放水旋塞冲洗汽连管及水连管,关闭水位表的汽连接管旋塞,关闭放水旋塞。适用:一般只适用于相对容水量较大的小型锅炉,不适用于相对容水量很小的电站锅炉或其他锅炉。 ②此时水位表中有水位出现,则为轻微缺水;通过"叫水"水位表内仍无水位出现,说明水位已降到水连管以下甚至更严重,属于严重缺水。 (2) 酌情处理: ①轻微缺水时,可以立即向锅炉上水,使水位恢复正常。 ②严重缺水时,必须紧急停炉

四、锅炉满水事故

序号	项目	内容
1	事故判断	锅炉水位高于水位表最高安全水位刻度线。 现象是水位表内也往往看不到水位,但表内发暗
2	后果	降低蒸汽品质,损害以致破坏过热器

序号	项目	内容
3	事故原因	(1) 运行人员对水位监视不严、擅离职守。 (2) 水位表故障、造成假水位。 (3) 水位报警器及给水自动调节器失灵
4	事故处理	(1) 冲洗水位表，检查有无故障。 (2) 确认满水，立即关闭给水阀停止向锅炉上水，启用省煤器再循环管路，减弱燃烧，开启排污阀及过热器、蒸汽管道上的疏水阀。 (3) 待水位恢复正常后，关闭排污阀及各疏水阀。 (4) 查清事故原因并予以消除，恢复正常运行

五、汽水共腾事故

序号	项目	内容
1	事故判断	锅炉蒸发表面（水面）汽水共同升起，产生大量泡沫并上下波动翻腾，水位表看不清水位线
2	后果	降低蒸汽品质，造成过热器结垢及水击振动，损坏过热器或影响用汽设备的安全运行
3	事故原因	(1) 锅水品质太差。 (2) 负荷增加，压力降低过快
4	事故处理	(1) 减弱燃烧力度，降低负荷，关小主汽阀。 (2) 加强蒸汽管道和过热器的疏水。 (3) 全开连续排污阀，并打开定期排污阀放水，同时上水，以改善锅水品质。 (4) 待水质改善、水位清晰时，可逐渐恢复正常运行

六、锅炉爆管事故

序号	项目	内容
1	事故判断	锅炉蒸发受热面管子在运行中爆破，包括水冷壁、对流管束管子爆破及烟管爆破
2	破裂后现象	有爆破声，随之水位降低，蒸汽及给水压力下降，炉膛或烟道中有汽水喷出的声响，负压减小，燃烧不稳定，给水流量明显地大于蒸汽流量
3	事故原因	(1) 水质不良、管子结垢并超温爆破。 (2) 水循环故障。 (3) 严重缺水。 (4) 制造、运输、安装中管内落入异物。 (5) 烟气磨损导致管壁减薄。 (6) 运行或停炉的管壁因腐蚀而减薄。 (7) 管子膨胀受阻碍，由于热应力造成裂纹。 (8) 吹灰不当造成管壁减薄。 (9) 管路缺陷或焊接缺陷在运行中发展扩大
4	事故处理	紧急停炉修理

七、省煤器损坏

序号	项目	内容
1	事故后果	给水流量不正常的大于蒸汽流量,水位下降、过热蒸汽温度上升,烟道潮湿或漏水,排烟温度下降,烟气阻力增大,引风机电流增大
2	事故原因	(1) 烟速过高或烟气含灰量过大,飞灰磨损严重。 (2) 给水品质不符合要求,特别是未进行除氧,管子水侧被严重腐蚀。 (3) 省煤器出口烟气温度低于其酸露点,在省煤器出口段烟气侧产生酸性腐蚀。 (4) 材质缺陷或制造安装时的缺陷导致破裂。 (5) 水击或炉膛、烟道爆炸剧烈振动省煤器并使之损坏等
3	事故处理	检修(能经直接上水管、旁通烟道,可不停炉)

八、过热器损坏

序号	项目	内容
1	事故后果	蒸汽流量下降,且不正常地小于给水流量;过热蒸汽温度上升,压力下降;过热器附近有明显声响,炉膛负压减小,过热器后的烟气温度降低
2	事故原因	(1) 锅炉满水、汽水共腾或汽水分离效果差而造成过热器内进水结垢,导致过热爆管。 (2) 受热偏差或流量偏差使个别过热器管子超温而爆管。 (3) 启动、停炉时对过热器保护不善而导致过热爆管。 (4) 工况变动(负荷变化、给水温度变化、燃料变化等)使过热蒸汽温度上升,造成金属超温爆管。 (5) 材质缺陷或材质错用(如在需要用合金钢的过热器上错用了碳素钢)。 (6) 制造或安装时的质量问题,特别是焊接缺陷。 (7) 管内异物堵塞。 (8) 被烟气中的飞灰严重磨损。 (9) 吹灰不当,损坏管壁等
3	事故处理	停炉修理

九、水击事故

序号	项目	内容
1	事故机理与现象	水在管道中流动时,因速度突然变化导致压力突然变化,形成压力波并在管道中传播的现象,可引起猛烈振动和声响
2	事故后果	造成管道、法兰、阀门损坏
3	事故原因	(1) 给水管道:管道阀门关闭或开启过快造成的。 (2) 省煤器:水汽化遇到温度较低的(未饱和)水相遇发生冷凝,形成低压区;阀门突然开闭过快。 (3) 过热器:发生在满水、汽水共腾后,蒸汽管道中出现了水,水使部分蒸汽降温甚至冷凝,形成压力降低区,蒸汽携水向压力降低区流动,使水速突然变化。

续表

序号	项目	内容
3	事故原因	(4) 锅筒：上锅筒内水位低于给水管出口而给水温度又较低时，大量低温进水造成蒸汽凝结，使压力降低；下锅筒内采用蒸汽加热时，进汽太快，迅速冷凝形成低压区
4	事故处理	(1) 给水管道和省煤器管道的阀门启闭不应过于频繁，开闭速度要缓慢。 (2) 控制出口水温度，使之低于同压力下的饱和温度40℃。 (3) 防止满水、汽水共腾事故，暖管之前疏水。 (4) 上锅筒进水、下锅筒进汽速度应缓慢

十、炉膛爆炸事故

序号	项目	内容
1	事故发生条件	(1) 燃料游离于炉膛中。 (2) 燃料和空气混合物达到爆燃的浓度。 (3) 有点火能源
2	发生锅炉类型	燃油、燃气、燃煤粉的锅炉
3	事故原因	(1) 在设计上缺乏可靠的点火装置、可靠的熄火保护装置及联锁、报警和跳闸系统，炉膛及刚性梁结构抗爆能力差，制粉系统及燃油雾化系统有缺陷。 (2) 在运行过程中操作人员误判断、误操作。采用"爆燃法"点火而发生爆炸。还有因烟道闸板关闭而发生炉膛爆炸事故
4	预防措施	(1) 装设可靠的炉膛安全保护装置，如防爆门、炉膛火焰和压力检测装置，联锁、报警、跳闸系统及点火程序，熄火程序控制系统。 (2) 提高炉膛及刚性梁的抗爆能力。 (3) 加强使用管理，提高司炉工人技术水平。 (4) 在启动锅炉点火时要认真按操作规程进行点火，严禁采用"爆燃法"，点火失败后先通风吹扫5～10min后才能重新点火；在燃烧不稳、炉膛负压波动较大时，如除大灰、燃料变更、制粉系统及雾化系统发生故障，低负荷运行时应精心控制燃烧，严格控制负压

十一、尾部烟道二次燃烧

序号	项目	内容
1	主要发生部位	燃油锅炉
2	事故后果	将空气预热器、省煤器破坏
3	引起尾部烟道二次燃烧的条件	在锅炉尾部烟道上有可燃物堆积下来，并达到一定的温度，有一定量的空气可供燃烧
4	事故原因	(1) 可燃物在尾部烟道积存。 (2) 保持一定空气量
5	预防措施	提高燃烧效率，尽可能减少不完全燃烧损失，减少锅炉的启停次数；加强尾部受热面的吹灰；保证烟道各种门孔及烟气挡板的密封良好；应在燃油锅炉的尾部烟道上装设灭火装置

十二、锅炉结渣

序号	项目	内容
1	结渣结果	（1）降低锅炉的出力和效率。 （2）造成水循环故障。 （3）使过热器金属超温。 （4）严重造成被迫停炉
2	结渣原因	煤的灰渣熔点低，燃烧设备设计不合理，运行操作不当等
3	预防措施	（1）在设计上要控制炉膛燃烧热负荷；合理设计炉膛形状，正确设置燃烧器；控制水冷壁间距，把炉膛出口处受热面管间距拉开；炉排两侧装设防焦集箱等。 （2）在运行上避免超负荷运行；控制火焰中心位置，避免火焰偏斜和火焰冲墙；合理控制过量空气系数和减少漏风。 （3）对沸腾炉和层燃炉，要控制送煤量，均匀送煤，及时调整燃料层和煤层厚度。 （4）发现锅炉结渣要及时清除

考点2 压力容器事故

一、压力容器事故概要

序号	项目	内容
1	特点	（1）发生爆炸事故后，事故设备被毁，还波及周围的设备、建筑和人群。 （2）发生爆炸、撕裂等重大事故后，有毒物质的大量外溢造成人畜中毒的恶性事故；而可燃性物质的大量泄漏，还会引起重大的火灾和二次爆炸事故
2	发生原因	（1）结构不合理、材质不符合要求、焊接质量不好、受压元件强度不够以及其他设计制造方面的原因。 （2）安装不符合技术要求，安全附件规格不对、质量不好，以及其他安装、改造或修理方面的原因。 （3）在运行中超压、超负荷、超温，违反劳动纪律、违章作业、超过检验期限没有进行定期检验、操作人员不懂技术，以及其他运行管理不善方面的原因
3	应急措施	（1）发生超压超温时切断进汽阀门；对于反应容器停止进料；对于无毒非易燃介质，要打开放空管排汽；对于有毒易燃易爆介质要打开放空管，将介质通过接管排至安全地点。 （2）超温引起超压，除采取上述措施外，还要通过水喷淋冷却以降温。 （3）发生泄漏时，要马上切断进料阀门及泄漏处前端阀门。 （4）本体泄漏或第一道阀门泄漏时，要根据容器、介质不同使用专用堵漏技术和堵漏工具进行堵漏。 （5）易燃易爆介质泄漏时，要对周边明火进行控制，切断电源，严禁一切用电设备运行，并防止静电产生

二、压力容器爆炸事故及危害

序号	项目		内容
1	压力容器爆炸		分为物理爆炸和化学爆炸。 （1）物理爆炸是容器内高压气体迅速膨胀并以高速释放内在能量。 （2）化学爆炸是容器内的介质发生化学反应，释放能量生成高压、高温，其爆炸危害程度往往比物理爆炸严重
2	压力容器爆炸的危害	冲击波及其破坏作用	冲击波超压会造成人员伤亡和建筑物的破坏。压力容器因严重超压而爆炸时，其爆炸能量远大于按工作压力估算的爆炸能量，破坏和伤害情况也严重得多
3		爆破碎片的破坏作用	压力容器破裂爆炸时，高速喷出的气流可将壳体反向推出，有些壳体破裂成块或片向四周飞散。这些具有较高速度或较大质量的碎片，在飞出过程中具有较大的动能，会造成较大的危害。 碎片还可能损坏附近的设备和管道，引起连续爆炸或火灾
4		介质伤害	主要是有毒介质的毒害和高温蒸汽的烫伤。在压力容器所盛装的液化气体中有很多是毒性介质，如液氨、液氯、二氧化硫、二氧化氮、氢氟酸等。盛装这些介质的容器破裂时，大量液体瞬间气化并向周围大气扩散，会造成大面积的毒害，不但造成人员中毒，致死致病，也严重破坏生态环境，危及中毒区的动植物。 其他高温介质泄放气化会灼烫伤害现场人员
5		二次爆炸及燃烧危害	当容器所盛装的介质为可燃液化气体时，容器破裂爆炸在现场形成大量可燃蒸气，并迅即与空气混合形成可爆性混合气，在扩散中遇明火即形成二次爆炸。 可燃液化气体容器的这种燃烧爆炸，常使现场附近变成一片火海，造成严重的后果
6		压力容器快开门事故危害	快开门式压力容器开关盖频繁，在容器泄压未尽前或带压下打开端盖，以及端盖未完全闭合就升压，极易造成快开门式压力容器爆炸事故

三、压力容器泄漏事故及危害

序号	项目		内容
1	压力容器泄漏		压力容器的元件开裂、穿孔、密封失效等造成容器内的介质泄漏的现象
2	压力容器泄漏的危害	有毒介质伤害	（1）毒性介质从容器破裂处泄漏，大量液体瞬间气化并扩散，会造成大面积的毒害，造成人员中毒，破坏生态环境。 （2）有毒介质由容器泄放气化后，体积增大 $100\sim250$ 倍。 （3）所形成的毒害区的大小及毒害程度，取决于容器内有毒介质的质量、容器破裂前的介质温度和压力、介质毒性
3		爆炸及燃烧危害	容器盛装的是可燃介质时，这些介质会从容器破裂处泄漏，液化气会瞬间气化，在现场形成大量可燃气体，并迅即与空气混合，达到爆炸极限时，遇明火即会造成空间爆炸。未达到爆炸极限，遇明火即会形成燃烧，此时的燃烧往往会造成周边的容器产生爆炸，进而造成严重的后果
4		高温灼烫伤	主要是高温介质泄放气化灼烫伤害现场人员，如高温蒸汽的烫伤等

四、压力容器事故的预防

为防止压力容器发生爆炸、泄漏事故，应采取下列措施：

（1）在设计上，应采用合理的结构，如采用全焊透结构、能自由膨胀等，避免应力集中、几何突变。针对设备使用工况，选用塑性、韧性较好的材料。强度计算及安全阀排量计算符合标准。

（2）制造、修理、安装、改造时，加强焊接管理，提高焊接质量并按规范要求进行热处理和探伤；加强材料管理，避免采用有缺陷的材料或用错钢材、焊接材料。

（3）在压力容器的使用过程中，加强管理，避免操作失误、超温、超压、超负荷运行、失检、失修、安全装置失灵等。

（4）加强检验工作，及时发现缺陷并采取有效措施。

（5）在压力容器的使用过程中，发生下列异常现象时，应立即采取紧急措施，停止容器的运行：①超温、超压、超负荷时，采取措施后仍不能得到有效控制。②容器主要受压元件发生裂纹、鼓包、变形等现象。③安全附件失效。④接管、紧固件损坏，难以保证安全运行。⑤发生火灾、撞击等直接威胁压力容器安全运行的情况。⑥充装过量。⑦压力容器液位超过规定，采取措施仍不能得到有效控制。⑧压力容器与管道发生严重振动，危及安全运行。

考点 3　压力管道事故

一、压力管道事故特点

（1）压力管道系统在运行过程中，经常会由于密封元件损坏、管道元件腐蚀穿孔、焊接或结构缺陷、过量变形等出现泄漏。

（2）压力管道在运行中由于物理原因的超压、过热，或者异常化学反应的压力、温度的急剧升高，而超出管道元件可以承受的压力，或腐蚀、磨损，而造成管道元件承受能力下降到不能承受正常压力的程度，发生爆炸、撕裂等事故。

（3）压力管道本体发生爆炸，或者泄漏的易燃易爆介质爆炸，不但事故设备毁坏和操作人员伤亡，而且还波及周围的设施和人员。其爆炸所产生的碎片，以及产生的巨大冲击波，破坏力与杀伤力极大。

（4）压力管道发生泄漏、爆炸、撕裂后，有毒物质的大量外溢会造成人畜中毒的恶性事故；而可燃性物质的大量泄漏，还会引起重大火灾和二次爆炸事故，后果也十分严重。

（5）对于长距离输送管道来说，管道断裂，尤其是高压输气管道的断裂，造成的危害是非常严重的。

二、压力管道事故发生原因

序号	项目	具体原因
1	随时间逐渐发展的缺陷导致的原因	（1）腐蚀减薄。于介质和外部环境对管道元件产生腐蚀，会使管道整体或局部壁厚减薄，承载能力下降，而造成管道元件的破坏。

序号	项目	具体原因
1	随时间逐渐发展的缺陷导致的原因	（2）冲刷磨损。介质对管壁的长期冲刷，造成管壁厚度的减薄。介质流速越大，冲蚀越严重；介质硬度越大，颗粒度越大，冲蚀越严重；在流动方向改变的区域和管道直径变化的区域，如弯头、三通、变径管件等，冲刷磨损越严重。 （3）开裂。而裂纹是压力管道最危险的一种缺陷，是导致管道脆性破坏的主要原因。管道裂纹来源途径：①管材制造和管道安装中产生的裂纹；②管道系统使用中产生或扩展的裂纹。前者是管材轧制裂纹、焊接裂纹和应力裂纹，后者是腐蚀裂纹、疲劳裂纹和蠕变裂纹。其中腐蚀裂纹是腐蚀性介质在一定压力、温度条件下，对材料造成腐蚀而逐渐形成的一种裂纹，常见的有应力腐蚀裂纹和晶间腐蚀裂纹。 （4）材质劣化。管道材料在压力、温度、介质的作用下，其金相组织发生变化，造成材料性能下降，导致管道破坏。 （5）变形。由于不合理的结构，或者长期超温、过载运行，其应力导致管道在某些部位产生很大的反力和反力矩，或者管系振动导致管道超出允许振动控制范围，致使管道系统发生结构形状改变，使得局部管道元件失效破坏，严重时管道系统可能发生整体坍塌
2	设计制造原因	（1）设计原因：管系设计结构布置不合理，材料选用不符合要求，阀门和管件选型错误，应力分析失误，受压元件强度不够等。 （2）制造原因：原材料中的原始缺陷，焊接结构中的裂纹、气孔等焊接缺陷，管件制造过程中过度减薄和变形，阀门密封结构和操作机构不可靠等
3	安装质量原因	安装不符合技术要求，材料混用，焊接质量低劣，存在未焊透、未熔合、夹渣、气孔，甚至裂纹等缺陷，未按规定进行无损检测，弯管加工造成管内皱褶、变形超标，密封元件安装质量差，安全附件规格错误等
4	与时间无关，具有一定随机性的原因	违章作业，超过检验期限没有进行定期检验，操作人员不懂技术而进行误操作，第三方破坏，气候、外力作用等

三、压力管道事故应急措施

序号	项目	内容
1	应采取紧急措施的情况	（1）介质压力、温度超过材料允许的使用范围且采取措施后仍不见效。 （2）管道及管件发生裂纹、鼓包、变形、泄漏或异常振动、声响等。 （3）安全保护装置失效。 （4）发生火灾等事故且直接威胁正常安全运行。 （5）管道的阀门及监控装置失灵，危及安全运行
2	管道泄漏的紧急处理	（1）迅速关断管道上的阀门，以隔断泄漏管段，限制事故扩大，并应立即采取措施对泄漏点进行紧急处理。 （2）对泄漏点进行紧急处理时，要区分承插式接头泄漏、砂眼泄漏、裂纹造成泄漏、管子泄漏等不同情况，采取相应的紧急处理方式。 （3）带压堵漏。 ①带压堵漏技术包括夹具设计、密封剂选择、堵漏操作和专用工具使用等关键环节。 ②不能采取带压堵漏技术处理的情况：毒性极大的介质管道；管道受压元件因裂纹而产生泄漏；管道腐蚀、冲刷壁厚状况不清；由于介质泄漏使螺栓承受高于设计使用温度的管道；泄漏特别严重，压力高、介质易燃易爆或有腐蚀性的管道；现场安全措施不符合要求的管道

四、管道焊接缺陷造成破坏的事故原因及预防

序号	项目	内容
1	事故原因	此类破坏是由于管道系统中的焊接缺陷造成的。由于制造施工质量的管理混乱，造成压力管道系统中存在大量焊接缺陷，这些缺陷在管道运行中会逐渐扩展，扩展到一定程度，当管道元件不能承受正常载荷时，产生破断，造成泄漏事故，严重的造成爆炸事故
2	预防措施	（1）制造、修理、安装、改造时，加强焊接管理，完善焊接质量管理体系： ①施焊前应进行焊接工艺评定，按照评定合格的焊接工艺编制焊接作业指导书。 ②施焊的焊工必须考试合格，持有相应项目的资格。 ③加强材料管理，避免采用有缺陷的材料或用错钢材、焊接材料。 ④施焊中严格执行焊接工艺要求，并按规范要求进行热处理。 ⑤严格按照要求进行无损探伤。 （2）在压力管道运行中，加强管理，避免操作失误、超温、超压运行等。 （3）加强检验工作，及时发现缺陷并采取有效措施

五、管系振动破坏的事故原因及预防

序号	项目	内容
1	事故原因	管道振动最常见的振源是机器的振动和管道内流体的不稳定流动引起的振动。管道内介质的不稳定流动的原因有：管道中阀门的突然关闭或打开，使得流体流动速度突然改变，对管系产生很大的冲击力引起振动；介质自身是气液两相状态，其形态复杂，形成多种流型，在流动方向和管径变化处产生冲击力引起振动；管道设计布置不合理，使得管道内流体存在过大的压力波动，压力波动很大的流体流经弯管、三通、阀门等处时，对管道的作用力造成更大的变化引起振动。 这些振动：一是会增加管道系统的交变载荷，使得未按疲劳设计的管道元件承受交变载荷而破坏；二是有可能造成管道之间的振动摩擦，导致管道元件减薄或出现其他缺陷而破坏；三是长期振动造成管道支承件损坏而使得管道系统发生变形而破坏
2	预防措施	（1）避免管道结构固有频率、管道内气柱固有频率与压缩机、机泵的激振频率相等而形成共振。 （2）减轻气液两相流的激振力。提高管道隔热设计要求，缩短管道长度，适当降低管道内流体流速，使相变过程不过分激烈，减少液化的气体；设计选择适当的管道内流速，避免形成液节流；采用较大弯曲半径的弯头，减小弯头两端的流体质量差值。 （3）加强支架刚度。两相流的不稳定性质，必然要产生对管道的激振力。可以通过提高管道支承刚度，提高管道的抗振能力。或者改变支架的设置，改变管道自振频率避开共振

六、液击破坏的事故原因及预防

序号	项目	内容
1	事故原因	液体速度的变化使液体的动量改变，反映在管道内的压强迅速上升或下降，并伴有液体锤击的声音，这种现象叫液击，也称为水锤或水击。

续表

序号	项目	内容
1	事故原因	液击对管道的危害是很大的，造成管道内压力的变化十分剧烈，突然的严重升压可使管子破裂，迅速降压形成管内负压，可能使管子失稳而破坏。液击还常导致管道振动、噪声，严重影响管道系统的正常运行
2	预防措施	(1) 装置开停和生产调节过程中，尽量缓慢开闭阀门。 (2) 缩短管子长度。 (3) 在管道靠近液击源附近设安全阀、蓄能器等装置，释放或吸收液击的能量。 (4) 采用具有防液击功能的阀门。这种阀门可根据特定系统要求调整快慢关角行程及快慢关闭时间。还有一种设置在管道系统中的电液伺服调节阀，当液击压力波处于上升状态时迅速开阀泄压，液击压力波为负压时迅速关闭，从而控制住液击压力波，使其不超过运行压力的 10%。 (5) 采用自控保护装置。利用管道监控与数据采集系统，实现紧急顺序自动启停泵控制，或者采用调节阀超前骤发液击波来削弱和消除液击破坏

七、疲劳破坏的事故原因及预防

序号	项目	内容
1	类型	疲劳破坏主要有爆破和泄漏两种：如果材料强度高而韧性差，疲劳裂纹产生并扩展到临界裂纹尺寸时，就会突然以极快的速度扩展而爆破；如果材料的强度较低而韧性较好，疲劳裂纹扩展到相当尺寸后，即使穿透了管壁仍未达到临界裂纹尺寸，此时管道只发生介质泄漏而不爆破
2	破坏原因	(1) 应力集中。管道几何不连续部位、焊缝附近、材料存在缺陷部位都有不同程度的应力集中，有些部位的集中应力往往要比设计应力高出几倍，完全有可能达到甚至超过材料的屈服极限。反复的加载和卸载，将会使受力最大的晶粒产生塑性变形并逐渐发展成微小裂纹。随着应力的周期性变化，裂纹逐步扩展，最后导致破裂。 (2) 载荷的反复作用。管道上反复作用的载荷主要由运行中压力的波动、强迫振动和周期性的外载荷所引起。交变的压力载荷对疲劳的影响最大。转动设备引起的机械振动，会传递给与之相连接的配管系统，如果配管系统无法将其吸收转移，就会在连接部位产生较大的振动而产生疲劳。 (3) 温度的变化。管道在受热或冷却过程中，被约束和固定而不能自由地膨胀和收缩使管道承受载荷，相连管道因不同材料的膨胀系数不同而产生的载荷，以及管道温度急剧变化或温度分布不均匀而在管壁中产生的温差应力载荷等，都直接影响到管道的抗疲劳性能
3	预防措施	(1) 选用合适的抗疲劳材料。压力管道的疲劳破坏多属于低周高应力破坏，而低周高应力疲劳取决于材料的塑性应变能力。低碳钢、碳锰钢具有较好的塑性应变能力，同时又具有抗低周疲劳破坏的特性，高强钢则与之相反。 (2) 管道系统设计时需做疲劳分析。 (3) 考虑结构的抗疲劳性能。管系结构设计应尽可能消除和减少应力集中，如优化管道布置；合理采取固定措施；在振动较大的设备附近设置缓冲装置以吸收振动；对由温度产生的载荷和变形，采用补偿装置等补偿办法，补偿器能够吸收管道因安装或热胀冷缩产生的巨大应力。

续表

序号	项目	内容
3	预防措施	（4）制造及安装时应注意的问题。严把材料质量关，杜绝冶金和轧制质量低劣、均匀度差、有缺陷的管件成为疲劳裂纹的根源；安装施工时保持管道表面完好，避免弧坑、焊疤、碰撞、腐蚀等表面损伤；提高焊接质量，严格进行焊缝无损检测，防止裂纹、未焊透、未熔合等严重缺陷残留；保证焊缝表面质量，控制焊缝余高、角焊缝的过渡圆角、过渡半径，避免焊缝咬边、尖角等。 （5）加强定期检验。按期进行定期检验，并在定期检验中注意应力集中部位的检查和探伤，及时发现消除缺陷

八、蠕变破坏的事故原因及预防

序号	项目	内容
1	破坏原因	在一定的高温环境下，即使钢所受到的拉应力低于该温度下的屈服强度，也会随时间的延长而发生缓慢持续的伸长，即发生钢的蠕变现象。材料长期发生蠕变，使得性能下降或产生蠕变裂纹，最终造成破坏失效。 蠕变失效的特征： （1）蠕变断口可能因长期在高温下被氧化或腐蚀，表面被氧化层或其他腐蚀物覆盖。 （2）宏观上还有一个重要特征，即因长期蠕变，致使管道在直径方向有明显的变形，并伴有许多沿径线方向的小蠕变裂纹，甚至出现表面龟裂，或穿透壁厚而泄漏，或引起破裂事故。 常见的管道蠕变断裂包括：管道焊缝熔合线处蠕变开裂；运行中管道沿轴向开裂；三通焊缝部位蠕变失效
2	预防措施	（1）根据使用温度选用合适的材料，并按材料的使用温度和相应寿命蠕变极限选取许用应力。 （2）合理设计管系布置和结构。蠕变破坏部位常位于弯头、三通焊缝等高拉伸应力区域和承受弯曲应力、支撑不良、布置不合理的管道端部。 （3）严格控制焊接工艺和热处理。焊接产生的缺陷，焊接热影响区组织和性能的变化，冷弯等加工变形对组织和性能的影响等，都会导致蠕变性能下降。 （4）严格执行操作规程，杜绝超温超压运行，并加强检查，避免因局部过热而导致蠕变破坏。 （5）加强定期检验。按期进行定期检验，并在定期检验中重点检查设置的监察管段的变化情况，进行必要的化学分析、金相分析，必要时应在管路中设置可拆卸管段以供检验分析取样和破坏性检验

九、其他典型压力管道事故

序号	事故类别	内容
1	地质灾害造成长输油气管道破坏	长输油气管道经常途经自然地质灾害严重的区域，如地震断裂带、煤矿采空区、山体滑坡区、黄土冲沟区等，地震、泥石流、塌陷和洪水冲击等易对管道造成破坏。因洪灾、暴雨、滑坡造成的管线爆管、悬空、露管、护坡堡坎垮塌事故频繁发生

序号	事故类别	内容
2	管道第三方破坏	第三方破坏会危害油气管道的安全平稳运行，是油气管道失效的主要因素之一
3	长输管道腐蚀破坏	腐蚀是长输管线事故的主要原因。 （1）长输管道的内腐蚀是其输送介质的本身，或者在温度、压力的共同作用下对管道内壁产生的腐蚀，按照腐蚀破坏的特征分为局部腐蚀和全面腐蚀。 （2）埋地管道的外腐蚀是威胁管道完整性的主要因素之一。减缓埋地管道外腐蚀的主要方法是防腐层和阴极保护，长输管道一般采用防腐层和阴极保护联合进行保护。 （3）大气腐蚀主要在海边或工业区，主要对象为跨越段和露管段。金属材料的大气腐蚀机制主要是材料受大气中所含的水分、氧气和腐蚀性介质的联合作用而引起的破坏。 作为管线腐蚀寿命预测的重点对象：影响管线安全运营相对薄弱的区段、腐蚀发展速度较快的管段、环境土壤腐蚀性较强的管段、间接检测过程中发现问题较多的管段

考点4 起重机械事故

一、起重机械事故特点

（1）事故大型化、群体化。

（2）事故类型集中。

（3）事故后果严重。

（4）伤害涉及的人员可能是司机、司索工和作业范围内的其他人员，其中司索工被伤害的比例最高。

（5）在安装、维修和正常起重作业中都可能发生事故，其中，起重作业中发生的事故最多。

（6）事故高发行业中，建筑、冶金、机械制造和交通运输等行业较多，与这些行业起重设备数量多、使用频率高、作业条件复杂有关。

（7）重物坠落是各种起重机共同的易发事故；汽车起重机易发生倾翻事故；塔式起重机易发生倒塔折臂事故；室外轨道起重机在风载作用下易发生脱轨翻倒事故；大型起重机易发生安装事故等。

二、起重机械事故发生原因

序号	项目	内容
1	发生原因	主要包括人的因素、设备因素和环境因素等几个方面，其中人的因素主要是由于管理者或使用者心存侥幸、省事和逆反等心理原因从而产生非理智行为；物的因素主要是由于设备未按要求进行设计、制造、安装、维修和保养，特别是未按要求进行检验，带"病"运行，从而埋下安全隐患

序号	项目		内容
2		重物坠落	吊具或吊装容器损坏、物件捆绑不牢、挂钩不当、电磁吸盘突然失电、起升机构的零件故障（特别是制动器失灵，钢丝绳断裂）等都会引发重物坠落。上吨重的吊载意外坠落，或起重机的金属结构件破坏、坠落，都可能造成严重后果
3		起重机失稳倾翻	起重机失稳类型：一是由于操作不当（如超载、臂架变幅或旋转过快等）、支腿未找平或地基沉陷等原因使倾翻力矩增大，导致起重机倾翻；二是由于坡度或风载荷作用，使起重机沿路面或轨道滑动，导致脱轨翻倒
4	占比例较大的起重机械事故起因	金属结构的破坏	金属结构的破坏常常会导致严重伤害，甚至群死群伤的恶果
5		挤压	起重机轨道两侧缺乏良好的安全通道或与建筑结构之间缺少足够的安全距离，使运行或回转的金属结构机体对人员造成夹挤伤害；运行机构的操作失误或制动器失灵引起溜车，造成碾压伤害等
6		高处跌落	人员在离地面大于2m的高度进行起重机的安装、拆卸、检查、维修或操作等作业时，从高处跌落造成的伤害
7		触电	起重机在输电线附近作业时，其任何组成部分或吊物与高压带电体距离过近，感应带电或触碰带电物体，都可以引发触电伤害
8		其他伤害	是指人体与运动零部件接触引起的绞、碾、戳等伤害；液压起重机的液压元件破坏造成高压液体的喷射伤害；飞出物件的打击伤害；装卸高温液体金属、易燃易爆、有毒、腐蚀等危险品，由于坠落或包装捆绑不牢破损引起的伤害等

三、起重机械事故应急措施

（1）倾翻事故：应及时通知有关部门和起重机械制造、维修单位维保人员到达现场，进行施救。当有人员被压埋在倾倒起重机下面时，应先切断电源，采取千斤顶、起吊设备、切割等措施，将被压人员救出，在实施处置时，必须指定一名有经验的人员进行现场指挥，并采取警戒措施，防止倒塌、挤压事故的再次发生。

（2）火灾：应采取措施施救被困在高处无法逃生的人员，并应立即切断起重机械的电源开关，防止电气火灾的蔓延扩大；灭火时，应防止二氧化碳等中毒窒息事故的发生。

（3）触电事故：切断电源，对触电人员应进行现场救护，预防因电气而引发火灾。

（4）高处坠落事故：应采取相应措施防止再次发生事故。

（5）货物被困轿厢：通知维保单位，维保单位不能很快到达的，由取得特种设备作业人员证书的作业人员，依照规定步骤释放货物

四、典型起重机械事故中的重物坠落事故

序号	项目	内容
1	脱绳事故	造成此类事故的主要原因有：重物的捆绑方法与要领不当；吊装重心选择不当，造成偏载起吊或吊装中心不稳；吊载遭到碰撞、冲击而摇摆不定

续表

序号	项目	内容
2	脱钩事故	造成此类事故的主要原因有：吊钩缺少护钩装置；护钩保护装置机能失效；吊装方法不当，吊装钩口变形引起开口过大
3	断绳事故	造成起升绳破断的主要原因有：超载起吊拉断钢丝绳；起升限位开关失灵造成过卷拉断钢丝绳；斜吊、斜拉造成乱绳挤伤切断钢丝绳；钢丝绳因长期使用又缺乏维护保养；达到或超过报废标准仍然使用
4		造成吊装绳破断的主要原因有：吊钩上吊装绳夹角太大（>120°），使吊装绳上的拉力超过极限值而拉断；吊装钢丝绳品种规格选择不当，或仍使用已达到报废标准的钢丝绳捆绑吊装重物，造成吊装绳破断；吊装绳与重物之间接触处无垫片等保护措施，造成棱角割断钢丝绳
5	吊钩断裂事故	造成此类事故的主要原因有：吊钩材质有缺陷；吊钩因长期磨损，使断面减小却仍然使用或经常超载使用。 注意：卷筒上的极限安全圈最少2圈以上，有下降限位保护

五、典型起重机械事故中的挤伤事故

序号	项目		内容
1	概念		在起重作业中，作业人员被挤压在两个物体之间，造成挤伤、压伤、击伤等人身伤亡事故
2	造成此类事故的主要原因		起重作业现场缺少安全监督指挥管理人员，现场从事吊装作业和其他作业人员缺乏安全意识和自我保护措施，野蛮操作等
3	挤伤事故类别	吊具或吊载与地面物体间的挤伤事故	在车间、仓库等室内场所，地面作业人员处于大型吊具或吊载与机器设备、土建墙壁、牛腿立柱等障碍物之间的狭窄地带，在进行吊装、指挥、操作或从事其他作业时，由于指挥失误或误操作，作业人员躲闪不及被挤压在大型吊具（吊载）与各种障碍物之间，造成挤伤事故。或者由于吊装不合理，造成吊载剧烈摆动，冲撞作业人员致伤
4		升降设备的挤伤事故	电梯、升降货梯、建筑升降机的维修人员或操作人员，不遵守操作规程，发生被挤压在轿厢、吊笼与井壁、井架之间而造成挤伤的事故也时有发生
5		机体与建筑物间的挤伤事故	多发生在高空从事桥式起重机维护检修人员中，被挤在起重机端梁与支承、承轨梁的立柱或墙壁之间，或在高空承轨梁侧通道通过时被运行的起重机击伤
6		机体回转挤伤事故	多发生在野外作业的汽车、轮胎和履带起重机作业中，往往由于此类作业的起重机回转时配重部分将吊装、指挥和其他作业人员撞伤，或把上述人员挤压在起重机配重与建筑物之间致伤
7		翻转作业中的挤伤事故	从事吊装、翻转、倒个作业时，由于吊装方法不合理，装卡不牢，吊具选择不当，重物倾斜下坠，吊装选位不佳，指挥及操作人员站位不好，造成吊载失稳、吊载摆动冲击，造成翻转作业中的砸、撞、碰、挤、压等各种伤亡事故

六、典型起重机械事故中的坠落事故

序号	项目		内容
1	概念		主要是指从事起重作业的人员，从起重机机体等高空处坠落至地面的摔伤事故，也包括工具、零部件等从高空坠落，使地面作业人员受伤的事故
2	坠落事故类别	从机体上滑落摔伤事故	（1）多发生于在高空起重机上进行维护、检修作业中。 （2）检修作业人员缺乏安全意识，作业时不戴安全带，由于脚下滑动、障碍物绊倒或起重机突然启动造成晃动，使作业人员失稳从高空坠落于地面而受伤
3		机体撞击坠落事故	多发生在检修作业中，因缺乏严格的现场安全监督制度，检修人员遭到其他作业的起重机端梁或悬臂撞击，从高空坠落受伤
4		轿厢坠落摔伤事故	多发生在载客电梯、货梯或建筑升降机升降运转中，由于起升钢丝绳破断、钢丝绳固定端脱落，使乘客及操作者随轿厢、货箱一起坠落，造成人员伤亡事故
5		维修工具零部件坠落砸伤事故	在高空起重机上从事检修作业时，常常因不小心，使维修更换的零部件或维护检修工具从起重机机体上滑落，造成砸伤地面作业人员和机器设备等事故
6		振动坠落事故	这类事故不经常发生。起重机个别零部件因安装连接不牢，如螺栓未能按要求拧入一定的深度，螺母锁紧装置失效，或因年久失修个别连接环节松动，当起重机遇到冲击或振动时，就会出现因连接松动造成某一零部件从机体脱落，造成砸伤地面作业人员或砸伤机器设备的事故
7		制动下滑坠落事故	（1）产生的主要原因是起升机构的制动器性能失效，多为制动器制动环或制动衬料磨损严重而不能及时调整或更换，导致刹车失灵，或制动轴断裂，造成重物急速下滑坠落于地面，砸伤地面作业人员或机器设备。 （2）坠落事故形式较多，近些年发生的严重事故大多是吊笼、简易客货梯的坠落事故

七、典型起重机械事故中的触电事故

序号	项目		内容
1	概念		是指从事起重操作和检修作业人员，因触电而导致人身伤亡的事故
2	触电事故类别	室内作业的触电事故	（1）室内起重机的动力电源是电击事故的根源，遭受触电电击伤害者多为操作人员和电气检修作业人员。 （2）产生触电事故的原因： ①从人的因素分析：多为缺乏起重机基本安全操作规程知识、起重机基本电气控制原理知识、起重机电气安全检查要领，不重视必要的安全保护措施，如不穿绝缘鞋、不带试电笔进行电气检修等。 ②从起重机自身的电气设施角度分析：发生触电事故多为起重机电气系统及周围相应环境缺乏必要的安全保护
3		室外作业的触电事故	（1）室外作业的起重机的动力源非电力出现触电事故并不少见。 （2）产生触电事故的原因：主要是在作业现场往往有裸露的高压输电线，由于现场安全指挥监督混乱，常有自行起重机的臂架或起升钢丝绳摆动触及高压输电线，使机体连电，进而造成操作人员或吊装作业人员间接遭到高压电线中的高压电击伤

续表

序号	项目	内容
4	触电安全防护措施	（1）保证安全电压。起重机应采用低压安全操作，常采用36V安全低压。 （2）保证绝缘的可靠性。起重机电气系统的绝缘容易受环境温度、湿度、化学腐蚀、机械损伤等因素的作用而失效。必须经常用兆欧表测量检查各绝缘环节的可靠性。 （3）加强屏护保护。对起重机上的某些无法加装绝缘装置的部分，如馈电的裸露滑触线等，必须加设护栏、护网等屏护设施。 （4）严格保证配电最小安全净距。起重机电气的设计与施工必须规定出保证配电安全的合理距离。 （5）保证接地与接零的可靠性。 （6）加强漏电保护。除了在起重机电气系统中采用电压型漏电保护装置、零序电流型漏电保护装置和泄漏电流型漏电保护装置来防止漏电之外，还应设有绝缘站台（司机室采用木制或橡胶地板），规定作业人员穿戴绝缘鞋等进行操作与检修

八、典型起重机械事故中的机体毁坏事故

序号	项目		内容
1	概念		是指起重机因超载失稳等产生结构断裂、倾翻造成结构严重损坏及人身伤亡的事故
2	机体毁坏事故类别	断臂事故	原因：悬臂设计不合理、制造装配有缺陷或者长期使用已有疲劳损坏隐患
3		倾翻事故	原因：起重机作业前支承不当引发；安全装置动作失灵；悬臂伸长与规定起重量不符；超载起吊
4		机体摔伤事故	原因：无防风夹轨器，无车轮止垫或无固定锚链
5		相互撞毁事故	原因：缓冲碰撞保护设施毁坏失效

九、起重机械事故的预防措施

（1）加强对起重机械的管理。认真执行起重机械各项管理制度和安全检查制度，做好起重机械的定期检查、维护、保养，及时消除隐患，使起重机械始终处于良好的工作状态。

（2）加强对起重机械操作人员的教育和培训，严格执行安全操作规程，提高操作技术能力和处理紧急情况的能力。

（3）起重机械操作过程中要坚持"十不吊"原则：

① 指挥信号不明或乱指挥不吊；

② 物体重量不清或超负荷不吊；

③ 斜拉物体不吊；

④ 重物上站人或有浮置物不吊；

⑤ 工作场地昏暗，无法看清场地、被吊物及指挥信号不吊；

⑥ 遇有拉力不清的埋置物时不吊；

⑦ 工件捆绑、吊挂不牢不吊；

⑧ 重物棱角处与吊绳之间未加衬垫不吊；

⑨ 结构或零部件有影响安全工作的缺陷或损伤时不吊；

⑩ 钢（铁）水装得过满不吊。

考点5　场（厂）内专用机动车辆事故

一、场（厂）内专用机动车辆事故特点

（1）场（厂）内机动车辆事故不但会造成车辆的损失和人员伤亡，还会影响场（厂）的正常生产秩序。

（2）事故主要发生在车辆行驶、装卸作业、车辆维修和非驾驶员驾车等过程。

（3）事故类型繁多，不同车辆会造成不同事故，难以预防。

（4）伤害涉及的人员可能是司机、乘客、作业辅助人员和作业范围内的其他人员，其中，伤害他人的比例最高。

（5）游览区、机场等的乘人车辆发生事故，乘客受到伤害对社会造成不良影响。

（6）事故高发行业中，建筑、冶金、制造生产企业、铁路公路建设工地、仓储物流、旅游观光等行业较多，与这些行业相关的场（厂）内机动车辆数量多、使用频率高、作业条件复杂等因素有关。

（7）易发生倾翻、货物坠落、工作装置损坏、起步伤人、行驶伤人、作业伤人等事故。

（8）部分事故与道路环境有关。

二、场（厂）内专用机动车辆事故发生原因

序号	发生原因	具体原因
1	车辆安全技术状况不良	（1）车辆的安全装置存在问题。 （2）蓄电池车调速失控，造成飞车。 （3）举升装置锁定机构工作不可靠。 （4）安全防护装置，如制动器、限位器等工作不可靠。 （5）车辆维护修理不及时，带病行驶
2	驾驶员安全技术素质不高	（1）驾驶员安全技术素质，是影响场（厂）内运输安全的关键因素。 （2）驾驶员的安全技术素质，包括了遵守安全操作规程的自觉性、驾驶技术、对设备各部位技术状况的了解、排除故障的能力、运输安全规则的掌握程度等
3	场（厂）内作业环境复杂	道路条件差、视线不良、自然环境的变化
4	管理不到位	（1）管理规章制度或操作规程不健全，车辆安全行驶制度不落实。 （2）非驾驶员驾车。 （3）交通信号、标志、设施缺陷

三、场（厂）内专用机动车辆事故应急措施

（1）驾驶员：

车辆一旦肇事，驾驶员应努力减少事故损失，配合有关部门及人员做好以下工作：

① 迅速停车，积极抢救伤者，并迅速向主管部门报告。

② 要抢救受损物资，尽量减轻事故的损失程度，设法防止事故扩大。若车辆或运载的物品着火，应根据火情、部位，使用相应的灭火器和其他有效措施进行补救。

③ 在不妨碍抢救受伤人员和物资的情况下，尽最大努力保护好事故现场。对受伤人员和物资需移动时，必须在原地点做好标志；肇事车辆非特殊情况不得移位，以便为勘查现场提供确切的资料。肇事车驾驶员有保护事故现场的责任，直至有关部门人员到达现场。

（2）事故单位的领导或主管部门：

事故单位的领导或主管部门接到事故报告后，应立即赶赴事故现场，组织人员抢救伤员、物资，保护好事故现场，根据人员的伤势程度，按规定程序逐级上报。事故单位的安全管理部门，可在不破坏事故现场的情况下，对现场初步进行勘察，尤其是在主要干路上易被破坏的痕迹，物品的勘察应抓紧进行。事故现场勘察主要有以下内容：

① 保护现场。

② 寻找证人。

③ 看护肇事者。

四、场（厂）内专用机动车辆事故的种类

序号	分类依据	种类
1	车辆事故的事态	有碰撞、碾轧、刮擦、翻车、坠车、爆炸、失火、出轨和搬运、装卸中的坠落及物体打击等
2	厂区道路	有交叉路口、弯道、直行、坡道、铁路道口、狭窄路面、仓库、车间等行车事故
3	伤害程度	有车损事故、轻伤事故、重伤事故、死亡事故

五、典型（厂）内机动车辆事故

序号	事故类别	发生原因
1	超速造成事故	场（厂）内机动车辆超速行驶，为躲避前方情况，操作不当，坠入海中；叉车转弯不减速，车辆侧翻、倾翻造成事故；汽车载货高速转弯，货物甩出
2	无证驾驶造成事故	搬运工无证驾驶场（厂）内机动车辆，由于对车辆性能不熟，车辆启动过猛，将旁人挤压造成事故；无证驾驶铲车，违章指挥自翻伤亡
3	违章载人造成事故	站在场（厂）内机动车辆脚踏板上违章乘车，行驶途中掉下，或车未停稳就跳下车，造成人员伤亡；前翻斗车载人，车厢翻起人落，造成事故
4	违章作业造成事故	场（厂）内机动车辆司机误操作，货叉下降造成事故
5	设备故障造成事故	叉车货叉断裂，造成事故；刹车失灵，造成事故

六、场（厂）内机动车辆事故的预防措施

（1）加强对场（厂）内机动车辆的管理。认真执行场（厂）内机动车辆各项管理制度和安全检查制度，做好场（厂）内机动车辆的定期检查、维护、保养，及时消除隐患，使

场（厂）内机动车辆始终处于良好的工作状态。

（2）加强对场（厂）内机动车辆操作人员的教育和培训，严格执行安全操作规程，提高操作技术能力和处理紧急情况的能力。

（3）各种场（厂）内机动车辆操作过程中要严格遵守安全操作规程。

（4）加强厂区、园区直路行车、交叉路口、倒车、装卸过程、夜间行车、信号灯和交通标识等环节的管理。

📝 考点6　客运索道事故

一、客运索道事故特点及发生原因

序号	项目	内容
1	特点	（1）事故大型化、群体化，客运索道一旦出现故障，可能造成人员被困、坠落等事故。 （2）事故后果严重，社会影响恶劣。 （3）伤害涉及的人员可能是游客和索道运行范围内的其他人员。 （4）在安装、维修和运行中都可能发生事故。 （5）与气候、天气有关
2	发生原因	（1）设计上不合理。 （2）制造上有误差。 （3）质量控制不到位。 （4）安装和装配上出现差错。 （5）维护和检修不正常。 （6）操作规程不合理。 （7）操作人员对操作规程了解不全面

二、客运索道事故应急救援

（1）客运索道的使用单位应当制定应急措施和救援预案。具体包括的文件：紧急救护人员组织分工表（明确各岗位的人员）、紧急救护人员职责（明确各岗位的职责范围）、紧急救护方式及程序（采用何种救护方式的规定）、紧急救护程序流程表（救护具体操作程序）、紧急救护纪律（营救人员的纪律要求）、紧急救护规范用语（宣传人员规范用语）。

（2）必须定期或不定期进行应急救援演练。

（3）客运索道运营单位自身的应急救援体系要与整个社会应急救援体系融为一体，成为整个社会应急救援大系统中的子系统，充分利用全社会的应急救援资源，实施最有效的救援。

（4）救护设备应按以下要求存放，并进行日常检查：

① 检查所有的救护设备是否选用正确无误并处于最佳状态，特别对绳索、安全带、保护索等。

② 平时不用时要把救护设备分类保存好以备及时使用。存放的地点应当放在有良好的通风和防雨房间内以防发霉。

③ 每年至少要进行一次营救演练，以观察每个部件是否保持其原有性能，对各种索

具也不应当超时使用，要及时更换。

④ 当营救设备每次使用后或者演习之后，一定要把索具铺展开来，检查其有无打结和损坏等，然后再收藏好。

⑤ 凡是营救用品只准在营救时使用，不得挪作他用。

三、典型客运索道事故

序号	事故类别	内容
1	拖动失效	指索道机械传动系统与电气拖动系统的失效，设备停转、不能启动，是客运索道中最常见的事故
2	脱索	（1）指运行中的钢丝绳从轨道中或托压索轮上脱落，是客运索道常见的一种事故，其后果通常是高空滞留、线路振荡等。 （2）事故原因有钢丝绳的运行受阻、靠贴力或附着力减小、轨道偏移、支撑物失效等
3	坠落	分为吊具坠落和作业人员高空坠落。 （1）导致吊具坠落的原因有：超载、防滑力太小、抱索器受损、抱索器在运行中被机械卡阻、运行小车在运行中被卡阻、钢丝绳断裂等。 （2）作业人员高空坠落的原因：操作不当、疏忽大意、缺少防护措施、违规操作等
4	撞击	一般表现为人员与运行中的吊具（客车）的碰撞，以及吊具（客车）与站台或周围设施的撞击
5	机械伤害	指人体与运转中的机械设备直接接触，或与运转中的机械设备上的脱落物直接接触，导致人员被挤压、剪切、刮蹭、砸中等伤害
6	振荡	客运索道运行中由于突然紧急停车（减速度很大）、脱索、吊具受阻、钢丝绳受外物碰砸等原因引起的钢丝绳的振荡
7	触电	操作人员使用维护时，由于漏电、违规操作等原因，可能造成触电事故
8	电气火灾	短路、过负荷运行、接触电阻过大等原因可能导致电气火灾
9	外部环境带来的其他伤害	小净空通行伤害：即索道本身以外的物体并行入索道运动或穿越索道时，由于净空太小而导致运动物体干涉运行中的索道。 雷电伤害：在客运索道事故中较为常见。 大风伤害：大风易造成脱索、吊具（或客车）撞击支架设施以及线路障碍物，因此客运索道通常在风力大于7级时停止运行

四、典型客运索道事故预防措施

（1）加强管理，认真执行客运索道各项管理制度和安全检查制度，做好客运索道的定期检查、维护、保养，及时消除隐患，使客运索道始终处于良好的运行状态。

（2）加强对客运索道操作人员的教育和培训，严格执行安全操作规程，提高操作技术能力和处理紧急情况的能力。

（3）乘坐前，认真阅读《乘客须知》，查看该索道有无安全检验合格标志。

（4）心脏病、高血压、恐高症患者不要乘坐客运索道。

（5）年老体弱及未成年人乘坐客运索道必须有成年人陪同。

（6）进入轿厢（吊椅）后，不要嬉戏、打闹，不要将头、手伸出窗（栏）外。

考点7 大型游乐设施事故

序号	项目		内容
1	事故发生原因		（1）设计中零件布置不合理。 （2）零件的工艺设计不合理。 （3）机械连接方式不当。 （4）零件的精度不够。 （5）安装不到位。 （6）维护和检修不正常。 （7）操作人员违规操作
2	事故应急措施	自控飞机类游乐设施	（1）当座舱的平衡拉杆出现异常，座舱倾斜或座舱某处断裂时，应立即停机使座舱下降，同时广播告诉乘客要紧握扶手。 （2）游乐设施运行中突然断电时，座舱不能自动下降，服务人员应该迅速打开手动阀门泄油，将高空的乘客降到地面。 （3）游乐设施运行中，出现异常振动、冲击和声响时，要立即按紧急事故按钮，切断电源。经过检查排除故障后，再开机
3		观览车类游乐设施	（1）当乘客上机产生恐惧时，要立即停车并反转，将恐惧的乘客疏散下来。 （2）当吊箱门未锁好时，要立即停车并反转，服务人员将两道门锁均锁好后再开机
4		转马类游乐设施	当乘客不慎从马上掉下来的时候，服务人员要立刻提醒乘客不要下转盘
5		陀螺类游乐设施	当升降大臂不能下降时，先停机，然后打开手动放油阀，使大臂徐徐下降
6		滑行车类游乐设施	正在向上拖动着的滑行车，若设备或乘客出现异常，按紧急停车按钮，停止运行，将乘客从安全走台上疏散
7	典型事故及预防	大型游乐设施事故	（1）倒塌（倾覆倾翻）：原因有违反操作规程、零部件损坏、机构失灵、超速等，还有结构失稳，基础塌陷，结构强度、刚度不够。 （2）坠落：类型包括乘客坠落事故、游乐设施机构坠落、其他人员（检验、维修、维护）坠落。 （3）挤压：原因有游客不遵守规定、防护不到位等。 （4）碰撞：原因有游客不遵守规定、操作人员违规操作、安全距离不符合要求、游乐设施失灵失控等。 （5）火灾：原因有设备本身的原因（电气线路短路、运动摩擦过热等），外在原因（天灾人祸、外来火种等）。 （6）触电：原因是设备存在缺陷。 （7）物体打击：原因有游客不遵守规定、操作人员违规操作、安全距离不符合要求、游乐设施失灵失控等。 （8）溺水：原因有违反操作规程、零部件损坏、机构失灵、超速等，还有结构失稳，基础塌陷，结构强度、刚度不够。 （9）失控：原因有超载，设计、制造缺陷，使用等。 （10）高空滞留事故：原因有操作人员失职，机械故障，设施保险烧坏运行突然停止，超负荷运转导致设备故障，温度、大风、暴雨、雷电的影响等

序号	项目		内容
8	典型事故及预防	事故预防措施	(1) 加强对大型游乐设施的管理。 (2) 制定正确详细的制造、安装、操作规程。 (3) 加强对大型游乐设施操作人员的教育和培训。 (4) 编制详细正确的乘客须知

第三节　锅炉安全技术

考点1　锅炉材料要求

一、基本要求

根据《锅炉安全技术规程》TSG 11—2020 的规定，锅炉受压元件金属材料、承载构件材料及其焊接材料在使用条件下应当具有足够的强度、塑性、韧性以及良好的抗疲劳性能和抗腐蚀性能。

二、性能要求

根据《锅炉安全技术规程》TSG 11—2020 的规定，锅炉材料性能要求如下：

(1) 锅炉受压元件和与受压元件焊接的承载构件钢材应当是镇静钢。

(2) 锅炉受压元件用钢材（铸钢件除外）室温下冲击吸收能量（KV_2）应当不低于 27J。

(3) 锅炉受压元件用钢材（铸钢件除外）的纵向室温断后伸长率（A）应当不小于 18%。

三、材料采用及加工特殊要求

根据《锅炉安全技术规程》TSG 11—2020 的规定，锅炉材料采用及加工特殊要求如下：

(1) 各类管件（三通、弯头、变径接头等）以及集箱封头等元件可以采用相应的锅炉用钢管材料热加工制作。

(2) 除各种形式的法兰外，碳素钢空心圆筒形管件外径不大于 160mm，合金钢空心圆筒形管件或者管帽类管件外径不大于 114mm，如果加工后的管件同时满足无损检测合格、管件纵轴线与圆钢的轴线平行的相应规定，可以采用轧制或者锻制圆钢加工。

(3) 灰铸铁不应当用于制造排污阀和排污弯管。

(4) 额定工作压力小于或者等于 1.6MPa 的锅炉以及蒸汽温度小于或者等于 300℃ 的过热器，其放水阀和排污阀的阀体可以采用可锻铸铁或者球墨铸铁制造。

(5) 额定工作压力小于或者等于 2.5MPa 的锅炉的方形铸铁省煤器和弯头，可以采用牌号不低于 HT200 的灰铸铁制造；额定工作压力小于或者等于 1.6MPa 的锅炉的方形铸铁省煤器和弯头，可以采用牌号不低于 HT150 的灰铸铁制造。

四、材料代用

根据《锅炉安全技术规程》TSG 11—2020 的规定，锅炉的代用材料应当符合本规程对材料的规定，材料代用应当满足强度、结构和工艺的要求，并且经过材料代用单位技术部门（包括设计和工艺部门）的同意。

考点 2 锅炉设计要求

一、基本要求

根据《锅炉安全技术规程》TSG 11—2020 的规定，锅炉的设计应当符合安全、节能和环保的要求。锅炉制造单位对其制造的锅炉产品设计质量负责。

二、锅炉结构的基本要求

根据《锅炉安全技术规程》TSG 11—2020 的规定，锅炉结构的基本要求如下：

（1）各受压元件应当有足够的强度。

（2）受压元件结构的形式、开孔和焊缝的布置应当尽量避免或者减少复合应力和应力集中。

（3）锅炉水（介）质循环系统应当能够保证锅炉在设计负荷变化范围内水（介）质循环的可靠性，保证所有受热面得到可靠的冷却；受热面布置时，应当合理地分配介质流量，尽量减少热偏差。

（4）锅炉制造单位应当选用满足安全、节能和环保要求的燃烧器；炉膛和燃烧设备的结构以及布置、燃烧方式应当与所设计的燃料相适应，防止火焰直接冲刷受热面，并且防止炉膛结渣或者结焦。

（5）非受热面的元件，壁温可能超过该元件所用材料的许用温度时，应当采取冷却或者绝热措施。

（6）各部件在运行时应当能够按照设计预定方向自由膨胀。

（7）承重结构在承受设计载荷时应当具有足够的强度、刚度、稳定性及防腐蚀性。

（8）炉膛、包墙及烟道的结构应当有足够的承载能力。

（9）炉墙应当具有良好的绝热和密封性。

（10）便于安装、运行操作、检修和清洗内外部。

三、主要受压元件的连接基本要求

根据《锅炉安全技术规程》TSG 11—2020 的规定，锅炉主要受压元件的连接基本要求如下：

（1）锅炉主要受压元件包括锅筒（壳）、启动（汽水）分离器及储水箱、集箱、管道、集中下降管、炉胆、回燃室以及封头（管板）、炉胆顶和下脚圈等。

（2）锅炉主要受压元件的主焊缝［包括锅筒（壳）、启动（汽水）分离器及储水箱、集箱、管道、集中下降管、炉胆、回燃室的纵向和环向焊缝，封头（管板）、炉胆顶和下脚圈等的拼接焊缝〕应当采用全焊透的对接焊接。

（3）锅壳锅炉的拉撑件不应当拼接。

考点3 锅炉制造要求

一、基本要求

根据《锅炉安全技术规程》TSG 11—2020 的规定，锅炉制造基本要求如下：

（1）锅炉制造单位对出厂的锅炉产品的安全节能环保性能和制造质量负责，不得制造国家明令淘汰的锅炉产品。

（2）锅炉用材料下料或者坡口加工、受压元件加工成型后不应当产生有害缺陷，冷成型应当避免产生冷作硬化引起脆断或者开裂，热成型应当避免因成型温度过高或者过低而造成有害缺陷。

（3）用于承压部位的铸铁件不准补焊。

二、焊接作业基本要求

根据《锅炉安全技术规程》TSG 11—2020 的规定，锅炉焊接作业基本要求如下：

（1）受压元件焊接作业应当在不受风、雨、雪等影响的场所进行，采用气体保护焊施焊时应当避免外界气流干扰，当环境温度低于 0℃时应当有预热措施。

（2）焊件装配时不应当强力对正，焊件装配和定位焊的质量符合工艺文件的要求后，方能进行焊接。

三、热处理

（1）需要进行热处理的范围

根据《锅炉安全技术规程》TSG 11—2020 的规定，需要进行热处理的范围：

① 碳素钢受压元件、其名义壁厚大于 30mm 的对接接头或者内燃锅炉的简体、管板的名义壁厚大于 20mm 的 T 型接头，应当进行焊后热处理。

② 合金钢受压元件焊后需要进行热处理的厚度界限按照相应标准规定执行。

③ 除焊后热处理以外，还应当考虑冷、热成型对变形区材料性能的影响以及该元件使用条件等因素进行热处理。

（2）热处理前的工序要求

根据《锅炉安全技术规程》TSG 11—2020 的规定，受压元件应当在焊接（包括非受压元件与其连接的焊接）工作全部结束并且经过检验合格后，方可进行焊后热处理。

（3）热处理工艺

根据《锅炉安全技术规程》TSG 11—2020 的规定，热处理工艺如下：

① 热处理前应当根据有关标准及图样要求编制热处理工艺。需要进行现场热处理的，应当提出具体现场热处理的工艺要求。

② 焊后热处理工艺至少符合以下要求：

异种钢接头焊后需要进行消除应力热处理时，其温度应当不超过焊接接头两侧任一钢种的下临界点；

焊后热处理宜采用整体热处理，如果采用分段热处理，则加热的各段至少有 1500mm 的重叠部分，并且伸出炉外部分有绝热措施；

局部热处理时，焊缝和焊缝两侧的加热带宽度应当各不小于焊接接头两侧母材厚度（取较大值）的 3 倍或者不小于 200mm。

（4）热处理后的工序要求

根据《锅炉安全技术规程》TSG 11—2020 的规定，已经过热处理的受压元件，热处理后应当避免直接在其上面焊接元件。如果不能避免，在同时满足以下条件时，焊后可以不再进行热处理，否则应当再进行热处理：

① 受压元件为碳素钢或者碳锰钢材料；

② 角焊缝的计算厚度不大于 10mm；

③ 按照评定合格的焊接工艺施焊；

④ 角焊缝进行 100％面无损检测。

四、焊接检验及相关检验

根据《锅炉安全技术规程》TSG 11—2020 的规定，锅炉受压元件及其焊接接头质量检验，包括外观检验、通球试验、化学成分分析、无损检测、力学性能检验、水压试验等。

（1）受压元件焊接接头外观检验

根据《锅炉安全技术规程》TSG 11—2020 的规定，受压元件焊接接头（包括非受压元件与受压元件焊接的接头）应当进行外观检验，并且至少满足以下要求：

① 焊缝外形尺寸符合设计图样和工艺文件的规定。

② 对接焊缝高度不低于母材表面，焊缝与母材平滑过渡，焊缝和热影响区表面无裂纹、夹渣、弧坑和气孔。

③ 锅筒（壳）、炉胆、集箱的纵（环）缝及封头（管板）的拼接焊缝无咬边，其余焊缝咬边深度不超过 0.5mm，管子焊缝两侧咬边总长度不超过管子周长的 20％并且不超过 40mm。

（2）无损检测

① 无损检测方法

根据《锅炉安全技术规程》TSG 11—2020 的规定，无损检测方法主要包括射线、超声、磁粉、渗透、涡流等检测方法。制造单位应当根据设计、工艺及其相关技术条件选择检测方法，并且制定相应的检测工艺。当选用超声衍射时差法（TOFD）时，应当与脉冲回波法（PE）组合进行检测，检测结论以 TOFD 与 PE 方法的结果进行综合判定。

② 无损检测技术等级及焊接接头质量等级

根据《锅炉安全技术规程》TSG 11—2020 的规定，无损检测技术等级及焊接接头质量等级：

锅炉受压元件焊接接头的射线检测技术等级不低于 AB 级，焊接接头质量等级不低于 Ⅱ级。

锅炉受压元件焊接接头的超声检测技术等级不低于 B 级，焊接接头质量等级不低于

Ⅰ级。

锅炉受压元件焊接接头的衍射时差法超声检测技术等级不低于 B 级，焊接接头质量等级不低于Ⅱ级。

表面检测的焊接接头质量等级不低于Ⅰ级。

（3）水压试验

根据《锅炉安全技术规程》TSG 11—2020 的规定，水压试验基本要求如下：

① 锅炉受压元件应当在无损检测和热处理后进行水压试验。

② 水压试验场地应当有可靠的安全防护设施。

③ 水压试验应当在环境温度高于或者等于 5℃时进行，低于 5℃时应当有防冻措施。

④ 水压试验所用的水应当是洁净水，水温应当保持高于周围露点温度以防止表面结露，但也不宜温度过高以防止引起汽化和过大的温差应力。

⑤ 合金钢受压元件的水压试验水温应当高于所用钢种的脆性转变温度。

⑥ 奥氏体受压元件水压试验时，应当控制水中的氯离子含量不超过 25mg/L，如不能满足要求，水压试验后应当立即将水渍去除干净。

根据《锅炉安全技术规程》TSG 11—2020 的规定，水压试验合格要求如下：

① 在受压元件金属壁和焊缝上没有水珠和水雾。

② 当降到工作压力后胀口处不滴水珠。

③ 铸铁锅炉、铸铝锅炉锅片的密封处在降到额定工作压力后不滴水珠。

④ 水压试验后，没有发现明显残余变形。

📝 考点4　锅炉安装要求

一、基本要求

根据《锅炉安全技术规程》TSG 11—2020 的规定，锅炉安装、改造、修理要求：

（1）锅炉安装、改造和修理单位应当对其安装、改造和修理的施工质量负责。

（2）集成锅炉安装就位时不需要安装资质，安装过程不需要进行安装监督检验。

（3）安装、改造和修理后的锅炉应当符合大气污染物排放要求，锅炉大气污染物初始排放浓度不能满足环境保护标准和要求的，应当配套环保设施。

二、安装

（1）焊接

根据《锅炉安全技术规程》TSG 11—2020 的规定，锅炉安装工程中焊接工作除符合本规程的相关规定外，还应当符合以下要求：

① 锅炉安装环境温度低于 0℃或者其他恶劣天气时，有相应保护措施。

② 除设计规定的冷拉焊接接头以外，焊件装配时不得强力对正，安装冷拉焊接接头使用的冷拉工具在整个焊接接头焊接及热处理完毕后方可拆除。

（2）水压试验

根据《锅炉安全技术规程》TSG 11—2020 的规定，锅炉整体水压试验时试验压力允许压降应当符合下表的规定。

锅炉类别	允许压降 Δp(MPa)
高压及以上 A 级锅炉	$\Delta p \leqslant 0.60$
次高压及以下 A 级锅炉	$\Delta p \leqslant 0.40$
>20t/h(14MW)B 级锅炉	$\Delta p \leqslant 0.15$
≤20t/h(14MW)B 级锅炉	$\Delta p \leqslant 0.10$
C、D 级锅炉	$\Delta p \leqslant 0.05$

（3）电站锅炉安装特殊要求

根据《锅炉安全技术规程》TSG 11—2020 的规定，电站锅炉安装特殊要求如下：

① 电站锅炉在启动点火前，应当进行化学清洗；锅炉热力系统应当进行冷态水冲洗和热态水冲洗；锅炉范围内的管道应当进行吹洗。锅炉及系统的清洗、冲洗和吹洗应当符合国家和相关行业标准的规定。

② 电站锅炉调试过程中的操作，应当在调试人员的监护、指导下，由经过培训并且按照规定取得相应特种设备作业人员证书的人员进行。首次启动过程中应当缓慢升温升压，同时要监视各部分的膨胀值在设计范围内。

③ 电站锅炉整套启动时，以下热工设备和保护装置应当经过调试，并且投入运行：数据采集系统；炉膛安全监控系统；有关辅机的子功能组和联锁；全部远程操作系统。

④ 锅炉安装完成后，由锅炉使用单位负责组织验收，并且符合以下要求：

300MW 及以上机组电站锅炉经过 168h 整套连续满负荷试运行，各项安全指标均达到相关标准。

300MW 以下机组电站锅炉经过 72h 整套连续满负荷试运行后，对各项设备做一次全面检查，缺陷处理合格后再次启动，经过 24h 整套连续满负荷试运行无缺陷，并且水汽质量符合相关标准。

考点5　锅炉使用安全管理

序号	项目	内容
1	使用许可厂家的合格产品	购置、选用的锅炉应是许可厂家的合格产品，并有齐全的技术文件、产品质量合格证明书、监督检验证书和产品竣工图
2	登记建档	（1）正式使用前，到当地特种设备安全监察机构登记，经审查批准登记建档、取得使用证方可使用。 （2）在使用单位应建立锅炉设备档案
3	专责管理	（1）设置专门的特种设备安全管理机构。 （2）单位技术负责人对锅炉的安全管理负责
4	建立制度	建立锅炉管理制度，包括管理制度和操作规程两方面
5	持证上岗	司炉、水质化验人员，操作人员培训合格，持证上岗
6	定期检验	每隔一定的时间对锅炉承压部件和安全装置进行检测检查、试验
7	监控水质	防止锅炉结垢、腐蚀及产生汽水共腾

考点6　锅炉安全附件

一、安全阀

序号	项目	内容
1	安全阀的设置	根据《锅炉安全技术规程》TSG 11—2020 的规定，安全阀的设置要求如下： 每台锅炉至少应当装设 2 个安全阀（包括锅筒和过热器安全阀）。符合下列规定之一的，可以只装设一个安全阀： （1）额定蒸发量小于或者等于 0.5t/h 的蒸汽锅炉。 （2）额定蒸发量小于 4t/h 且装设有可靠的超压联锁保护装置的蒸汽锅炉。 （3）额定热功率小于或者等于 2.8MW 的热水锅炉。 除满足上述要求外，以下位置也应当装设安全阀： （1）再热器出口处，以及直流锅炉的外置式启动（汽水）分离器。 （2）直流蒸汽锅炉过热蒸汽系统中两级间的连接管道截止阀前。 （3）多压力等级余热锅炉，每一压力等级的锅筒和过热器。
2	安全阀的选用	根据《锅炉安全技术规程》TSG 11—2020 的规定，安全阀的选用要求如下： （1）蒸汽锅炉的安全阀应当采用全启式弹簧安全阀、杠杆式安全阀或者控制式安全阀（脉冲式、气动式、液动式和电磁式等），选用的安全阀应当符合《安全阀安全技术监察规程》及相关技术标准的规定。 （2）额定工作压力为 0.1MPa 的蒸汽锅炉，可以采用静重式安全阀或者水封式安全装置，热水锅炉上装设有水封安全装置的，可以不装设安全阀；水封式安全装置的水封管内径应当根据锅炉的额定蒸发量（额定热功率）和额定工作压力确定，并且不小于 25mm；水封管应当有防冻措施，并且不得装设阀门
3	安全阀的安装	根据《锅炉安全技术规程》TSG 11—2020 的规定，安全阀的安装要求如下： （1）安全阀应当铅直安装，并且应当安装在锅筒（壳）、集箱的最高位置，在安全阀和锅筒（壳）之间或者安全阀和集箱之间，不应当装设阀门和取用介质的管路。 （2）多个安全阀如果共同装在一个与锅筒（壳）直接相连的短管上，短管的流通截面积应当不小于所有安全阀的流通截面积之和。 （3）采用螺纹连接的弹簧安全阀时，安全阀应当与带有螺纹的短管相连接，而短管与锅筒（壳）或者集箱筒体的连接应当采用焊接结构
4	安全阀上的装置基本要求	根据《锅炉安全技术规程》TSG 11—2020 的规定，安全阀上的装置基本要求如下： （1）静重式安全阀应当有防止重片飞脱的装置。 （2）弹簧式安全阀应当有提升手把和防止随便拧动调整螺钉的装置。 （3）杠杆式安全阀应当有防止重锤自行移动的装置和限制杠杆越出的导架
5	控制式安全阀要求	根据《锅炉安全技术规程》TSG 11—2020 的规定，控制式安全阀应当有可靠的动力源和电源，并且符合以下要求： （1）脉冲式安全阀的冲量接入导管上的阀门保持全开并且加铅封。 （2）用压缩空气控制的安全阀有可靠的气源和电源。 （3）液压控制式安全阀有可靠的液压传送系统和电源。 （4）电磁控制式安全阀有可靠的电源

序号	项目	内容
6	蒸汽锅炉安全阀排汽管要求	根据《锅炉安全技术规程》TSG 11—2020 的规定，蒸汽锅炉安全阀排汽管要求如下： （1）排汽管应当直通安全地点，并且有足够的流通截面积，保证排汽畅通，同时排汽管应当固定，不应当有任何来自排汽管的外力施加到安全阀上。 （2）安全阀排汽管底部应当装有接到安全地点的疏水管，在疏水管上不应当装设阀门。 （3）两个独立的安全阀的排汽管不应当相连。 （4）安全阀排汽管上如果装有消音器，其结构应当有足够的流通截面积和可靠的疏水装置。 （5）露天布置的排汽管如果加装防护罩，防护罩的安装不应当妨碍安全阀的正常动作和维修
7	热水锅炉安全阀排水管要求	根据《锅炉安全技术规程》TSG 11—2020 的规定，热水锅炉的安全阀应当装设排水管，排水管应当直通安全地点，并且有足够的排放流通面积，保证排放畅通。在排水管上不应当装设阀门，并且应当有防冻措施
8	安全阀的校验	根据《锅炉安全技术规程》TSG 11—2020 的规定，安全阀校验如下： （1）在用锅炉的安全阀每年至少校验 1 次，校验一般在锅炉运行状态下进行。 （2）如果现场校验有困难或者对安全阀进行修理后，可以在安全阀校验台上进行，校验后的安全阀在搬运或者安装过程中，不能摔、砸、碰撞。 （3）新安装的锅炉或者安全阀检修、更换后，应当校验其整定压力和密封性。 （4）安全阀经过校验后，应当加锁或者铅封。 （5）控制式安全阀应当分别进行控制回路可靠性试验和开启性能检验。 （6）安全阀整定压力、密封性等检验结果应当记入锅炉安全技术档案
9	锅炉运行中安全阀使用	根据《锅炉安全技术规程》TSG 11—2020 的规定，锅炉运行中安全阀使用要求如下： （1）锅炉运行中安全阀应当定期进行排放试验，电站锅炉安全阀每年进行 1 次，对控制式安全阀，使用单位应当定期对控制系统进行试验。 （2）锅炉运行中安全阀不允许解列，不允许提高安全阀的整定压力或使安全阀失效

二、压力表

序号	项目	内容
1	设置	根据《锅炉安全技术规程》TSG 11—2020 的规定，锅炉的以下部位应当装设压力表： （1）蒸汽锅炉锅筒（壳）的蒸汽空间。 （2）给水调节阀前。 （3）省煤器出口。 （4）过热器出口和主汽阀之间。 （5）再热器出口、进口。 （6）直流蒸汽锅炉的启动（汽水）分离器或其出口管道上。 （7）直流蒸汽锅炉省煤器进口、储水箱和循环泵出口。

序号	项目	内容
1	设置	（8）直流蒸汽锅炉蒸发受热面出口截止阀前（如果装有截止阀）。 （9）热水锅炉的锅筒（壳）上。 （10）热水锅炉的进水阀出口和出水阀进口。 （11）热水锅炉循环水泵的出口、进口。 （12）燃油锅炉、燃煤锅炉的点火油系统的油泵进口（回油）及出口。 （13）燃气锅炉、燃煤锅炉的点火气系统的气源进口及燃气阀组稳压阀（调压阀）后
2	压力表选用	根据《锅炉安全技术规程》TSG 11—2020 的规定，压力表选用要求如下： （1）压力表应当符合相关技术标准的要求。 （2）A 级锅炉压力表精确度应当不低于 1.6 级。其他锅炉压力表精确度应当不低于 2.5 级。 （3）压力表的量程应当根据工作压力选用。一般为工作压力的 1.5～3.0 倍，最好选用 2 倍。 （4）压力表表盘大小应当保证锅炉作业人员能够清楚地看到压力指示值
3	压力表校验	根据《锅炉安全技术规程》TSG 11—2020 的规定，压力表应当定期进行校验。刻度盘上应当划出指示工作压力的红线，并且注明下次校验日期。压力表校验后应当加铅封
4	压力表安装	根据《锅炉安全技术规程》TSG 11—2020 的规定，压力表安装应当符合以下要求： （1）装设在便于观察和吹洗的位置，并且防止受到高温、冰冻和振动的影响。 （2）锅炉蒸汽空间设置的压力表应当有存水弯管或者其他冷却蒸汽的措施，热水锅炉用的压力表也应当有缓冲弯管，弯管内径不小于 10mm。 （3）压力表与弯管之间装设三通阀门，以便吹洗管路、卸换、校验压力表
5	压力表停止使用情况	根据《锅炉安全技术规程》TSG 11—2020 的规定，压力表有下列情况之一时，应当停止使用： （1）有限止钉的压力表在无压力时，指针转动后不能回到限止钉处；没有限止钉的压力表在无压力时，指针离零位的数值超过压力表规定的允许误差。 （2）表面玻璃破碎或者表盘刻度模糊不清。 （3）封印损坏或者超过校验期。 （4）表内泄漏或者指针跳动。 （5）其他影响压力表准确指示的缺陷

三、水位测量与示控装置

序号	项目	内容
1	水位表设置的基本要求	根据《锅炉安全技术规程》TSG 11—2020 的规定，每台蒸汽锅炉锅筒（壳）应当装设至少 2 个彼此独立的直读式水位表，符合下列条件之一的锅炉可以只装设 1 个直读式水位表： （1）额定蒸发量小于或者等于 0.5t/h 的锅炉。 （2）额定蒸发量小于或者等于 2t/h，并且装有一套可靠的水位示控装置的锅炉。 （3）装设两套各自独立的远程水位测量装置的锅炉。 （4）电加热锅炉。 （5）有可靠壁温联锁保护装置的贯流式工业锅炉

序号	项目	内容
2	水位表设置的特殊要求	根据《锅炉安全技术规程》TSG 11—2020 的规定，水位表设置的特殊要求： （1）多压力等级余热锅炉每个压力等级的锅筒应当装设两个彼此独立的直读式水位表。 （2）直流蒸汽锅炉启动系统中储水箱和启动（汽水）分离器应当装设远程水位测量装置
3	水位表的结构、装置	根据《锅炉安全技术规程》TSG 11—2020 的规定，水位表的结构、装置规定如下： （1）水位表应当有指示最高、最低安全水位和正常水位的明显标志，水位表的下部可见边缘应当比最高火界至少高 50mm，并且比最低安全水位至少低 25mm，水位表的上部可见边缘应当比最高安全水位至少高 25mm。 （2）玻璃管式水位表应当有防护装置，并且不妨碍观察真实水位，玻璃管的内径应当不小于 8mm。 （3）锅炉运行中能够吹洗和更换玻璃板（管）、云母片。 （4）用 2 个以上（含 2 个）玻璃板或者云母片组成的一组水位表，能够连续指示水位。 （5）水位表或者水表柱和锅筒（壳）之间阀门的流道直径应当不小于 8mm，汽水连接管内径应当不小于 18mm，连接管长度大于 500mm 或者有弯曲时，内径应当适当放大，以保证水位表灵敏准确。 （6）连接管应当尽可能短，如果连接管不是水平布置时，汽连管中的凝结水能够流向水位表，水连管中的水能够自行流向锅筒（壳）。 （7）水位表应当有放水阀门和接到安全地点的放水管。 （8）水位表或者水表柱和锅筒（壳）之间的汽水连接管上应当装设阀门，锅炉运行时，阀门应当处于全开位置；对于额定蒸发量小于 0.5t/h 的锅炉，水位表与锅筒（壳）之间的汽水连管上可以不装设阀门
4	安装	根据《锅炉安全技术规程》TSG 11—2020 的规定，水位表的规定如下： （1）水位表应当安装在便于观察的地方。水位表距离操作地面高于 6000mm 时，应当加装远程水位测量装置或者水位视频监视系统。 （2）用远程水位测量装置监视锅炉水位时，信号应当各自独立取出；在锅炉控制室内至少有两个可靠的远程水位测量装置，同时运行中应当保证有一个直读式水位表正常工作。 （3）亚临界锅炉水位表安装调试时，应当对由于水位表与锅筒内液体密度差引起的测量误差进行修正

四、温度测量装置

根据《锅炉安全技术规程》TSG 11—2020 的规定，在锅炉相应部位应当装设温度测点，测量以下温度：

（1）蒸汽锅炉的给水温度（常温给水除外）。

（2）铸铁省煤器和电站锅炉省煤器出口水温。

（3）热水锅炉进口、出口水温。

（4）再热器进口、出口汽温。

（5）过热器出口和多级过热器的每级出口的汽温。

（6）减温器前、后汽温。

（7）空气预热器进口、出口空气温度。

（8）空气预热器进口烟温。

（9）排烟温度。

（10）有再热器的锅炉炉膛的出口烟温。

（11）A级高压以上的蒸汽锅炉的锅筒上、下壁温（控制循环锅炉除外），过热器、再热器的蛇形管的金属壁温。

（12）直流蒸汽锅炉上下炉膛水冷壁出口金属壁温，启动系统储水箱壁温。

在蒸汽锅炉过热器出口、再热器出口和额定热功率大于或者等于7MW的热水锅炉出口，应当装设可记录式温度测量仪表。

表盘式温度测量仪表的温度测量量程应当根据工作温度选用，一般为工作温度的1.5～2倍。

五、保护装置

序号	保护装置	内容
1	超温报警和联锁保护装置	安装在热水锅炉的出口处，当锅炉的水温超过规定的水温时，自动报警，提醒司炉人员采取措施减弱燃烧。超温报警和联锁保护装置联锁后，还能在超温报警的同时，自动切断燃料的供应和停止鼓、引风，以防止热水锅炉发生超温而导致锅炉损坏或爆炸
2	高低水位警报和低水位联锁保护装置	当锅炉内的水位高于最高安全水位或低于最低安全水位时，水位警报器就自动发出警报，提醒司炉人员采取措施防止事故发生。低水位联锁保护装置，不仅能自动报警，而且在水位低于低水位极限时，最迟在最低安全水位时，启动给水设备上水，水位继续下降可以自动切断燃烧，保证锅炉的安全
3	超压报警装置	当锅炉出现超压现象时，能发出警报，并通过联锁装置控制燃烧，如停止供应燃料、停止通风，使司炉人员能及时采取措施，以免造成锅炉超压爆炸事故
4	锅炉熄火保护装置	当锅炉炉膛熄火时，锅炉熄火保护装置能切断燃料供应，并发出相应信号

六、排污和放水装置

序号	项目	内容
1	排污阀或放水装置的作用	是排放锅水蒸发而残留下的水垢、泥渣及其他有害物质，将锅水的水质控制在允许的范围内，使受热面保持清洁，以确保锅炉的安全、经济运行
2	装设要求	根据《锅炉安全技术规程》TSG 11—2020的规定，排污和放水装置的装设应当符合以下要求： （1）蒸汽锅炉锅筒（壳）、立式锅炉的下脚圈和水循环系统的最低处都需要装设排污阀；B级及以下锅炉采用快开式排污阀门；排污阀的公称通径为20～65mm；卧式锅壳锅炉锅壳上的排污阀的公称通径不小于40mm。 （2）额定蒸发量大于1t/h的蒸汽锅炉和B级热水锅炉（工业用直流和贯流式锅炉除外），排污管上装设2个串联的阀门，其中至少有1个是排污阀，并且安装在靠近排污管线出口一侧。 （3）过热器系统、再热器系统、省煤器系统的最低集箱（或者管道）外装设放水阀。

序号	项目	内容
2	装设要求	（4）有过热器的蒸汽锅炉锅筒装设连续排污装置。 （5）每台锅炉装设独立的排污管，排污管尽量减少弯头，保证排污畅通并且接到安全地点或者排污膨胀箱（扩容器）。 （6）多台锅炉合用1根排放总管时，需要避免2台以上的锅炉同时排污。 （7）锅炉的排污阀、排污管不宜采用螺纹连接

七、防爆门

根据《锅炉安全技术规程》TSG 11—2020 的规定，额定蒸发量小于或者等于 75t/h 的燃用煤粉、油、气体及其他可能产生爆燃的燃料的水管锅炉，未设置炉膛安全自动保护系统的，炉膛和烟道应当设置防爆门，防爆门的设置不应当危及人身安全。

考点7　锅炉使用安全技术

一、锅炉启动步骤

序号	启动步骤	内容
1	检查准备	启动前要全面检查，检查内容：受热面、承压部件的内外部，燃烧系统，各类门孔、挡板，安全附件和测量仪表，锅炉架、楼梯、平台等钢结构部分，辅机
2	上水	（1）上水温度≤90℃，水温与筒壁温差≤50℃。 （2）上水时间：对水管锅炉，在夏季不小于1h，在冬季不小于2h
3	烘炉	在上水后启动前进行
4	煮炉	目的是清除蒸发受热面中的铁锈、油污和其他污物，减少受热面腐蚀，提高锅水和蒸汽品质
5	点火升压	层燃炉一般用木材引火，严禁用挥发性强烈的油类或易燃物引火
6	暖管与并汽	暖管：即用蒸汽慢慢加热管道、阀门、法兰等部件，使其温度缓慢上升；将管道中的冷凝水驱出，防止在供汽时发生水击。 并汽：也叫并炉、并列，即新投入运行锅炉向共用的蒸汽母管供汽

二、点火升压阶段的安全注意事项

序号	注意事项	措施
1	防止炉膛爆炸	（1）点火前，开动引风机给锅炉通风5~10min，没有风机的可自然通风5~10min。 （2）点燃气、油、煤粉炉时，先送风，再投入点燃火炬，最后送入燃料。 （3）一次点火未成功需重新点燃火炬时，要在点火前给炉膛烟道重新通风，清除可燃物之后再点火
2	控制升温升压速度	（1）升压过程缓慢进行。 （2）有卡住现象，停止升压，待排除故障后再继续升压

续表

序号	注意事项	措施
3	严密监视和调整仪表	锅炉内已有压力而压力表指针不动，须将火力减弱或停息，校验压力表并清洗压力表管道，待压力表正常后，方可继续升压
4	保证强制流动受热面的可靠冷却	(1) 过热器：在升压过程中，开启过热器出口集箱疏水阀、对空排气阀，使一部分蒸汽流经过热器后被排除。 (2) 省煤器：钢管省煤器，在省煤器与锅筒间连接再循环管，在点火升压期间，将再循环管上的阀门打开，使省煤器中的水经锅筒、再循环管（不受热）重回省煤器，进行循环流动

三、锅炉正常运行中的监督调节

序号	项目	内容
1	水位调节	(1) 在正常水位线上下 50mm 内波动。 (2) 在低负荷运行时，水位应稍高于正常水位；在高负荷运行时，水位应稍低于正常水位
2	气压调节	(1) 由负荷变动引起的。 (2) 调节锅炉气压就是调节其蒸发量，而蒸发量的调节通过燃烧调节和给水调节实现。相应增减锅炉的燃料量、风量、给水量来改变锅炉蒸发量，使气压保持稳定
3	气温调节	负荷、燃料及给水温度的改变，都会造成过热气温改变
4	燃烧的监督调节	任务是： (1) 使燃料燃烧供热适应负荷的要求。 (2) 使燃烧完好正常，减少未完全燃烧损失，减轻金属腐蚀和大气污染。 (3) 对负压燃烧锅炉，维持引风和鼓风的均衡，保持炉膛负压，以保证操作安全和减少排烟损失
5	排污和吹灰	排污：避免锅水发生汽水共腾及蒸汽品质恶化。 吹灰：降低锅炉效率，应定期进行吹灰

四、正常停炉及停炉保养

序号	项目	内容
1	正常停炉顺序	(1) 先停燃料供应，停止送风，减少引风；降低负荷，减少上水，维持锅炉水位稍高于正常水位。 (2) 燃气、燃油锅炉，炉膛停火后，引风机至少要继续引风 5min 以上。 (3) 停止供汽后，隔断与母管的连接，排气降压
2	紧急停炉情形	(1) 锅炉水位低于水位表的下部可见边缘。 (2) 不断加大向锅炉进水及采取其他措施，但水位仍继续下降。 (3) 锅炉水位超过最高可见水位（满水），经放水仍不能见到水位。 (4) 给水泵全部失效或给水系统故障，不能向锅炉进水。

序号	项目	内容
2	紧急停炉情形	（5）水位表或安全阀全部失效。 （6）设置在汽空间的压力表全部失效。 （7）锅炉元件损坏，危及操作人员安全。 （8）燃烧设备损坏、炉墙倒塌或锅炉构件被烧红等，严重威胁锅炉安全运行
3	紧急停炉的顺序	（1）立即停止添加燃料和送风，减弱引风。 （2）用砂土或湿灰等设法熄灭炉膛内的燃料，灭火后即把炉门、灰门及烟道挡板打开，以加强通风冷却。 （3）较快降压并更换锅水，冷却至70℃左右允许排水。 注意：因缺水紧急停炉时，严禁给锅炉上水，并不得开启空气阀及安全阀快速降压
4	停炉保养方式	压力保养、湿法保养、干法保养和充气保养

第四节 气瓶安全技术

考点1 瓶装气体分类

根据《气瓶安全技术规程》TSG 23—2021 的规定，瓶装气体分类如下：

（1）压缩气体：是指在−50℃时加压后完全是气态的气体，包括临界温度（T_c）低于或者等于−50℃的气体，也称永久气体。

（2）高（低）压液化气体：高、低压液化气体是指在温度高于−50℃时加压后部分是液态的气体，包括临界温度（T_c）在−50～65℃（T_c）的高压液化气体和临界温度（T_c）高于65℃的低压液化气体。

（3）低温液化气体：是指在运输过程中由于深冷低温而部分呈液态的气体，临界温度（T_c）一般低于或者等于−50℃，也称为深冷液化气体或者冷冻液化气体。

（4）溶解气体：在一定的压力、温度条件下溶解于气瓶内溶剂中的气体。易分解或聚合的可燃气体。

（5）吸附气体：在一定的压力、温度条件下吸附于吸附剂中的气体。

（6）混合气体与标准气体。

考点2 气瓶分类

序号	项目	内容
1	按瓶体结构划分	根据《气瓶安全技术规程》TSG 23—2021 的规定，气瓶按照瓶体结构分为： （1）无缝气瓶（如下图）。 （2）焊接气瓶。 （3）纤维缠绕气瓶。

序号	项目	内容
1	按瓶体结构划分	(4) 低温绝热气瓶。 (5) 内装填料气瓶 无缝气瓶经典结构示意图
2	按公称工作压力划分	根据《气瓶安全技术规程》TSG 23—2021 的规定，气瓶按照公称工作压力，分为高压气瓶、低压气瓶： (1) 高压气瓶是指公称工作压力大于或者等于 10MPa 的气瓶。 (2) 低压气瓶是指公称工作压力小于 10MPa 的气瓶
3	按公称容积划分	根据《气瓶安全技术规程》TSG 23—2021 的规定，气瓶按照公称容积（指水容积），分为小容积气瓶、中容积气瓶、大容积气瓶： (1) 小容积气瓶是指公称容积小于或者等于 12L 的气瓶。 (2) 中容积气瓶是指公称容积大于 12L 并小于或者等于 150L 的气瓶。 (3) 大容积气瓶是指公称容积大于 150L 的气瓶
4	按用途划分	根据《气瓶安全技术规程》TSG 23—2021 的规定，气瓶按照用途一般分为： (1) 工业用气瓶。 (2) 医用气瓶。 (3) 燃气气瓶。 (4) 车用气瓶。 (5) 呼吸器用气瓶。 (6) 消防灭火用气瓶

考点3 气瓶附件

一、气瓶附件范围

气瓶附件包括瓶阀、瓶帽、保护罩、安全泄压装置、防震圈、气瓶专用爆破片、安全阀、液位计、紧急切断和充装限位装置等。

二、瓶阀

序号	项目	内容
1	安装位置	瓶阀是装在气瓶瓶口上的，用于控制气体进入或排出气瓶的组合装置。气瓶瓶体只有装有瓶阀，才能构成一个完整的密闭容器，才能具有盛装气体的功能
2	组成	主要由阀体、阀杆、阀芯、密封圈、锁紧螺母等零部件组成
3	瓶阀材料	根据《气瓶安全技术规程》TSG 23—2021 的规定，瓶阀材料应当符合以下要求： （1）充装气体接触的金属或者非金属瓶阀材料，与充装气体具有相容性。 （2）溶解乙炔气瓶瓶阀材料，选用含铜量（质量比）小于 65% 铜合金。 （3）盛装易燃气体气瓶瓶阀上的手轮，选用阻燃材料制造。 （4）盛装氧气或者其他强氧化性气体的气瓶瓶阀上的非金属密封材料，具有阻燃性和抗老化性
4	瓶阀结构	根据《气瓶安全技术规程》TSG 23—2021 的规定，瓶阀设计应当符合相关标准的规定，其结构应当满足以下要求： （1）瓶阀与气瓶的连接螺纹与瓶口螺纹匹配，保证密封可靠。 （2）瓶阀出气口的连接型式和尺寸，采用能够防止错装、错用气体的结构。 （3）工业用非重复充装焊接气瓶阀，采用不可重复充装的结构，并且瓶阀与瓶体的连接采用焊接形式。 （4）液化石油气瓶阀可以设计成角阀或者直阀。并且在出气口设置自闭装置或者在进气口装设过流关闭装置；对于分别设置液相和气相出口、公称容积大于或者等于 100L 的液化石油气钢瓶，液相出口所装设瓶阀的出气口采用快装接头。 （5）氧气瓶阀结构具有剩余压力保持功能（采用先抽真空后充装工艺的气瓶阀门除外）

三、瓶帽和保护罩

序号	项目	内容
1	瓶帽	（1）瓶帽是装在气瓶顶部、阀门之外的帽罩式保护附件。 （2）功能在于避免气瓶在搬运、运输或者使用过程中，受碰撞或冲击损伤阀门。 （3）在瓶帽上要开有对称的泄气孔。 （4）气瓶瓶帽的结构形式：可卸式和固定式
2	保护罩	（1）保护罩是保护瓶帽、瓶阀或易熔塞免受撞击而设置的敞口屏罩式零件，也可兼作提升零件 （2）多用于焊接气瓶及液化石油气钢瓶，所有保护罩应为不可拆卸结构
3	瓶帽和保护罩应满足要求	根据《气瓶安全技术规程》TSG 23—2021 的规定，瓶帽和保护罩应满足要求： （1）无缝气瓶出厂时，应当装配不影响瓶阀手轮正常使用的保护罩，并且不得装配螺纹式瓶帽。 （2）公称容积大于或者等于 10L 的钢质焊接气瓶（含溶解乙炔气瓶），应当装配不可拆卸的保护罩或者固定式瓶帽。 （3）气瓶保护罩或者固定式瓶帽应当具有良好的抗撞击性，不得用铸铁制造；公称容积小于或者等于 5L 的钢质无缝气瓶和公称容积小于或者等于 15L 的铝合金无缝气瓶的保护罩，可以用工程塑料制造

四、安全泄压装置

序号	项目		内容
1	气瓶安全泄压装置的主要作用		是保护气瓶在遇到周围发生火灾时，不会因瓶体受热、瓶内温度升高过快而造成气瓶爆炸
2	安全泄压装置的类型	易熔合金塞装置	（1）这种装置是通过控制温度来控制瓶内的温升压力的，所以也只适用于气瓶，而不是用于固定式容器。易熔合金塞装置由钢制塞体及其中心孔中浇铸的易熔合金构成。易熔合金塞的塞体内孔形式：带螺纹形、阶梯形或锥形。 （2）我国目前使用的易熔合金塞装置的公称动作温度有 102.5℃、100℃和70℃三种。其中用于溶解乙炔的易熔合金塞装置，其公称动作温度为100℃。公称动作温度为70℃的易熔合金塞装置用于除溶解乙炔气瓶外的公称工作压力小于或等于3.45MPa的气瓶；公称动作温度为102.5℃的易熔合金塞装置用于公称工作压力大于3.45MPa且不大于30MPa的气瓶。车用压缩天然气气瓶的易熔合金塞装置的动作温度为110℃
3		爆破片装置	（1）爆破片装置是由爆破片（压力敏感元件）和夹持器（或支撑圈）等组装而成的安全泄压装置。 （2）用于永久气体气瓶的爆破片一般装配在气瓶阀门上
4		安全阀	（1）安全阀是广泛用于固定式压力容器的泄压装置。 （2）特点是机构简单、紧凑，而且可重新关闭，保持密封状态。 （3）不足之处是泄压反应慢（因阀的开启具有滞后作用）、对介质的洁净度要求很高、密封性能差（是各类泄压装置中最差的一种）等。 （4）一般气瓶都没有安装这种泄压装置
5		复合装置	（1）爆破片—易熔塞复合装置由爆破片与易熔塞串联组装而成。易熔合金塞装设在爆破片排放一侧。这种复合装置兼有爆破片与易熔塞的优越性，尤其是密封性能更佳，因为它具有双重密封机构。 （2）爆破片—易熔塞复合装置一般是用于对密封性能要求特别严格的气瓶。如盛装三氟化硼、氯化氢、硅烷、氟乙烯、溴化氢等气体的气瓶。至于盛装其他气体的气瓶，如果在经济上或安全上有特殊密封性要求，也可以装设这种复合装置，如汽车用天然气钢瓶
6	安全泄压装置的装设及选用原则		根据《气瓶安全技术规程》TSG 23—2021 的规定，安全泄压装置的装设及选用原则： （1）车用气瓶、溶解乙炔气瓶、焊接绝热气瓶、液化气体气瓶集束装置以及长管拖车和管束式集装箱用大容积气瓶，应当装设安全泄压装置。 （2）盛装剧毒气体、自燃气体的气瓶，禁止装设安全泄压装置。 （3）盛装有毒气体的气瓶不应当单独装设安全阀，盛装高压有毒气体的气瓶应当选用爆破片—易熔合金塞复合装置。 （4）燃气气瓶和氧气、氮气以及惰性气体气瓶，一般不装设安全泄压装置。 （5）盛装易于分解或者聚合的可燃气体、溶解乙炔气体的气瓶，应当装设易熔合金塞装置。 （6）盛装液化天然气以及其他可燃气体的低温绝热气瓶内胆，至少装设 2 只安全阀；盛装其他低温液化气体的低温绝热气瓶，应当装设爆破片装置和安全阀。 （7）车用液化石油气钢瓶、车用二甲醚钢瓶，应当装设带安全阀的组合阀或者分立的安全阀；车用压缩天然气气瓶，应当装设爆破片—易熔合金塞串联复合装置或者玻璃泡装置。 （8）工业用非重复充装焊接钢瓶应当装设爆破片

序号	项目	内容
7	安全泄压装置的设计要求	根据《气瓶安全技术规程》TSG 23—2021 的规定，安全泄压装置的设计要求： （1）安全泄压装置结构应当与使用条件相适应，在正常的使用条件下应当具有良好的密封性能，安全泄压装置开启时产生的反作用力不应当对气瓶产生不良影响。 （2）盛装可燃气体的气瓶安全泄压装置的结构与装设，应当使所排出的气体直接排向大气空间，不会被阻挡或者冲击到其他设备上。 （3）爆破片装置（或者爆破片）的设计爆破压力应当根据气瓶的耐压试验压力确定；对于可重复充装气瓶用爆破片，一般不大于气瓶的耐压试验压力；对于非重复充装气瓶用爆破片，应当符合相关标准的规定。 （4）安全阀的开启压力不小于气瓶水压试验压力的 75% 并且不大于气瓶水压试验压力；安全阀额定排放压力不超过气瓶水压试验压力，回座压力不小于气瓶最高使用温度下的压力
8	安全泄压装置的装设部位	根据《气瓶安全技术规程》TSG 23—2021 的规定，安全泄压装置的装设部位规定如下： （1）安全泄压装置的气体泄放出口装设位置和方式，不得对气瓶本体的安全性能以及气瓶正常使用、搬运造成影响。 （2）无缝气瓶的安全泄压装置，应当装设在瓶阀上（长管拖车、管束式集装箱用大容积钢质无缝气瓶除外）。 （3）焊接气瓶的安全泄压装置，应当单独设置在气瓶封头上或者装设在瓶阀或者阀座上。 （4）工业用非重复充装焊接钢瓶的爆破片装置，应当焊接在气瓶封头上。 （5）低温绝热气瓶的安全泄压装置，应当装设在气瓶外壳的封头部位。 （6）溶解乙炔气瓶安全泄压装置，应当将易熔合金塞装设在气瓶上封头、阀座或者瓶阀上。 （7）爆破片—易熔合金塞复合装置中的爆破片，应当置于与瓶内介质接触的一侧

五、防震圈

序号	项目	内容
1	功能	防震圈是指套在气瓶外面的弹性物质。防震圈的主要功能是防止气瓶受到直接冲撞
2	防震圈的基本要求	（1）材料应具有一定的抗拉强度，使其制成的防震圈在装配时不致轻易被拉断。 （2）材料应具有一定的弹性和塑性，使其制成的防震圈能紧紧套在气瓶上而不会自动脱落。 （3）材料应具有一定的硬度，使防震圈能够经受撞击
3	制备	我国的防震圈大部分以天然橡胶或者合成橡胶为原料制备而成

考点4　气瓶的颜色标记和钢印标记

序号	项目	内容
1	颜色标志	各种介质气瓶的颜色标记是指涂敷在气瓶外表面的瓶色、字样、字色以及色环，是识别气瓶内所装气体的标志
2	钢印标志的内容	气瓶的钢印标志是识别气瓶的重要依据。气瓶的钢印标志包括制造钢印标志和检验钢印标志。 国产无缝气瓶制造钢印包含以下内容： (1) 产品标准号。 (2) 气瓶编号。 (3) 水压试验压力（MPa）。 (4) 公称工作压力（MPa）。 (5) 监检标记。 (6) 制造单位代码。 (7) 制造日期。 (8) 设计使用年限。 (9) 瓶体设计壁厚（mm）。 (10) 实际容积（kg）。 (11) 实际种类（L）。 (12) 充装气体名称或化学分子式。 (13) 液化气体最大充装量（kg）。 (14) 气瓶制造许可证编号。 (15) 检验机构代码、检验日期及下次检验日期。 《气瓶安全技术规程》TSG 23—2021规定，气瓶标志应当采用机械或者激光方法打印、蚀刻、镂刻等能够形成永久性标记的方式。对于无缝气瓶的定期检验，规定了色标的使用年限循环法则，检验色标每10年为一个循环周期。在无缝气瓶的定期检验钢印标志上，应当按照检验年份涂检验色标
3	钢印标志位置	根据《气瓶安全技术规程》TSG 23—2021的规定，气瓶的钢印标志，包括制造钢印标志和定期检验钢印标志。钢印标志打在瓶肩上时，其位置如图（a）所示。打在护罩上时，如图（b）所示，打在铭牌上时，如图（c）所示。 钢印标志位置示意图

续表

序号	项目	内容
4	钢印标志的项目和排列	根据《气瓶安全技术规程》TSG 23—2021 的规定，气瓶制造钢印的项目和排列如下图所示。 1—产品标准号；2—气瓶编号；3—水压试验压力（MPa）；4—公称工作压力（MPa）；5—监检标记；6—制造单位代号；7—制造日期；8—设计使用年限；9—瓶体设计壁厚（mm）；10—实际容积（L）；11—实际重量（kg）；12—充装气体名称或者化学分子式；13—液化气体最大充装量（kg）；14—气瓶制造许可证编号 气瓶制造钢印的项目和排列
5	定期检验钢印标志	根据《气瓶安全技术规程》TSG 23—2021 的规定，定期检验钢印标志，应当打在气瓶瓶体、铭牌或者护罩上，如下图所示。 定期检验钢印标志

考点 5　气瓶充装

序号	项目	内容
1	充装管理要求	（1）充装单位按照规定申请办理气瓶使用登记。 （2）充装单位只能充装本单位办理使用等级的气瓶，及使用登记机关同意充装的气瓶。 （3）充装单位应向气体使用者提供用气使用说明，对气体使用者进行气瓶安全使用指导，并且对所充装气瓶满足本规程所规定的基本安全要求负责

序号	项目	内容
2	充装基本要求	(1) 充装单位应在充装检查合格的气瓶上，牢固粘贴充装产品合格标签，标签上应注明充装单位名称和电话、气体名称、实际充装量、充装日期和充装检查人员代号。 (2) 充装单位在充装气瓶上标示警示标签。 (3) 充装单位应当为其所充装的气瓶建立充装电子档案。 (4) 严禁充装未经定期检验合格、非法改装、翻新及报废的气瓶。 (5) 充装单位应按规定制定事故应急预案，每年至少组织一次事故应急演练并记录
3	需先进行处理，再进行充装的情形	(1) 出厂标志、颜色标记不符合规定，瓶内介质未确认。 (2) 气瓶附件损坏、不全或不符合规定。 (3) 气瓶内无剩余压力。 (4) 超过检验期限。 (5) 外观存在明显损伤，需检查确认能否使用。 (6) 充装氧化或强氧化性气体气瓶沾有油脂。 (7) 充装可燃气体的新气瓶首次充装或定期检验后的首次充装，未经置换或抽真空处理
4	充装压缩气体	(1) 压缩气体充装后的压力（换算成20℃时）不得超过气瓶的公称工作压力。 (2) 充装氟或二氟化氧的气瓶，最大充装量不得大于5kg，充装压力不得大于3MPa（20℃时）
5	充装高（低）压液化气体	充装前应逐瓶称重（车用气瓶除外）。 应采用复检用衡器，对充装量逐瓶复检
6	充装低温液化气体及低温液体	应当对充装量逐瓶复检（车用焊接绝热气瓶除外），严禁过量充装
7	充装溶解乙炔	(1) 壁温≤40℃，流速<0.015m³/（h·L）。 (2) 多次充装，中间的间隔时间不少于8h
8	充装混合气体	采用加温、抽真空等适当方式预处理

考点6　充装站对气瓶的日常管理

一、气瓶的装卸运输、贮存、管理、发送

序号	管理环节	管理要求
1	气瓶的装卸运输	(1) 熟知气体性质。 (2) 检查气瓶的气体产品合格证、警示标签是否与充装气体及气瓶标志的介质名称一致，要配戴瓶帽、防震圈。 (3) 严禁用叉车、翻斗车或铲车搬运气瓶。 (4) 在气瓶运输车上，氧气瓶不可与可燃气体气瓶同车；运输气瓶的车上严禁烟火。 (5) 不得同车运输情形：化学性质相抵触的气体（如氧气、氯气与氢气；乙炔和液化石油气）不得同车运输，氧化或强氧化气体气瓶不准和易燃品、油脂及沾有油脂的物品同车运输。

序号	管理环节	管理要求
1	气瓶的装卸运输	（6）严禁用自卸汽车、挂车或长途客运汽车运送气瓶。 （7）严禁在首脑机关、居民密集处、超市闹市区及学校等处停车。运输车停靠时，司机和押运员不得同时离开车辆。 运送要注意：轻装、轻卸；严禁抛、滑、滚、碰；严禁拖拽、随地平滚、顺坡横或竖滑下或用脚踢；严禁肩扛、背驮、怀抱、臂挟、托举等；高举、高落时必须2人同时操作。 吊运应做到：将散装瓶装入集装箱内，固定好，用机械起重设备吊运；不得使用电磁起重机吊运气瓶；不得使用金属链绳捆绑后吊运气瓶；不得吊气瓶瓶帽吊运气瓶
2	贮存、保管	（1）气瓶的储存必须有专用瓶库。 （2）瓶库屋顶为轻型结构。 （3）分类存放：可燃与氧化分库；氢气不准与笑气、氨、氯乙烷、环氧乙烷、乙炔等同库。 （4）先入先发。 （5）配备灭火器材，库房周围严禁存放易燃易爆物品。 （6）空、实瓶分开放置，并有明显标志。 （7）气瓶放置应整齐，并配戴瓶帽
3	发送	（1）发送前，充装单位应向使用单位或购买气瓶人员宣传气体知识及气瓶常识。 （2）发送人员每天检查库存数量

二、气瓶报废处理

根据《气瓶安全技术规程》TSG 23—2021 的规定，气瓶应当按照以下要求进行报废：

（1）气瓶或者瓶阀使用时间超过其设计使用年限的。

（2）车用气瓶随报废车辆一同报废，其中出租车使用的车用压缩天然气瓶使用时间最长为8年。

（3）低温绝热气瓶的绝热性能无法满足使用要求并且无法修复的。

对于设计使用年限不清的气瓶，应当按照下表的规定确定设计使用年限。

序号	气瓶品种	设计使用年限(a)
1	钢质无缝气瓶	
2	铝合金无缝气瓶	
3	溶解乙炔气瓶及吸附式天然气钢瓶	
4	钢质焊接气瓶	20
5	焊接绝热气瓶	
6	长管拖车、管束式集装箱用大容积钢质无缝气瓶	
7	汽车用压缩天然气钢瓶、车用液化石油气钢瓶、车用液化二甲醚钢瓶	15
8	金属内胆纤维缠绕气瓶(不含车用氢气瓶)	

序号	气瓶品种	设计使用年限(a)
9	盛装腐蚀性气体或者在海洋等易腐蚀环境中使用的钢质无缝气瓶、钢质焊接气瓶	12
10	汽车用液化天然气气瓶、车用压缩氢气铝内胆碳纤维全缠绕气瓶	10
11	燃气气瓶	8

三、报废气瓶的处理

（1）不合格气瓶的处理

根据《气瓶安全技术规程》TSG 23—2021 的规定，使用单位不得使用存在严重事故隐患、经检验不合格或者应当予以报废的气瓶。对需要报废的气瓶，应当依法履行报废义务。自行或者将其送交气瓶检验机构进行消除使用功能的报废处理。

（2）消除使用功能处理

根据《气瓶安全技术规程》TSG 23—2021 的规定，消除报废气瓶使用功能的破坏性处理，应当采用压扁或者将瓶体解体等不可修复的方式。进行气瓶消除使用功能处理的机构应当对所处理的气瓶逐只进行记录，并且每年向负责办理气瓶使用登记的市场监管部门报告消除使用功能的气瓶数量。

（3）禁止性要求

根据《气瓶安全技术规程》TSG 23—2021 的规定，禁止性要求：

① 禁止任何单位或个人将报废气瓶（包括气瓶附件）修理、翻新后销售、使用。

② 禁止任何单位或个人采用钻孔或者破坏瓶口螺纹的方式，对报废气瓶进行消除使用功能处理。

③ 禁止任何单位或个人将报废气瓶未经消除使用功能处理，而销售、交给其他单位或者个人。

第五节　压力容器安全技术

📝 考点1　压力容器材料要求

根据《固定式压力容器安全技术监察规程》（含第 1 号修改单 2021 年 1 月 4 日发布）TSG 21—2016 规定，压力容器材料通用要求：

（1）压力容器的选材应当考虑材料的力学性能、物理性能、工艺性能和与介质的相容性。

（2）压力容器材料的性能、质量、规格与标志，应当符合相应材料的国家标准或者行业标准的规定。

（3）压力容器材料制造单位应当在材料的明显部位做出清晰、牢固的出厂钢印标志或者采用其他可以追溯的标志。

（4）压力容器材料制造单位应当向材料使用单位提供质量证明书，材料质量证明书的内容应当齐全、清晰并且印制可以追溯的信息化标识，加盖材料制造单位质量检验章。

（5）压力容器制造、改造、修理单位从非材料制造单位取得压力容器材料时，应当取得材料制造单位提供的质量证明书原件或者加盖了材料经营单位公章和经办负责人签字（章）的复印件。

（6）压力容器制造、改造、修理单位应当对所取得的压力容器材料及材料质量证明书的真实性和一致性负责。

（7）非金属压力容器制造单位应当有可靠的方法确定原材料或者压力容器成型后的材质在腐蚀环境下使用的可靠性，必要时进行试验验证。

📝 考点 2　压力容器设计要求

一、设计条件

根据《固定式压力容器安全技术监察规程》（含第 1 号修改单 2021 年 1 月 4 日发布）TSG 21—2016 规定，压力容器的设计委托方应当以正式书面形式向设计单位提出压力容器设计条件。设计条件至少包含以下内容

（1）操作参数（包括工作压力、工作温度范围、液位高度、接管载荷等）。

（2）压力容器使用地及其自然条件（包括环境温度、抗震设防烈度、风和雪载荷等）。

（3）介质组分与特性。

（4）预期使用年限。

（5）几何参数和管口方位。

（6）设计需要的其他必要条件。

二、设计总图

根据《固定式压力容器安全技术监察规程》（含第 1 号修改单 2021 年 1 月 4 日发布）TSG 21—2016 规定，压力容器的设计总图上至少注明以下内容：

（1）压力容器名称、分类，设计、制造所依据的主要法规、产品标准。

（2）工作条件，包括工作压力、工作温度、介质特性（毒性和爆炸危害程度等）。

（3）设计条件，包括设计温度、设计载荷（包含压力在内的所有应当考虑的载荷）、介质（组分）、腐蚀裕量、焊接接头系数、自然条件等，对储存液化气体的储罐还应当注明装量系数，对有应力腐蚀倾向的储存容器还应当注明腐蚀介质的限定含量。

（4）主要受压元件材料牌号与材料标准。

（5）主要特性参数（如压力容器容积、热交换器换热面积与程数等）。

（6）压力容器设计使用年限（疲劳容器标明循环次数）。

（7）特殊制造要求。

（8）热处理要求。

（9）无损检测要求。

（10）耐压试验和泄漏试验要求。

（11）预防腐蚀的要求（介质的腐蚀速率以及应力腐蚀倾向等）。

（12）安全附件及仪表的规格和订购特殊要求（工艺系统已考虑的除外）。

（13）压力容器铭牌的位置。

（14）包装、运输、现场组焊和安装要求。

三、金属压力容器无损检测方法

根据《固定式压力容器安全技术监察规程》（含第 1 号修改单 2021 年 1 月 4 日发布）TSG 21—2016 规定，压力容器的无损检测，包括射线、超声、磁粉、渗透和涡流检测等，应当采用《承压设备无损检测》规定的方法。采用未列入《承压设备无损检测》或者超出其适用范围的无损检测方法时，应当取得压力容器设计单位和监督检验机构书面同意。

四、压力容器焊接接头无损检测

（1）无损检测方法的选择

根据《固定式压力容器安全技术监察规程》（含第 1 号修改单 2021 年 1 月 4 日发布）TSG 21—2016 规定，无损检测方法的选择规定如下：

① 压力容器的对接接头应当采用射线检测（包括胶片感光或者数字成像）、超声检测［包括衍射时差法超声检测（TOFD）、可记录的脉冲反射法超声检测和不可记录的脉冲反射法超声检测］；当采用不可记录的脉冲反射法超声检测时，应当采用射线检测或者衍射时差法超声检测进行附加局部检测；当大型压力容器的对接接头采用 γ 射线全景曝光射线检测时，还应当另外采用 X 射线检测或者衍射时差法超声检测进行 50％附加局部检测，如果发现超标缺陷，则应当进行 100％X 射线检测或者衍射时差法超声检测复查。

② 有色金属制压力容器对接接头应当优先采用 X 射线检测。

③ 焊接接头的表面裂纹应当优先采用表面无损检测。

④ 铁磁性材料制压力容器焊接接头的表面检测应当优先采用磁粉检测。

（2）无损检测比例要求

根据《固定式压力容器安全技术监察规程》（含第 1 号修改单 2021 年 1 月 4 日发布）TSG 21—2016 规定，压力容器对接接头的无损检测比例分为全部（100％）和局部（大于或者等于 20％）两种。碳钢和低合金钢制低温容器，局部无损检测的比例应当大于或者等于 50％。

（3）全部射线检测或者超声检测要求

根据《固定式压力容器安全技术监察规程》（含第 1 号修改单 2021 年 1 月 4 日发布）TSG 21—2016 规定，符合下列情况之一的压力容器壳体 A、B 类对接接头，依据上述"无损检测方法的选择"第（1）项的方法进行全部无损检测：

① 盛装介质毒性危害程度为极度、高度危害的压力容器。

② 设计压力大于或者等于 1.6MPa 的第Ⅲ类压力容器。

③ 按照分析设计标准制造的压力容器。

④ 采用气压试验或者气液组合压力试验的压力容器。

⑤ 焊接接头系数取 1.0 的压力容器或者使用后需要但是无法进行内部检验的压力容器。

⑥ 标准抗拉强度下限值大于 540MPa 的低合金钢制压力容器。

⑦ 设计者认为有必要进行全部无损检测的焊接接头。

考点3　压力容器制造要求

一、产品铭牌

根据《固定式压力容器安全技术监察规程》（含第1号修改单2021年1月4日发布）TSG 21—2016规定，制造单位必须在压力容器的明显部位装设产品铭牌。铭牌应当清晰、牢固、耐久，采用中文（必要时可以中英文对照）和国际单位。产品铭牌上的项目至少包括以下内容：（1）产品名称；（2）制造单位名称；（3）制造单位许可证书编号和许可级别；（4）产品标准；（5）主体材料；（6）介质名称；（7）设计温度；（8）设计压力、最高允许工作压力（必要时）；（9）耐压试验压力；（10）产品编号或者产品批号；（11）设备代码；（12）制造日期；（13）压力容器分类；（14）自重和容积（换热面积）。

二、耐压试验

（1）耐压试验通用要求

根据《固定式压力容器安全技术监察规程》（含第1号修改单2021年1月4日发布）TSG 21—2016规定，耐压试验通用要求如下：

① 如果采用高于设计文件规定的耐压试验压力时，应当对各受压元件进行强度校核。

② 保压期间不得采用连续加压来维持试验压力不变，耐压试验过程中不得带压紧固或者向受压元件施加外力。

③ 耐压试验过程中，不得进行与试验无关的工作，无关人员不得在试验现场停留。

④ 进行耐压试验时，监督检验人员应当到现场进行监督检验。

⑤ 试验场地附近不得有火源，并且配备适用的消防器材。

⑥ 耐压试验后，如果出现返修深度大于二分之一厚度的情况，应当重新进行耐压试验。

（2）液压试验

根据《固定式压力容器安全技术监察规程》（含第1号修改单2021年1月4日发布）TSG 21—2016规定，液压试验程序规定如下：

① 试验介质应当符合产品标准和设计图样的要求，以水为介质进行液压试验时，试验合格后应当将水排净，必要时将水渍去除干净。

② 压力容器中应当充满液体，滞留在压力容器内的气体应当排净，压力容器外表面应当保持干燥。

③ 当压力容器器壁温度与液体温度接近时，才能缓慢升压至设计压力，确认无泄漏后继续升压到规定的试验压力，保压足够时间；然后降至设计压力，保压足够时间进行检查，检查期间压力应当保持不变。

④ 热交换器液压试验程序按照产品标准的规定。

根据《固定式压力容器安全技术监察规程》（含第1号修改单2021年1月4日发布）TSG 21—2016规定，进行液压试验的压力容器，符合以下条件为合格：

① 无渗漏。

② 无可见的变形。

③ 试验过程中无异常的响声。

（3）气压试验

根据《固定式压力容器安全技术监察规程》（含第 1 号修改单 2021 年 1 月 4 日发布）TSG 21—2016 规定，气压试验程序规定如下：

① 气压试验时，制造单位应当制定应急预案并且派人进行现场监督，撤走无关人员。

② 气压试验时，应当先缓慢升压至规定试验压力的 10% 保压足够时间，并且对所有焊缝和连接部位进行初次检查；如无泄漏可继续升压到规定试验压力的 50%；如无异常现象，按照规定试验压力的 10% 逐级升压至试验压力，保压足够时间后降至设计压力进行检查，检查期间压力应当保持不变。

根据《固定式压力容器安全技术监察规程》（含第 1 号修改单 2021 年 1 月 4 日发布）TSG 21—2016 规定，气压试验过程中，压力容器无异常响声，经过肥皂液或者其他检漏液检查无漏气、无可见的变形即为合格。

三、泄漏试验

（1）根据《固定式压力容器安全技术监察规程》（含第 1 号修改单 2021 年 1 月 4 日发布）TSG 21—2016 规定，制造单位应当按照设计文件的规定在耐压试验合格后进行泄漏试验。

（2）根据《固定式压力容器安全技术监察规程》（含第 1 号修改单 2021 年 1 月 4 日发布）TSG 21—2016 规定，气密性试验：

① 进行气密性试验时，一般需要将安全附件装配齐全；

② 保压足够时间经过检查无泄漏为合格。

（3）根据《固定式压力容器安全技术监察规程》（含第 1 号修改单 2021 年 1 月 4 日发布）TSG 21—2016 规定，其他泄漏试验：氨检漏试验、卤素检漏试验、氦检漏试验等泄漏试验由制造单位按照设计文件的规定进行。

考点4　压力容器使用安全管理

（1）使用合格产品、登记建档、建立制度、定期检验。

（2）专责管理：使用石化与化工成套装置的单位，以及使用压力容器台数达到 50 台及以上的单位，应设置专门特种设备安全管理机构，配备专职安全管理人员，并且逐台落实安全责任人。

（3）持证上岗：安全管理负责人和安全管理人员，持特种设备管理人员证。

（4）日常检查：安全检查每月进行一次。

考点5　压力容器安全附件及仪表

一、安全附件基础知识

序号	项目	内容
1	安全阀	（1）压力容器安全阀分全启式、微启式安全阀。 （2）主要故障有：泄漏、到规定压力时不开启、不到规定压力时开启、排气后压力继续上升、排放泄压后阀瓣不回座

续表

序号	项目	内容
2	爆破片	具有结构简单、泄压反应快、密封性能好、适应性强等特点
3	爆破帽	（1）多用于超高压容器。 （2）超压时其断裂的薄弱层面在开槽处
4	易熔塞	主要用于中、低压的小型压力容器
5	紧急切断间	（1）作用是在管道发生大量泄漏时紧急止漏，一般还具有过流闭止及超温闭止的性能，并能在近程和远程独立进行操作。 （2）按操作方式的不同，可分为机械（或手动）牵引式、油压操纵式、气压操纵式和电动操纵式等，前两种目前在液化石油气槽车上应用非常广泛

二、安全附件通用要求

根据《固定式压力容器安全技术监察规程》（含第 1 号修改单 2021 年 1 月 4 日发布）TSG 21—2016 规定，安全附件通用要求：

（1）制造安全阀、爆破片装置的单位应当持有相应的特种设备制造许可证。

（2）安全阀、爆破片、紧急切断阀等需要型式试验的安全附件，应当经过市场监管总局核准的型式试验机构进行型式试验并且取得型式试验证明文件。

（3）安全附件的设计、制造，应当符合相关安全技术规范的规定。

（4）安全附件出厂时应当随带产品质量证明，并且在产品上装设牢固的金属铭牌。

（5）安全附件实行定期检验制度，安全附件的定期检验按照本规程与相关安全技术规范的规定进行。

三、超压泄放装置的装设要求

根据《固定式压力容器安全技术监察规程》（含第 1 号修改单 2021 年 1 月 4 日发布）TSG 21—2016 规定，超压泄放装置的装设要求：

（1）本规程适用范围内的压力容器，应当根据设计要求装设超压泄放装置，压力源来自压力容器外部，并且得到可靠控制时，超压泄放装置可以不直接安装在压力容器上。

（2）采用爆破片装置与安全阀组合结构时，应当符合压力容器产品标准的有关规定，凡串联在组合结构中的爆破片在动作时不允许产生碎片。

（3）易爆介质或者毒性危害程度为极度、高度或者中度危害介质的压力容器，应当在安全阀或者爆破片的排出口装设导管，将排放介质引至安全地点，并且进行妥善处理，毒性介质不得直接排入大气。

（4）压力容器设计压力低于压力源压力时，在通向压力容器进口的管道上应当装设减压阀，如因介质条件减压阀无法保证可靠工作时，可用调节阀代替减压阀，在减压阀或者调节阀的低压侧，应当装设安全阀和压力表。

（5）使用单位应当保证压力容器使用前已经按照设计要求装设了超压泄放装置。

四、超压泄放装置的安装要求

根据《固定式压力容器安全技术监察规程》（含第 1 号修改单 2021 年 1 月 4 日发布）

TSG 21—2016 规定，超压泄放装置的安装要求：

（1）超压泄放装置应当安装在压力容器液面以上的气相空间部分，或者安装在与压力容器气相空间相连的管道上；安全阀应铅直安装。

（2）压力容器与超压泄放装置之间的连接管和管件的通孔，其截面积不得小于超压泄放装置的进口截面积，其接管应当尽量短而直。

（3）压力容器一个连接口上安装两个或者两个以上的超压泄放装置时，则该连接口入口的截面积，应当至少等于这些超压泄放装置的进口截面积总和。

（4）超压泄放装置与压力容器之间一般不宜安装截止阀门；为实现安全阀的在线校验，可在安全阀与压力容器之间安装爆破片装置；对于盛装毒性危害程度为极度、高度、中度危害介质，易爆介质，腐蚀、粘性介质或者贵重介质的压力容器，为便于安全阀的清洗与更换，经过使用单位安全管理负责人批准，并且制定可靠的防范措施，方可在超压泄放装置与压力容器之间安装截止阀门，压力容器正常运行期间截止阀门必须保证全开（加铅封或者锁定），截止阀门的结构和通径不得妨碍超压泄放装置的安全泄放。

（5）新安全阀应当校验合格后才能安装使用。

五、安全阀与爆破片

（1）安全阀与爆破片的排放能力

根据《固定式压力容器安全技术监察规程》（含第 1 号修改单 2021 年 1 月 4 日发布）TSG 21—2016 规定，安全阀、爆破片的排放能力，应当大于或者等于压力容器的安全泄放量。排放能力和安全泄放量按照压力容器产品标准的有关规定进行计算。对于充装处于饱和状态或者过热状态的气液混合介质的压力容器，设计爆破片装置应当计算泄放口径，确保不产生空间爆炸。

（2）安全阀整定压力

根据《固定式压力容器安全技术监察规程》（含第 1 号修改单 2021 年 1 月 4 日发布）TSG 21—2016 规定，安全阀的整定压力一般不大于该压力容器的设计压力。设计图样或者铭牌上标注有最高允许工作压力的，也可以采用最高允许工作压力确定安全阀的整定压力。

（3）爆破片爆破压力

根据《固定式压力容器安全技术监察规程》（含第 1 号修改单 2021 年 1 月 4 日发布）TSG 21—2016 规定，压力容器上装有爆破片装置时，爆破片的设计爆破压力一般不大于该容器的设计压力，并且爆破片的最小爆破压力不得小于该容器的工作压力。当设计图样或者铭牌上标注有最高允许工作压力时，爆破片的设计爆破压力不得大于压力容器的最高允许工作压力。

（4）安全阀与爆破片装置的组合

① 安全阀与爆破片装置并联组合时，爆破片的标定爆破压力不得超过容器的设计压力。安全阀的开启压力应略低于爆破片的标定爆破压力。

② 当安全阀进口和容器之间串联安装爆破片装置时，应满足下列条件：安全阀和爆破片装置组合的泄放能力应满足要求。爆破片破裂后的泄放面积应不小于安全阀进口面积，同时应保证爆破片破裂的碎片不影响安全阀的正常动作。

③ 爆破片装置与安全阀之间应装设压力表、旋塞、排气孔或报警指示器，以检查爆

破片是否破裂或渗漏。

④ 当安全阀出口侧串联安装爆破片装置时，应满足下列条件：容器内的介质应是洁净的，不含有胶着物质或阻塞物质。安全阀泄放能力应满足要求。当安全阀与爆破片之间存在背压时，阀仍能在开启压力下准确开启。爆破片的泄放面积不得小于安全阀的进口面积。安全阀与爆破片装置之间应设置放空管或排污管，以防止该空间的压力累积。

（5）安全阀动作机构

根据《固定式压力容器安全技术监察规程》（含第1号修改单2021年1月4日发布）TSG 21—2016规定，杠杆式安全阀应当有防止重锤自由移动的装置和限制杠杆越出的导架，弹簧式安全阀应当有防止随便拧动调整螺钉的铅封装置，静重式安全阀应当有防止重片飞脱的装置。

（6）安全阀校验单位

根据《固定式压力容器安全技术监察规程》（含第1号修改单2021年1月4日发布）TSG 21—2016规定，安全阀校验单位应当具有与校验工作相适应的校验技术人员、校验装置、仪器和场地，并且建立必要的规章制度。校验人员应当取得安全阀校验人员资格。校验合格后，校验单位应当出具校验报告书并且对校验合格的安全阀加装铅封。

六、压力容器仪表

序号	项目		内容
1	压力表	概述	（1）指示容器内介质压力的仪表，是压力容器的重要安全装置。 （2）按其结构和作用原理，压力表可分为液柱式、弹性元件式、活塞式和电量式四大类。活塞式压力计通常用作校验用的标准仪表，液柱式压力计一般只用于测量很低的压力，压力容器广泛采用的是各种类型的弹性元件式压力计
2		压力表选用	根据《固定式压力容器安全技术监察规程》（含第1号修改单2021年1月4日发布）TSG 21—2016规定，压力表选用规定如下： （1）选用的压力表，应当与压力容器内的介质相适应。 （2）设计压力小于1.6MPa压力容器使用的压力表的精度不得低于2.5级，设计压力大于或者等于1.6MPa压力容器使用的压力表的精度不得低于1.6级。 （3）压力表表盘刻度极限值应当为工作压力的1.5～3.0倍
3		压力表检定	根据《固定式压力容器安全技术监察规程》（含第1号修改单2021年1月4日发布）TSG 21—2016规定，压力表的检定和维护应当符合国家计量部门的有关规定，压力表安装前应当进行检定，在刻度盘上应当划出指示工作压力的红线，注明下次检定日期。压力表检定后应当加铅封
4		压力表安装	根据《固定式压力容器安全技术监察规程》（含第1号修改单2021年1月4日发布）TSG 21—2016规定，压力表安装要求如下： （1）安装位置应当便于操作人员观察和清洗，并且应当避免受到辐射热、冻结或者振动等不利影响。 （2）压力表与压力容器之间，应当装设三通旋塞或者针形阀（三通旋塞或者针形阀上应当有开启标记和锁紧装置），并且不得连接其他用途的任何配件或者接管。 （3）用于蒸汽介质的压力表，在压力表与压力容器之间应当装有存水弯管。 （4）用于具有腐蚀性或者高粘度介质的压力表，在压力表与压力容器之间应当安装能隔离介质的缓冲装置。

续表

序号	项目		内容
5		概述	又称液面计，是用来观察和测量容器内液体位置变化情况的仪表。对于盛装液化气体的容器，液位计是一个必不可少的安全装置
6	液位计	通用要求	根据《固定式压力容器安全技术监察规程》（含第1号修改单2021年1月4日发布）TSG 21—2016规定，压力容器用液位计应当符合以下要求： （1）根据压力容器的介质、设计压力（或者最高允许工作压力）和设计温度选用。 （2）在安装使用前，设计压力小于10MPa的压力容器用液位计，以1.5倍的液位计公称压力进行液压试验；设计压力大于或者等于10MPa的压力容器用液位计，以1.25倍的液位计公称压力进行液压试验。 （3）储存0℃以下介质的压力容器，选用防霜液位计。 （4）寒冷地区室外使用的液位计，选用夹套型或者保温型结构的液位计。 （5）用于易爆、毒性危害程度为极度或者高度危害介质、液化气体压力容器上的液位计，有防止泄漏的保护装置。 （6）要求液面指示平稳的，不允许采用浮子（标）式液位计
7		液位计安装	液位计应当安装在便于观察的位置，否则应当增加其他辅助设施。大型压力容器还应当有集中控制的设施和警报装置。液位计上最高和最低安全液位，应当作出明显的标志
8	壁温测试仪表		温度计是用来测量物质冷热程度的仪表，可用来测量压力容器介质的温度。对于需要控制壁温的容器，还必须装设测试壁温的温度计

📝 考点6 压力容器使用安全技术

序号	项目	要求
1	基本要求	（1）平稳操作：加载和卸载缓慢。 （2）防止超载超压：压力来自外部（如气体压缩机、蒸汽锅炉等），应避免操作失误，采用安全操作挂牌制度、加强泄压装置检查；压力来自内部（反应容器），应防止加料过量或原料中有杂质；储装液化气体的容器，密切监视液位、避免受热
2	运行期间的检查	运行中检查包括工艺条件、设备状况以及安全装置等方面。 （1）工艺条件方面：操作压力、操作温度、液位是否在规定的范围内。 （2）设备状况方面：连接部位有无泄漏、渗漏，容器及其连接道有无振动、磨损等。 （3）安全装置方面：安全装置是否保持完好状态
3	紧急停止运行	（1）容器的操作压力或壁温超过规定极限值，采取措施无法控制。 （2）容器承压部件出现危及容器安全的迹象。 （3）安全装置全部失效、连接管件断裂、紧固件损坏等，难以保证安全操作。 （4）操作岗位发生火灾，威胁到容器的安全操作。 （5）高压容器的信号孔或警报孔泄漏

序号	项目	要求
4	维护保养	（1）保持完好的防腐层。 （2）消除产生腐蚀的因素。 （3）消灭"跑、冒、滴、漏"。 （4）加强容器在停用期间的维护。 （5）保持完好状态

第六节　压力管道安全技术

考点1　压力管道的管道元件要求

一、基本要求

根据《压力管道安全技术监察规程——工业管道》TSG D0001—2009 规定，管道元件制造单位应当按照管道元件的供货批量，提供盖有制造单位质量检验章的产品质量证明文件，实行监督检验的管道元件，还应当提供特种设备检验检测机构出具的监督检验证书。

管道组成件的质量证明文件包括产品合格证和质量证明书。产品合格证一般包括产品名称、编号、规格型号、执行标准等。质量证明书除包括产品合格证的内容外，一般还应当包括以下内容：

（1）材料化学成分。

（2）材料以及焊接接头力学性能。

（3）热处理状态。

（4）无损检测结果。

（5）耐压试验结果（适用于有关安全技术规范及其相应标准或者合同有规定的）。

（6）型式试验结果（适用于有型式试验要求的）。

（7）产品标准或者合同规定的其他检验项目。

（8）外协的半成品或者成品的质量证明。

管道支承件应当按照有关安全技术规范及其相应标准的规定，提供产品质量证明文件。产品合格证和质量证明书应当有制造单位质量检验人员和质量保证工程师签章。

二、材料

根据《压力管道安全技术监察规程——工业管道》TSG D0001—2009 规定，管道组成件的材料选用应当满足以下各项基本要求，设计时根据特定使用条件和介质，选择合适的材料：

（1）符合相应材料标准的规定，其使用方面的要求符合管道有关安全技术规范的规定。

(2) 金属材料的延伸率不低于14％材料在最低使用温度下具备足够的抗脆断能力，由于特殊原因必须使用延伸率低于14％金属材料时，能够采取必要的防护措施。

(3) 在预期的寿命内，材料在使用条件下具有足够的稳定性，包括物理性能、化学性能、力学性能、耐腐蚀性能以及应力腐蚀破裂的敏感性等。

(4) 考虑在可能发生火灾和灭火条件下的材料适用性以及由此带来的材料性能变化和次生灾害。

(5) 材料适合相应制造、制作加工（包括锻造、铸造、焊接、冷热成型加工、热处理等）的要求，用于焊接的碳钢、低合金钢的含碳量应当小于或者等于0.30％。

(6) 几种不同的材料组合使用时，应当注意其可能出现的不利影响。

三、管道元件的使用

根据《压力管道安全技术监察规程——工业管道》TSG D0001—2009规定，管道元件的使用要求如下：

(1) 灰铸铁和可锻铸铁管道组成件可以在下列条件下使用，但是必须采取防止过热、急冷急热、振动以及误操作等安全防护措施：

① 灰铸铁的使用温度高于或者等于−10℃，并且低于或者等于230℃，设计压力小于或者等于2.0MPa。

② 可锻铸铁的使用温度高于−20℃，并且低于或者等于300℃，设计压力小于或者等于2.0MPa。

③ 灰铸铁和可锻铸铁用于可燃介质时，使用温度高于或者等于150℃，设计压力小于或者等于1.0MPa。

(2) 铸铁管道组成件的使用除符合"灰铸铁和可锻铸铁管道组成件"的规定外，还应当符合以下要求：

① 铸铁（灰铸铁、可锻铸铁、球墨铸铁）不得应用于GC1级管道，灰铸铁和可锻铸铁不得应用于剧烈循环工况。

② 球墨铸铁的使用温度高于−20℃，并且低于或者等于350℃。

(3) 用于管道组成件的碳素结构钢的焊接厚度应当符合以下要求：

① 沸腾钢、半镇静钢，厚度不得大于12mm。

② A级镇静钢，厚度不得大于16mm。

③ B级镇静钢，厚度不得大于20mm。

(4) 碳素结构钢管道组成件（受压元件）的使用除符合"用于管道组成件的碳素结构钢的焊接厚度"规定外，还应当符合以下规定：

① 碳素结构钢不得用于GC1级管道。

② 沸腾钢和半镇静钢不得用于有毒、可燃介质管道，设计压力小于或者等于1.6MPa，使用温度低于或者等于200℃，并且不低于0℃。

③ Q215A、Q235A等A级镇静钢不得用于有毒、可燃介质管道，设计压力小于或者等于1.6MPa，使用温度低于或者等于350℃，最低使用温度按照《压力管道规范 工业管道 第1部分：总则》GB/T 20801.1—2020的规定。

④ Q215B、Q235B 等 B 级镇静钢不得用于极度、高度危害有毒介质管道，设计压力小于或者等于 3.0MPa，使用温度低于或者等于 350℃，最低使用温度按照《压力管道规范 工业管道 第 1 部分：总则》GB/T 20801.1—2020 的规定。

考点 2　压力管道的设计要求

根据《压力管道安全技术监察规程——工业管道》TSG D0001—2009 规定，管道组成件适用压力的选用应当符合以下要求：

（1）法兰、阀门等管道元件的适用压力，符合相关标准所规定的对应于设计温度的压力-温度额定值的规定。

（2）直管、斜接弯头、弯管、盲板、非标法兰以及支管连接管件的适用压力按照《压力管道规范 工业管道》系列规范进行计算确定。

（3）承插和螺纹管件的适用压力按照相关标准规定的直管壁厚确定。

（4）对焊管件和支管座的适用压力按照计算确定，无法进行计算时，可以由验证试验确定。

不能按照本条（1）～（4）项确定适用压力的管道组成件。也可以根据使用经验、应力分析、型式试验等方法确定其适用压力，但需通过国家质检总局委托的技术组织或者技术机构的技术评审。

根据《压力管道安全技术监察规程——工业管道》TSG D0001—2009 规定，为了保证法兰接头的密封要求，设计时应当遵循以下原则：

（1）平焊法兰不得用于温度频繁变化的管道，特别是法兰未做隔热的场合。

（2）剧烈循环工况的管道采用法兰连接时选用带颈对焊法兰。

（3）胀接法兰、螺纹法兰不得用于 GC1 级管道和腐蚀性极强的环境中。

（4）扩口翻边接头不得用于剧烈循环工况。

（5）法兰连接的紧固件符合预紧与操作条件下垫片的密封要求，低强度紧固件不得用于剧烈循环工况下的法兰接头。

（6）垫片根据流体性质、使用温度、压力以及法兰密封面等因素选用，垫片的密封荷载与法兰的压力等级、密封面形式和表面粗糙度以及紧固件相匹配。

（7）GC1 级管道以及有毒、可燃介质管道，规定其法兰接头的紧固载荷和紧固程序，确保法兰接头的密封性能。

考点 3　压力管道安全附件

一、安全泄压装置

序号	项目	内容
1	长输输气管道一般应设置安全泄放装置	（1）输气站应在进站截断阀上游和出站截断阀下游设置泄压放空装置。 （2）输气干线截断阀上下游均应设置放空管，应能迅速放空两截断阀之间管段内的气体。 （3）输气站存在超压可能的设备和容器，应设置安全阀

序号	项目	内容
2	热力管道的超压保护装置	泄压装置多采用安全阀，安全阀开启压力一般为正常最高工作压力的 1.1 倍，最低为 1.05 倍
3	工业管道安全泄压装置的通用要求	（1）除特殊情况外，处于运行中可能超压的管道系统均应设置泄压装置。泄压装置可采用安全阀、爆破片装置或者两者组合使用。 （2）不宜使用安全阀的场合可以使用爆破片。 （3）安全阀应按照需要排放的气（汽）体或液体介质进行选用，并考虑背压的影响。安全阀或爆破片的入口管道和出口管道上不宜设置切断阀。但工艺有特殊要求必须设置切断阀时，应设置旁通阀及就地压力表，而且正常工作时安全阀或爆破片入口或出口的切断阀应在开启状态下锁住，旁通阀应在关闭状态下锁住

二、用于控制介质压力和流动状态的装置

序号	项目		内容
1	调压装置		主要用在输气管道、输油管道、蒸汽管道和城镇燃气管道系统中，是以调压器为主，并将必需的阀门、过滤器、安全装置、测量仪表、旁通管和计量设备等安装配置连接成一个整体的压力调节与控制系统
2	止回阀		在需防止流体倒流的工业管道上，应设置止回阀。在燃气管道的高压储存门站、储配站调压工艺系统的燃气入口处，也应当装设止回阀
3	切断装置	紧急切断装置	可燃液化气或者可燃压缩气贮运和装卸设施中，重要的气相和液相管道应当设置紧急切断装置。紧急切断装置包括紧急切断阀、远程控制系统和易熔塞自动切断装置。远程控制系统的关闭装置应当装在人员易于操作的位置，易熔塞自动切断装置应当设在环境温度升高至设定温度时，能自动关闭紧急切断阀的位置
4		线路截断阀	长输管道均需设置线路截断阀。截断阀可采用自动或者手动阀门，并应能通过清管器或者检测仪器
5		切断阀	工业管道中进出装置的可燃、易爆、有毒介质管道应在边界处设置切断阀，并在装置侧设"8"字盲板

三、阻火器

序号	项目	内容
1	阻火器的型式	按其结构型式可以分为金属网型、波纹型、泡沫金属型、平行板型、多孔板型、水封型、充填型等；按功能可分为爆燃型和轰爆型，其中爆燃型阻火器是用于阻止火焰以亚音速通过的阻火器，轰爆型阻火器是用于阻止火焰以音速或超音速通过的阻火器
2	阻火器的选用要求	（1）阻火器主要是根据介质的化学性质、温度、压力进行选用。 （2）选用阻火器时，其最大间隙应不大于介质在操作工况下的最大试验安全间隙。 （3）选用的阻火器的安全阻火速度应大于安装位置可能达到的火焰传播速度。 （4）阻火器的壳体要能承受介质的压力和允许的温度，还要能耐介质的腐蚀。 （5）阻火器的填料要有一定强度，且不能与介质起化学反应

序号	项目	内容
3	阻火器的安装要求	根据《压力管道安全技术监察规程——工业管道》TSG D0001—2009 规定，阻火器安装时，应当满足下列要求： （1）管端型放空阻火器的放空端应当安装防雨帽。 （2）工艺物料含有颗粒或者其他会使阻火元件堵塞的物质时，应当在阻火器进、出口安装压力表，监控阻火器的压力降。 （3）工艺物料含有水汽或者其他凝固点高于 0℃ 的蒸汽（如醋酸蒸汽等），有可能发生冻结的情况，阻火器应当设置防冻或者解冻措施，如电伴热、蒸汽盘管或者夹套和定期蒸汽吹扫等。对于水封型阻火器，可采用连续流动水或者加防冻剂的方法防冻。 （4）阻火器不得靠近炉子和加热设备，除非阻火单元温度升高不会影响其阻火性能。 （5）单向阻火器安装时，应当将阻火侧朝向潜在点火源

四、防静电设施

（1）可燃介质管道：应有静电接地设施，并测量各连接接头间的电阻值和管道系统的对地电阻值。这些电阻值超过标准或者设计文件规定时，应当设置跨接导线（在法兰和螺纹接头间）和接地引线。

（2）强氧化性流体（氧或氟）管道：应当在管道预制后、安装前分段或单件进行脱脂，脱脂的范围应当包括所有管道组成件与流体接触的表面。应当采取措施避免管道内部残存的脱脂介质与氧气形成危险的混合物。

五、凝水缸

（1）为排除燃气管道中的冷凝水和天然气管道中的轻质油，管道敷设时应有一定坡度，以便在低处设凝水缸，将汇集的水或油排出。

（2）凝水缸的间距为 500m 左右。

（3）凝水缸有不能自喷和能自喷两种。若管道内压力较低，水或油就要依靠抽水设备排出。安装在高、中压管道上的凝水缸，由于管道内压力较高，积水（油）在排水管旋塞打开后就能自行喷出。

六、放散管

（1）是一种专门用来排放管道中的空气或燃气的装置。

（2）在管道投入运行时利用放散管排空管内的空气，防止在管道内形成爆炸性的混合气体。在管道或设备检修时，可利用放散管排空管道内的燃气。

（3）在城镇燃气管网中，放散管一般设在闸井中，在管网中安装在阀门前后，在单向供气的管道上则安装在阀门之前。

七、泄漏气体安全报警装置

（1）在易燃易爆场所，通常要安装泄漏气体安全报警装置。

（2）输油输气管道的泄漏监测报警装置一般采用固定装置（在管道上安装传感器）实

时监测，可以实现对管道从不漏到发生泄漏的过程监测，一旦发生泄漏立即报警。

（3）根据传感器安装在管道的具体部位，泄漏监测技术可分为外监测和内监测两种。

八、阴极保护装置

（1）在埋地敷设的线路中，设置阴极保护装置是目前防止管道受地下外部环境影响而产生腐蚀破坏的最重要措施之一。

（2）阴极保护形式有牺牲阳极法和强制电流法两种。

九、压力表、温度计

（1）压力管道上装设的压力表必须与使用介质相适应。低压管道使用的压力表精度应当不低于 2.5 级，中压、高压管道使用的压力表精度应当不低于 1.5 级。

（2）压力管道上使用的温度计，主要用于测量介质的温度。其选用、装设等要符合相应的安全技术规范和设计标准的要求。

考点4 压力管道使用安全管理

（1）使用合格产品、登记建档、建立制度、定期检验。

（2）持证上岗，使用单位管理层应配备一名人员负责压力管道安全管理工作。

考点5 压力管道使用安全技术

序号	项目	内容
1	安全操作基本要求	（1）严禁超压、超温运行。 （2）加载和卸载速度不能太快。 （3）高温或低温（−20℃以下）条件下工作的管道，加热或冷却应缓慢进行。 （4）开工升温过程中，高温管道需对管道法兰连接螺栓进行热紧，低温管道需进行冷紧。 （5）避免压力和温度的大幅波动。 （6）尽量减少管道开停次数
2	管线巡查要求	（1）应特别加强巡回检查部位：对长输管道中的储罐、调压与压缩机的进出口等处的管道，穿越河流、桥梁、铁路、公路和居民点的管道，埋设在土壤腐蚀性严重路段的管道，城镇燃气、热力输配系统流程的要害部位，工业管道中输送可燃、有毒和腐蚀性介质的管道，以及管道中属于生产流程要害部位（如加热炉出口、塔和反应器底部、高温高压机泵进出口等）；管道上易被忽视的部位以及易成为"盲肠"的部位，交变载荷作用的部位。 （2）注意是否存在外力和人为破坏的情况
3	维护保养要求	（1）静电跨接和接地装置要保持良好完整。 （2）消除跑冒滴漏。 （3）禁止将管道及支架作为电焊的零线或起重工具的锚点和撬抬重物的支撑点。 （4）停用的管道应排除管内有毒、可燃介质，进行置换，必要时做惰性介质保护
4	故障处理	（1）可拆卸接头和密封填料处泄漏：采取紧固措施消除泄漏，但不得带压紧固连接件。

续表

序号	项目	内容
4	故障处理	（2）管道发生异常振动和摩擦：采取隔断振源、调整支承、使相互摩擦的部位隔离等措施。 （3）安全阀动作失灵：停车或泄压后对安全阀进行检查和调试。 （4）工业管道内部堵塞：必须定期排除凝水缸中的冷凝水；出现袋水情况，采取校正管道坡度，增设凝水缸等方法消除此情况。 （5）仪表失灵：由专业人员进行检查和更换
5	管道完整性管理	包括管道完整性管理信息系统、安全评价与检测、风险评估、管道的维修、事故的应急处理等

考点 6　压力管道定期检验

（1）根据《压力管道定期检验规则——工业管道》TSG D7005—2018 规定，管道一般在投入使用后 3 年内进行首次定期检验。以后的检验周期由检验机构根据管道安全状况等级，按照以下要求确定：

① 安全状况等级为 1 级、2 级的，GC1、GC2 级管道一般不超过 6 年检验一次，GC3 级管道不超过 9 年检验一次。

② 安全状况等级为 3 级的，一般不超过 3 年检验一次，在使用期间内，使用单位应当对管道采取有效的监控措施。

③ 安全状况等级为 4 级的，使用单位应当对管道缺陷进行处理，否则不得继续使用。

（2）根据《压力管道定期检验规则——工业管道》TSG D7005—2018 规定，有下列情况之一的管道，应当适当缩短定期检验周期：

① 介质或者环境对管道材料的腐蚀情况不明或者腐蚀减薄情况异常的。

② 具有环境开裂倾向或者产生机械损伤现象，并且已经发现开裂的。

③ 改变使用介质，并且可能造成腐蚀现象恶化的。

④ 材质劣化现象比较明显的。

⑤ 使用单位未按照规定进行年度检查的。

⑥ 基础沉降造成管道挠曲变形影响安全的。

⑦ 检验中怀疑存在其他影响安全因素的。

（3）根据《压力管道定期检验规则——工业管道》TSG D7005—2018 规定，年度检查应当至少包括对管道安全管理情况、管道运行状况和安全附件与仪表的检查，必要时应当进行壁厚测定和电阻值测量。

第七节　起重机械安全技术

考点 1　起重机械使用安全管理

（1）使用合格产品、登记建档、建立制度、定期检验。

（2）作业人员方面：起重机司机必须取得合格证，方可独立操作。指挥人员应经过专业技术培训和安全技能训练。

（3）起重机械检查方面：应进行自我检查、每日检查、每月检查和年度检查。

① 年度检查：每年至少进行一次全面检查。停用1年以上、4级以上地震或发生重大设备事故、露天作业的起重机械经受9级以上的风力后的起重机，使用前都应做全面检查。

② 每月检查：停用一个月以上的起重机构进行该检查。检查项目：安全装置、制动器、离合器等有无异常；重要零部件的状态，有无损伤，是否应报废等；电气、液压系统及其部件的泄漏情况及工作性能；动力系统和控制器。

③ 每日检查：每天作业前进行。检查项目：安全装置、制动器、操纵控制装置、紧急报警装置，轨道的安全状况，钢丝绳的安全状况。

📝 考点2　起重机械安全装置

序号	安全装置名称	内容
1	制动器	停止或限制起重机的运动或功能的装置。 起重机的常用制动器有：短行程电子块式制动器、长行程瓦式制动器、液压推杆瓦式制动器、液压电磁瓦块式制动器等
2	起重量限制器（超载限制器）	自动防止起重机起吊超过规定的额定起重量的限制装置。 按其功能型式分为：自动停止型、报警型、综合型；按结构型式分为：机械式、电子式和液压式
3	起重力矩限制器	有机械式和电子式。小车变幅式塔式起重机常用的是全力矩法机械式起重力矩限制器
4	极限力矩限制器	为防止回转驱动装置偶尔过载，保护电动机、金属结构及传动零部件免遭破坏。 型式：弹簧和凸台结构的配合（可恢复和重复作用的一种力矩限制机构）；使用保险销钉结构（作为防止重要机构损坏的预防装置，属于不可恢复的最终保护）
5	起升高度限制器（吊钩高度限位器）	用于限制起升高度的安全保护装置。动力驱动的起重机的起升机构均应装设上升极限位置限制器
6	运行机构行程限位器（运行极限位置限制器）	凡是动力驱动的起重机，其运行极限位置都应装设
7	缓冲器和端部止挡	桥式、门式起重机和装卸桥，以及门座起重机或升降机等都要装设缓冲器。 在轨道上运行的起重机的运行机构、起重小车的运行机构及起重机的变幅机构等均应装设缓冲器或缓冲装置。缓冲器或缓冲装置可以安装在起重机上或轨道端部止挡装置上
8	紧（应）急停止开关	在紧急情况下迅速切断动力回路总电源
9	联锁保护装置	通过机械或电气的机构使两个动作具有互相制约的关系
10	偏斜显示（限制）装置	跨度等于或超过40m的装卸桥和门式起重机应装设

序号	安全装置名称	内容
11	轨道清扫器	当物料有可能寄存在轨道上成为运行的障碍时，在轨道上行驶的起重机和起重小车，在台车架下面和小车架下面应装设
12	抗风防滑装置	露天工作于轨道上运行的起重机均应装设。 起重机抗风防滑装置主要有夹轨器、锚定装置和铁鞋
13	风速仪	室外作业的高大起重机应安装，安装在起重机上部迎风处
14	防护罩、防护栏、隔热装置	运行对人体可能造成危险的零部件应设保护装置。起重机上外露的、有伤人可能的活动零部件均应装设防护罩。露天工作的起重机的电气设备，应具有防雨功能或装设防雨罩
15	防碰撞装置	同层多台起重机同时作业，两层、甚至三层起重机共同作业的场所，使用的起重机上要求安装防撞装置。 防碰装置的结构型式：反射型、直射型
16	报警装置	蜂鸣器、闪光灯
17	防止臂架向后倾翻装置（防后倾装置）	吊臂后倾原因：起升用的吊具、索具或起升用钢丝绳存在缺陷；起重工绑挂不当，起吊过程中重物散落、脱钩
18	电缆卷筒终端限位装置	电缆长度需大于起重机运行轨道的长度，当电缆长度小于起重机运行轨道的长度时，应设置
19	回转限位装置（回转锁定装置）	臂架起重机处于运输、行驶或非工作状态时，锁住回转部分，使之不能转动的装置
20	幅度限位器	对采用移动小车变幅的塔式起重机应装设
21	幅度指示器	具有变幅机构的起重机械应装设
22	集装箱吊具专项保护装置	检查集装箱吊具转锁装置安全联锁、伸缩装置安全联锁、伸缩止挡及其限位是否有效
23	桥式、门式起重机专项安全保护和防护装置	防倾斜安全钩、导电滑线安全防护
24	塔式起重机专项安全保护和防护装置	防小车坠落、强迫换速装置
25	防坠安全器	主要用于施工升降机等起重设备上，其作用是限制吊笼的运行速度
26	流动式起重机专项安全保护和防护装置	支腿锁紧装置、回转锁紧装置、水平仪、铁路起重机专项安全保护和防护装置
27	机械式停车设备专项安全保护和防护装置	紧（应）急停止开关；防止超限运行装置；汽车长、宽、高限制装置；阻车装置；人车误入检出装置；载车板上汽车位置检测装置；出入口门、围栏门联锁保护装置；自动门防夹装置；防重叠自动检测装置；防载车板坠落装置；警示装置；缓冲器；松绳（链）检测装置或载车板倾斜检测装置；运转限制装置

考点3 起重机械使用安全技术

序号	项目	要求
1	吊运前准备	(1) 佩戴个人防护用品。 (2) 确定搬运路线，清理现场。 (3) 检查设备、吊具。 (4) 确定吊点位置和捆绑方式。 (5) 编制作业方案。 (6) 制定应急对策
2	起重机司机安全操作技术	(1) 开机前，确认处于安全状态。 (2) 开车前，必须鸣铃或示警。 (3) 正常操作过程中"五不得"：不得利用极限位置限制器停车；不得利用打反车进行制动；不得在起重作业过程中进行检查和维修；不得带载调整起升、变幅机构的制动器，或带载增大作业幅度；吊物不得从人头顶上通过，吊物和起重臂下不得站人。 (4) 操作过程中严格按指挥信号操作。 (5) 吊载接近或达到额定值要试吊。 (6) 遇吊物质量不清、埋置于地下、作业场地昏暗时，不应操作。 (7) 突然断电，所有控制器置零，关闭总电源。重新工作检查起重机工作是否正常。 (8) 两台起重机吊运同一重物时，每台不得超载，钢丝绳垂直、同步，有负责人和技术人员在场。 (9) 露天作业的轨道起重机，风力大于6级时，停止作业
3	司索工安全操作技术	(1) 准备吊具：估算吊物重量，以增大20%选择吊具。 (2) 捆绑吊物：防止超载（被埋或被冻的物体要完全挖出），防止坠落伤人（可移动的零件锁紧或捆牢，形状或尺寸不同的物品不经特殊捆绑），防止起吊吃力后损坏吊索（尖棱利角加垫物），表面光滑防止滑脱，大而重的物体应加诱导绳。 (3) 挂钩起钩：坚持"五不挂"（起重或吊物质量不明不挂，重心位置不清楚不挂，尖棱利角和易滑工件无衬垫物不挂，吊具及配套工具不合格或报废不挂，包装松散捆绑不良不挂），起钩时不应站在吊物倾翻、坠落可波及的地方。 (4) 摘钩卸载：摘钩时应等所有吊索完全松弛再进行，确认所有绳索从钩上卸下再起钩。严禁抖绳摘索、起重机抽索
4	高处作业的安全防护	安全防护的结构和尺寸应根据人体参数确定

考点4 起重机械的选用

根据《起重机械安全规程 第1部分：总则》GB/T 6067.1—2010规定，所需各种类型起重机械的性能和形式在满足其工作要求的同时，还应满足安全要求。选用起重机械应考虑下列内容：

（1）载荷的质量、规格和特点。

（2）工作速度、工作半径、跨度、起升高度和工作区域。

（3）整机工作级别、结构件工作级别、机构工作级别。

（4）起重机械的工作时间或永久安装的起重机械的预期工作寿命。

（5）场地和环境条件（温度、湿度、海拔、腐蚀性、易燃易爆等）或现有建筑物形成的障碍。

（6）起重机的通道、安装、运行、操作和拆卸所占用的空间。

（7）其他特殊操作要求或强制性规定。

第八节　场（厂）内专用机动车辆安全技术

考点1　场（厂）内专用机动车辆设计要求

一、一般要求

根据《场（厂）内专用机动车辆安全技术规程》TSG 81—2022规定，场（厂）内专用机动车辆设计一般要求如下：

（1）场车的设计应当符合安全、使用场所环境（如温度、湿度、海拔高度、坡度、爆炸性环境等）和相关标准的要求。

（2）场车的技术状况应当能保证司机的正常工作条件。

（3）场车的铭牌、安全标志及其说明应当设置在车辆的显著位置。

（4）叉车应当留有一处安装车牌的位置，观光车辆应当留有前后安装车牌的位置，该位置的尺寸应当符合《特种设备使用管理规则》中车牌的安装要求。

（5）观光车、观光列车的每节车厢应当设置存放灭火器的位置，并且该位置应当便于灭火器的取用。

（6）观光车辆所有车轮上均应当设置行车制动装置，并且能够由司机直接操纵。

（7）观光车辆应当采用非封闭的车身结构。

二、观光车辆技术参数的特殊要求

根据《场（厂）内专用机动车辆安全技术规程》TSG 81—2022规定，观光车辆的技术参数应当符合以下要求：

（1）观光车的额定载客人数（含司机，下同）不大于23。

（2）观光列车的额定载客人数（含司机和安全员）不大于72，并且牵引车头座位数不大于2，车厢总节数不大于3，每节车厢座位数不大于35。

（3）观光车辆的轮距不小于1.15m。

（4）观光列车的牵引车头及每节车厢的车轮数均大于4。

（5）观光车辆无载状态下的侧倾稳定角不小于35°。

三、场（厂）内专用机动车辆设计的具体规定

序号	项目		内容
1	主要受力结构件	叉车	根据《场（厂）内专用机动车辆安全技术规程》TSG 81—2022 规定，叉车的主要受力结构件包括车架、门架、货叉架、货叉，应当符合以下要求： （1）具有足够的强度和刚度，在强度试验和偏载试验中，不发生永久变形或者损坏，门架之间、货叉架与门架之间活动自如，无阻滞现象与异常响声。 （2）实心截面货叉符合《叉车 货叉 技术要求和试验方法》GB/T 5182—2008
2		观光车辆	根据《场（厂）内专用机动车辆安全技术规程》TSG 81—2022 规定，观光车辆的主要受力结构件包括车架、车身结构，应当选用金属材料，其强度和刚度应当满足结构强度试验的要求
3	主要零部件	一般要求	根据《场（厂）内专用机动车辆安全技术规程》TSG 81—2022 规定，主要零部件一般要求： （1）电动场车行走电机的绝缘等级不低于 F 级。 （2）轮胎应当满足使用场地的要求。
4	动力系统	一般要求	根据《场（厂）内专用机动车辆安全技术规程》TSG 81—2022 规定，动力系统一般要求： （1）动力源为蓄电池的场车，应当设置蓄电池固定装置。对标称直流电压超过 120V 的蓄电池，应当有防护措施，保证蓄电池箱未经允许时不能被打开。 （2）动力源为蓄电池的场车，金属盖板或者非金属盖板的金属部件与蓄电池外露带电部分之间应当有 30mm 以上的间隙。当盖板和带电部分被有效绝缘，则其间隙至少有 10mm
5		叉车	根据《场（厂）内专用机动车辆安全技术规程》TSG 81—2022 规定，罩壳打开后由于意外关闭会造成伤害的，应当在罩壳处（如牵引蓄电池或者发动机罩）设置防止意外关闭的装置，并且永久地固定在车辆上或者安装在车辆的安全处
6	系统与装置	叉车的传动系统	根据《场（厂）内专用机动车辆安全技术规程》TSG 81—2022 规定，静压传动叉车，只有处于制动状态时才能启动发动机。机械和液力传动的内燃叉车，应当配备在传动装置处于接合状态时，能防止发动机启动的装置
7		转向系统 · 一般要求	根据《场（厂）内专用机动车辆安全技术规程》TSG 81—2022 规定，转向系统一般要求： （1）转向系统应当转动灵活、操纵方便、无卡滞，在任意转向操作时不得与其他部件有干涉。 （2）场车应当具有良好的直线行驶性能和转向跟随性
8		转向系统 · 叉车	根据《场（厂）内专用机动车辆安全技术规程》TSG 81—2022 规定，叉车转向系统要求： （1）叉车向前运行时，顺时针转动方向盘或者对转向控制装置的等同操作，应当使叉车右转。 （2）舵柄操作的叉车原地转向操作力应当不大于 400N；方向盘操作的叉车原地转向操作力应当不大于 20N，左右转向操作力相差应当不大于 5N

续表

序号	项目			内容
9	系统与装置	转向系统	观光车辆	根据《场（厂）内专用机动车辆安全技术规程》TSG 81—2022 规定，观光车辆要求：方向盘不得右置，最大自由转动量从中间位置向左和向右转角均不大于15°；应当设置转向限位装置
10		制动系统	一般要求	根据《场（厂）内专用机动车辆安全技术规程》TSG 81—2022 规定，制动系统一般要求： （1）场车应当设置行车、驻车制动系统，并且有相应的制动装置。 （2）座驾式叉车和观光车辆的行车制动系统与驻车制动系统应当由独立的装置进行操作。 （3）驻车制动系统应当通过纯机械装置把工作部件锁止，手柄操纵的驻车制动控制装置应当有防止意外释放的功能，座驾式车辆的司机在座位上就可以实现驻车制动
11			观光车辆	根据《场（厂）内专用机动车辆安全技术规程》TSG 81—2022 规定，观光车辆制动系统要求： （1）行车制动系统应当采用双管路或者多管路。 （2）在满载状态下，制动力能够保证使其在满载最大爬坡度的上、下方向驻车。 （3）在满载最大爬坡度的下行方向，制动力能够保证其在满载、最大运行速度条件下制停。 （4）观光列车车厢与牵引车头意外脱离后，车厢应当能自行制动，牵引车头的制动仍应有效
12		叉车液压系统		根据《场（厂）内专用机动车辆安全技术规程》TSG 81—2022 规定，叉车液压系统要求： （1）应当设置能防止系统内压力超过预定值的装置。此装置的设计和安装能够避免意外的松动或者调节，调整压力需要使用工具或者钥匙。 （2）叉车液压系统用软管、硬管和接头至少能承受液压回路3倍的工作压力
13		电气和控制系统	一般要求	根据《场（厂）内专用机动车辆安全技术规程》TSG 81—2022 规定，电气和控制系统一般要求： （1）场车的启动应当设置开关装置，需要由钥匙、密码或者磁卡等才能启动。 （2）电动场车的控制系统应当具有欠电压、过电流、过热和过电压保护功能。 （3）电动场车的电气系统应当采用双线制，保证良好的绝缘。 （4）电动场车应当设置非自动复位且能切断所有驱动部件电源的紧急切断装置，该装置安装位置应当方便司机操作。 （5）动力源为蓄电池的场车充电时，应当保证电源与车辆控制电路分离，场车不能通过自身的驱动系统行驶，插接器应当有定向防护，防止插接器接反
14			叉车	根据《场（厂）内专用机动车辆安全技术规程》TSG 81—2022 规定，叉车电气和控制系统要求： （1）座驾式平衡重式叉车和侧面式叉车应当设置前照灯、制动灯、转向灯等照明和信号装置，其他叉车根据使用工况设置照明和信号装置。

序号	项目		内容
14	系统与装置	叉车	（2）动力源为蓄电池的叉车，蓄电池绝缘电阻不小于50Ω乘蓄电池组额定电压值（单位为V时，下同），其他电气设备的绝缘电阻不小于1kΩ乘蓄电池组额定电压值。 （3）应当根据产品标准，设置水温、燃油量、电量、机油压力、制动气压等仪表（或者指示器）
15		观光车辆	根据《场（厂）内专用机动车辆安全技术规程》TSG 81—2022规定，观光车辆电气和控制系统要求：应当设置前照灯、制动灯、转向灯等照明和信号装置
16		叉车载荷装卸控制装置	根据《场（厂）内专用机动车辆安全技术规程》TSG 81—2022规定，叉车载荷装卸控制装置要求： （1）在叉车（除装有伸缩门架和货叉的前移式叉车）上使用一组单一功能的操纵杆时，离司机最近的操纵杆控制起升和下降，第二近的操纵杆控制倾斜功能，第三近的操纵杆控制侧移功能，第四近的操纵杆控制辅助功能；在装有伸缩门架或者货叉的前移式叉车上使用一组单一功能的操纵杆时，离司机最近的操纵杆控制起升和下降，第二近的操纵杆控制门架或者货叉的移动，第三近的操纵杆控制倾斜功能，第四近的操纵杆控制侧移功能，第五近的操纵杆控制辅助功能。 （2）当控制装置被设计和构造成能完成一个以上的功能时，每一单独功能都应当做出清晰的标志。每一控制功能被释放时，都应当自动回到中位，并且停止相应的载荷移动
17		一般要求	根据《场（厂）内专用机动车辆安全技术规程》TSG 81—2022规定，安全保护和防护装置一般要求： （1）乘驾式叉车和观光车辆应当设置由司机控制、能够发出清晰声响的警示装置（至少包括喇叭、倒车蜂鸣器），其中，设计为司机侧站或者侧坐驾驶的叉车可不设置倒车蜂鸣器。 （2）观光车辆应当在左右各设置一面后视镜，座驾式平衡重式叉车和侧面式叉车应当设置一个或者多个后视镜。如果采用摄像显示装置代替后视镜，应当能满足后视镜的同等功能。 （3）前风窗玻璃应当设置刮水器，刮水器应当可靠有效，且关闭时刮片能自动返回初始位置
18		叉车	根据《场（厂）内专用机动车辆安全技术规程》TSG 81—2022规定，叉车安全保护和防护装置要求： （1）额定起重量不大于10000kg的座驾平衡重式叉车和座驾侧面式叉车（单侧）应当配备司机防护约束装置，如配备安全带。 （2）没有安装护顶架的带有折叠站板的步驾式叉车，当侧面防护装置处于其保护位置时，应当采取措施以防起升高度大于1800mm。 （3）应当设置下降限速装置、门架前倾自锁装置，如果下降限速阀与升降油缸采用软管连接，还应当有防止爆管装置。 （4）起升系统厂应当设置防越程装置，避免货叉架和门架上的运动部件从门架上端意外脱落。 （5）应当设置防止货叉意外向侧滑移或者脱落的装置。 （6）采用对开式轮辋并且装有充气轮胎时，结构上应当保证车轮从车上拆下后，方能松动轮辋螺栓。

序号	项目		内容
18		叉车	（7）乘驾式电动义车、电液换向的乘驾式内燃平衡重式叉车、电液换向的乘驾式内燃侧面式叉车应当设置司机坐（站）姿状态感知系统，当司机不在正常操作位置时，车辆不能进行动力运行，即使操纵载荷装卸控制装置，也不应当出现门架的倾斜和货叉架的移动；当司机回到正常操作位置，但没有进行额外操作时，动力运行、门架的倾斜和货叉架的移动均不应当自动发生。 （8）应当设置司机权限信息采集器，通过指纹、虹膜、人脸特征等生物信息或者磁卡等与个人身份信息唯一绑定的媒介，验证司机操作权限，当该采集器失效、拆除或者司机信息不正确时，车辆不能启动
19	系统与装置 安全保护和防护装置	观光车辆	根据《场（厂）内专用机动车辆安全技术规程》TSG 81—2022 规定，观光车辆安全保护和防护装置要求： （1）每位乘客应当有安全带。 （2）每位乘客应当有安全拉手，靠近车体边缘的乘客应当有安全实用的扶手，扶手距离座椅上表面高度不低于180mm。 （3）车辆侧面的乘客上下车出入口处应当设置护栏、侧围、护链等安全防护装置。 （4）与运行方向相反布置、位于车辆最后部的乘客座位应当装设保护围栏等安全防护装置。 （5）顶棚蒙皮优先选用金属材料，非金属材料应当有金属骨架。 （6）观光列车上应当设置视频监控装置，能清晰监测到车内乘客、道路及周边环境，视频存储时间不应当少于72h。 （7）观光列车的最后一节车厢内，应当设置安全员专用座椅，并且设置安全员与司机双向沟通的装置。 （8）观光列车的牵引连接装置上，应当设置防止观光列车在行驶中因振动和撞击而使连接脱开的安全装置。 （9）观光列车的牵引车头、车厢的所有连接部位，应当设置当牵引连接失效后的二次保护装置

考点2 场（厂）内专用机动车辆使用安全管理

一、使用单位的基本要求

根据《场（厂）内专用机动车辆安全技术规程》TSG 81—2022 规定，使用单位应当遵守《特种设备使用管理规则》的规定，同时还应当符合以下要求：

（1）取得营业执照。

（2）对其区域内使用场车的安全负责。

（3）根据场车的用途、使用环境（如温度、湿度、海拔高度、坡度、弯道圆曲线半径、爆炸性环境等），选择适合使用条件要求的场车，并且对所使用场车的选型负责。

（4）购置观光车辆时，保证观光车辆的最大行驶坡度能够满足使用单位行驶路线中的最大坡度的要求，并且在销售合同中明确。

（5）在场车首次投入使用前，向特种设备检验机构申请首次检验。

（6）在检验合格有效期届满的 1 个月以前，向特种设备检验机构提出定期检验申请，接受检验，并且做好定期检验相关的配合工作；由使用登记地以外特种设备检验机构进行定期检验的场车，使用单位应当在收到报告之日起 30 日内将检验报告（复印件）报送使用登记机关。

（7）制定符合要求的安全操作规程。

（8）场车作业和专职安全管理人员需取得相应项目的《特种设备安全管理和作业人员证》，持证上岗，并且保证每台场车在作业时均由司机随车操纵。

（9）按照要求，进行场车的经常性维护保养、定期自行检查。

（10）在观光车辆上配备灭火器，并且灭火器应当在有效期内。

（11）车辆配置液化石油气钢瓶时，气瓶应当在检验有效期内。

（12）在爆炸性环境使用叉车时，遵守有关部门对防爆安全的管理规定。

（13）履行法律、法规规定的其他义务。

二、车辆检查

使用单位应进行场（厂）内机动车辆的自我检查、每日检查、每月检查和年度检查。

（1）年度检查：每年至少进行一次全面检查。停用 1 年以上、发生重大车辆事故等的，使用前都应做全面检查。

（2）每月检查：停用一个月以上的，进行该检查。检查项目：安全装置、制动器、离合器等有无异常；重要零部件的状态，有无损伤，是否应报废等；电气、液压系统及其部件的泄漏情况及工作性能；动力系统和控制器等。

（3）每日检查：每天作业前进行。检查项目：安全装置、制动器、操纵控制装置、紧急报警装置的安全状况。

考点3　场（厂）内专用机动车辆涉及安全的主要部件

（1）高压胶管：通过耐压试验、长度变化试验、爆破试验、脉冲试验、泄漏试验等。

（2）货叉：载荷试验。

（3）链条：极限拉伸载荷和检验载荷试验。

（4）转向器。

（5）制动器：行车制动器和停车制动器。

（6）轮胎。

（7）安全阀：用于控制系统最高压力。最常用的是溢流安全阀。

（8）护顶架：起升高度超过 1.8m 的工业车辆，必须设置护顶架，做静态、动态载荷试验。

（9）其他：包括挡货架、货物稳定器、（翻）料斗锁定装置、前倾自锁阀、下降限速阀、稳定支腿。

考点4　场（厂）内专用机动车辆使用安全技术

序号	项目	要求
1	作业前准备	（1）佩戴个人防护用品。 （2）确定搬运路线，清理现场。

序号	项目	要求
1	作业前准备	（3）对使用的车辆和辅助工具、辅件进行安全检查。 （4）严禁超载作业。 （5）自动报警、信号装置完好齐全，缺损时应及时修复。 （6）制定应急对策。 （7）启动前进行重点检查。 （8）车旁及车下应无障碍物及人员
2	叉车使用安全技术	（1）叉装物件：物件重量不明时，应将该物件叉起离地100mm后检查机械的稳定性，确认无超载现象后，方可运送。 （2）叉装时，物件应靠近起落架，其重心应在起落架中间，确认无误，方可提升。 （3）物件提升离地后，应将起落架后仰，方可行驶。 （4）两辆叉车同时装卸一辆货车时，应有专人指挥联系。 （5）不得单叉作业和使用货叉顶货或拉货。 （6）叉车在叉取易碎品、贵重品或装载不稳的货物时，应采用安全绳加固。 （7）以内燃机为动力的叉车，进入仓库作业时，应有良好的通风设施。严禁在易燃、易爆的仓库内作业。 （8）严禁货叉上载人。驾驶室除规定的操作人员外，严禁其他任何人进入或在室外搭乘
3	蓄电池车辆（叉车、非公路旅游观光车辆）使用安全技术	（1）行驶前要检查蓄电池壳体有否裂纹，极板是否提起，电解质是否渗漏，电解液比重是否合适。 （2）蓄电池为铅酸蓄电池，电解质为硫酸和水溶液，在蓄电池周围工作时，应穿防护服，戴防护镜。 （3）不要把蓄电池暴露在火花和明火中，以免引起爆炸
4	非公路旅游观光车辆使用安全技术	（1）行驶前检查灯光、喇叭、安全带等是否正常，确认安全后方可行驶。 （2）应在指定的运营区域内驾驶观光车。 （3）应遵守观光车的安全操作规程及运营区域内的安全管理规定。 （4）观光车停稳前，不允许乘客上、下车。 （5）观光车启动前，应检查乘客是否系好安全带。 （6）观光车行驶过程中，应告知乘客不应离开座位，不应将身体探出车体轮廓之外。 （7）驾驶员在指定区域内驾驶观光车，应特别注意行人、车辆及周围的建筑物，保证行车安全。 （8）观光车启动后，驾驶员应对其技术状况（发动机、离合器、传动系、行驶系、转向器、制动器）进行检查，确认正常后，方可运行。 （9）驾驶员驾驶观光车，应避免突然起步、停车及高速转弯。在车辆起步时，方向盘不应处在极限位置（特殊情况除外）。 （10）观光车行驶在十字路口和视线受阻的地段或其他危险场合，应降低车速，鸣笛示警通过；应保持正常行驶，不应超越同向行驶的其他车辆。 （11）观光车运行时，驾驶员不应将身体探出车体的外轮廓线。 （12）观光车在指定区域内行驶，应遵守有关路面承载能力等标牌的指示要求。 （13）观光车在坡道上运行，应遵守下列规则： ①缓慢地通过上、下坡道。 ②不应在坡面上调头，不应横跨坡道运行。 ③下坡时不应空挡滑行。

续表

序号	项目	要求
4	非公路旅游观光车辆使用安全技术	④靠近坡道、高站台或平台边缘时，车身与站台或平台边缘之间的距离至少为观光车一个轮胎的宽度。 (14) 驾驶观光车通过桥梁、孔洞之前，驾驶员应确认有足够的通过空间。 (15) 驾驶员离开观光车时，应使观光车处于空挡位置；关闭动力源；拉紧停车制动器；拔出钥匙。 (16) 内燃观光车燃料加注。加燃料前，驾驶员应关闭发动机，制动观光车

第九节 客运索道安全技术

考点 1 客运索道安全规定

一、线路

根据《客运架空索道安全规范》GB 12352—2018 的规定，线路的选择规定如下：

(1) 选择索道线路时，应考虑当地气候、地理条件、索道要经过的交通要道和跨越的其他建筑设施以及紧急救援的要求。

(2) 索道线路中心线在水平面上的投影应为一直线（带转角站及三角形索道例外）。

(3) 索道线路和站址应避免建在下列地区：

① 山地风口，并与主导风向正交的地段上。

② 有雪崩、滑坡、塌方、溶洞、风暴、海啸、洪水、火灾等危及索道安全的地区，经过主管部门的批准，采取预防措施时例外。

③ 凡是建在军事设施附近的索道，应按照军事基地管理单位的要求采取相应的措施。

二、站内机械设备

根据《客运架空索道安全规范》GB 12352—2018 的规定，站内机械设备规定如下：

(1) 为了确保安全运行，驱动装置除设主驱动系统外，还应设辅助或紧急驱动系统，当主电源、主电机或主电控系统不能投入工作时，辅助或紧急驱动系统应能及时投入运行，不同的驱动装置之间应平行联锁。

(2) 不准许采用皮带传递动力。采用链条传递动力时应有封闭外壳并有固定的润滑装置。

(3) 所有的驱动装置（主驱动、辅助驱动、紧急驱动和救援驱动）应配备两套彼此独立的制动器，即工作制动器和安全制动器。如果索道或救援索道在任何驱动装置和负荷情况下运行都能在制动器不工作的条件下形成稳定停车，允许只安装一个对驱动轮采用摩擦制动的制动器。

(4) 张紧装置运动部分的末端应装设行程限位开关并对其进行监控。张紧装置应有醒目的张紧行程的刻度显示。

（5）双线往复式索道运行轨道的末端应装设缓冲器。缓冲器的结构应保证车辆的运行机构不从缓冲器上驶过。

（6）开关门装置两端应有导入轨，以便吊厢（椅）的门（罩）开闭操作轮能安全进入开关门装置，并应有操作轮过行程保护功能。

三、站房

根据《客运架空索道安全规范》GB 12352—2018 的规定，站房规定如下：

（1）控制室应设置在视野广阔且能观察到运载工具进出站的位置。站内机械设备、电气设备及钢丝绳等不应危及乘客和工作人员的人身安全。

（2）乘客通道和乘客活动范围边缘与相邻地面的高差大于 1.0m 或相邻地面的坡度大于 60% 时应装设刚性栏杆，栏杆的间隔和高度应符合有关规定。站口离地高度超过 1.0m 应装设防护网。

（3）对于车厢或吊篮式索道，站内应设防止客车横向摆动的导轨。

（4）站内应设有停放车辆的备用轨道，载有乘客的车辆不应通过道岔进入备用轨道，站内道岔应装设机械或电气的闭锁装置。

四、线路设施

根据《客运架空索道安全规范》GB 12352—2018 的规定，线路设施规定如下：

（1）对于跨度大和风大地段的支架鞍座，应设置防脱索装置，但不应妨碍承载索的滑动和客车的顺利通过。

（2）应防止脱索的牵引索挂在支架上或钢丝绳导向装置上。应设置牵引索脱索后的自动复位装置。

（3）运载索托（压）索轮组应装设脱索报警装置，钢丝绳一旦脱索，报警装置应使索道停车。报警信号在脱索后不应自动复位。脱索报警装置应安装在托（压）索轮组的两端，对于压索轮组或又托又压索轮组的支架横梁上应装设二次保护装置。

（4）当大跨度而使牵引张紧行程过大或牵引索的垂直净空尺寸不符合要求时，应在双承载索的跨间设置支索器。

五、电气设备

根据《客运架空索道安全规范》GB 12352—2018 的规定，电气设备规定如下：

（1）在以下地方应安装紧急停车按钮：控制台，每个工作平台，每个中间停车点，每个站房，有乘务员的往复式架空索道的客车里。

（2）在任何荷载条件下，工作制动器和安全制动器中的任意一个应能单独实现可靠制动。

（3）任何形式的减速停车控制都不准许超过最大允许的停车行程。

（4）在任一驱动型式下，运行速度超过最大允许运行速度 10% 时应自动停车。超过最大允许运行速度 20% 时应紧急停车。

考点2 客运索道使用安全管理

（1）使用合格产品、登记建档、建立制度、定期检验。

（2）作业人员要求方面：作业人员取得客运索道作业人员证书，方可从事工作。

（3）日常检查方面：每日投入使用前，设备使用单位应进行试运行和例行安全检查。进行经常性日常维护保养，并定期自行检查，至少每月进行一次自行检查。

考点3 客运索道应具备的安全装置

序号	项目	内容
1	单线循环固定抱索器客运架空索道应具备的安全装置	（1）站内机械设施及安全装置： ①站台（尤其出站侧）应有栏杆或防护网。 ②制动液压站和张紧液压站应设有手动泵。 ③张紧小车前后均应装设缓冲器。 ④吊厢门应安装闭锁系统，不能内部打开。 （2）站内电气设施及安全装置： ①站台、机房、控制室应设蘑菇头带自锁装置的紧急停车按钮。 ②有负力的索道应设超速保护，在运行速度超过额定速度15%时，能自动停车。 ③夜间运行时，站内及线路上有照明，支架上电力线不允许超过36V。 （3）线路机电设施及安全装置： ①吊具距地大于15m时，应有缓降器救护工具。 ②压索支架应有防脱索二次保护装置及地锚。 ③托压索轮组内侧应设有防止钢丝绳往回跳的挡绳板，外侧应安装捕捉器和开关，脱索时接住钢丝绳并紧急停车
2	单线循环脱挂抱索器客运架空索道应具备的安全装置	（1）站内机械设施及安全装置： ①站台（尤其出站侧）应有栏杆或防护网。 ②驱动迂回轮应有防止钢丝绳滑出轮槽飞出的装置。 ③制动液压站和张紧液压站应设有手动泵。 ④张紧小车前后均应装设缓冲器。 ⑤吊厢门不能由车内打开。 （2）站内电气设施及安全装置： ①站台、机房、控制室应设蘑菇头带自锁装置的紧急停车按钮。 ②有负力的索道应设超速保护，在运行速度超过额定速度15%时，能自动停车。 ③道岔应设有闭锁安全监控装置。 （3）线路机电设施及安全装置： ①吊具距地大于15m时，应有缓降器救护工具。 ②压索支架应有防脱索二次保护装置及地锚。 ③高度10m以上支架爬梯应设护圈，超过25m时，每隔10m设休息平台，检修平台应有扶手或护栏
3	双线往复式客运架空索道应具备的安全装置	（1）站内机械设施及安全装置： ①单承载索道鞍座托索轮组应设牵引索自动复位装置。 ②承载索与张紧索的连接应有二次保护装置及防止自行旋转的装置。 ③承载索两端锚固的索道，采用可测可调的双重锚固装置。 ④车厢定员大于15人和运行速度大于3m/s内的索道客车吊架与运行小车之间应设减摆器。

序号	项目	内容
3	双线往复式客运架空索道应具备的安全装置	（2）站内电气设施及安全装置： ①应有两套独立电源供电。 ②减速机应设有润滑油保护装置。 ③应设超速保护，在运行速度超过额定速度15%时，能自动停车。 （3）线路机电设施及安全装置： 高度10m以上支架爬梯应设护圈，超过25m时，每隔10m设休息平台，检修平台应有扶手或护栏
4	客运拖牵索道应具备的安全装置	（1）人可以触及的转动部件及人体可能碰撞的设施应当有保护栏杆或防护网。 （2）应设有制动器或防倒转装置。 （3）钢丝绳张紧系统应当有二次保护装置。 （4）张紧液压站应有上下限开关，超出上下限时，索道应能自动停车。 （5）支架高度从地面算起超过4m的支架应有固定爬梯，并且装设工作平台。 （6）托压索轮组内侧应设有防止钢丝绳往回跳的挡绳板
5	客运缆车应具备的安全装置	（1）站内机械设施及安全装置： ①站台终点应设弹簧或液（气）压缓冲器。 ②在控制台上应有手动装置通过机械方式或电气方式使安全制动器工作。 ③张紧小车前后均应装设缓冲器。 （2）站内电气设施及安全装置： 应设超速保护，在运行速度超过额定速度10%时，能自动停车。 （3）线路机电设施及安全装置： 线路上应设有钢丝绳脱槽安全检测装置

考点4　客运索道使用安全技术

（1）制定安全操作规程，建立健全安全管理制度。包括内容：

① 管理机关所规定的定期技术检验制度。

② 各岗位的安全操作规程。

③ 信号系统的检查制度。

④ 应急救护预案。

⑤ 自动停车、紧急停车及其安全设备动作时，排除故障及重新运行的措施。

⑥ 安全电路断电时需要再运行时的措施。

⑦ 机械设备、钢丝绳、客车等发生故障时如何排除的措施。

⑧ 风速超过规定值，或者天气条件威胁到安全运行时停车处理办法。

⑨ 能见度不足时的运行措施。

⑩ 夜间运行的措施。

⑪ 消除钢丝绳或机械部件上的冰和积雪的措施。

（2）日常检查：每天开始运行之前，应彻底检查全线设备是否处于完好状态，在运送乘客之前应进行一次试车，确认安全无误并经值班站长或授权负责人签字后方可运送乘客。对每班至少检查一次。停止运营前，应检查乘客停留。

（3）检查和维修：规定的时期内对钢丝绳和抱索器进行无损探伤。在对于单线循环式索道上运载工具间隔相等的固定抱索器，按规定的时间间隔移位。

第十节　大型游乐设施安全技术

📝 考点1　大型游乐设施安装

根据《大型游乐设施安全监察规定（2021年修正）》规定，大型游乐设施安装规定：

（1）安装单位应当在施工前将拟进行的大型游乐设施安装情况书面告知直辖市或者设区的市的市场监督管理部门，告知后即可施工。移动式大型游乐设施重新安装的，安装单位应当在施工前按照规定告知直辖市或者设区的市的市场监督管理部门。

（2）大型游乐设施的安装过程应当按照安全技术规范规定的范围、项目和要求，由特种设备检验机构在企业自检的基础上进行安装监督检验；未经安装监督检验合格的不得交付使用；运营使用单位不得擅自使用未经安装监督检验合格的大型游乐设施。

（3）大型游乐设施安装竣工后，安装单位应当在大型游乐设施明显部位装设符合安全技术规范要求的铭牌。安装单位应当在验收后30日内将出厂随机文件、型式试验合格证明、安装监督检验和无损检测报告，以及经制造单位确认的安装质量证明、产品质量合格证明、调试及试运行记录、自检报告等安装技术资料移交运营使用单位存档。

📝 考点2　大型游乐设施的安全装置

序号	安全装置名称	内容
1	乘人安全束缚装置	（1）束缚装置可采用安全带、安全压杠、挡杆等。 （2）危险性较大的大型游乐设施，应考虑设两套独立的束缚装置
2	锁紧装置（锁具）	锁具形式最常见的有棘轮棘爪、曲柄摇块机构
3	吊挂乘坐的保险装置	吊挂座椅的保险装置：除用4根钢丝绳吊挂外，还必须另设4根保险钢丝绳。 吊挂摆动舱的保险装置：加保险绳
4	止逆行装置（止逆装置）	沿斜坡牵引的提升系统，必须设有防止载人装置逆行的装置，止逆行装置逆行距离的设计应使冲击负荷最小，在最大冲击负荷时必须止逆可靠
5	制动装置	游乐设施的制动包括对电动机的制动（机械制动和电气制动）和对车辆的制动（机械制动）
6	超速限制装置（限速装置）	常用的限速方式有：电压比较反馈方式；驱动输入设置方式（模块）；单向编码计数器方式（限圈）；单向运转时间继电器方式（限时）
7	运动限制装置（限位装置）	限位开关就属于运动限制装置，有接触式和非接触式两种
8	防碰撞及缓冲装置	目前防碰撞装置类型主要有激光式、超声波式、红外线式和电磁波式。 游乐设施常见的缓冲器分蓄能型缓冲器（以弹簧和聚氨酯材料等为缓冲元件）和耗能型缓冲器（油压缓冲器）

考点3　大型游乐设施使用安全技术

序号	项目	内容
1	建立健全安全管理制度和操作规程	包括下列内容： （1）作业人员守则。 （2）安全操作规程。 （3）设备管理制度。 （4）日常安全检查制度。 （5）维修保养制度。 （6）定期报检制度。 （7）安全培训考核制度。 （8）紧急救援演习制度。 （9）意外事件和事故处理制度。 （10）技术档案管理制度
2	运营前按规程做好安全检查	检查内容： （1）安全带、安全杠、把手是否牢固可靠，有无损坏情况。 （2）座舱门开关是否灵活、关牢，保险装置是否起作用。 （3）关键位置的销轴和焊缝有无明显变形、开裂或其他异常情况。 （4）螺栓卡板等紧固件有无松动及脱落现象。 （5）限位开关有无失灵情况。 （6）各润滑点是否润滑良好。 （7）电线有无断头裸露现象。 （8）接地板连接是否良好。 （9）制动装置是否起作用
3	操作人员应特别注意事项	游乐设备正式运营前，操作员应将空车按实际工况运行2次以上，确认正常再开机营业
4	其他安全责任规定	（1）根据《大型游乐设施安全监察规定（2021年修正）》规定，大型游乐设施制造、安装、改造、修理单位应当依法取得许可后方可从事相应的活动，并对其制造、安装、改造、修理的大型游乐设施的安全性能负责。大型游乐设施运营使用单位对使用的大型游乐设施安全负责。 （2）根据《特种设备使用管理规则》TSG 08—2017规定，使用10台以上（含10台）大型游乐设施的单位，应当根据本单位特种设备的类别、品种、用途、数量等情况设置特种设备安全管理机构，逐台落实安全责任人。 （3）根据《特种设备使用管理规则》TSG 08—2017规定，特种设备使用单位应当配备安全管理负责人。特种设备安全管理负责人是指使用单位最高管理层中主管本单位特种设备使用安全管理的人员。按照本规则要求设置安全管理机构的使用单位安全管理负责人，应当取得相应的特种设备安全管理人员资格证书。 （4）根据《特种设备使用管理规则》TSG 08—2017规定，安全管理员的主要职责如下：①组织建立特种设备安全技术档案；②办理特种设备使用登记；③组织制定特种设备操作规程；④组织开展特种设备安全教育和技能培训；⑤组织开展特种设备定期自行检查；⑥编制特种设备定期检验计划，督促落实定期检验和隐患治理工作；⑦按照规定报告特种设备事故，参加特种设备事故救援，协助进行事故调查和善后处理；⑧发现特种设备事故隐患，立即进行处理，情况紧急时，可以决定停止使用特种设备，并且及时报告本单位安全管理负责人；⑨纠正和制止特种设备作业人员的违章行为。

续表

序号	项目	内容
4	其他安全责任规定	（5）根据《大型游乐设施安全监察规定（2021年修正）》规定，大型游乐设施在投入使用前或者投入使用后30日内，运营使用单位应当向直辖市或者设区的市的市场监督管理部门登记。移动式大型游乐设施在每次重新安装投入使用前或者投入使用后30日内，运营使用单位应当向直辖市或者设区的市的市场监督管理部门登记；移动式大型游乐设施拆卸后，应当在原使用登记部门办理注销手续。运营使用单位应当将登记标志置于大型游乐设施进出口处等显著位置
5	技术档案	根据《大型游乐设施安全监察规定（2021年修正）》规定，运营使用单位应当对每台（套）大型游乐设施建立技术档案，依法管理和保存。技术档案应当包括以下主要内容： （1）安装技术资料； （2）监督检验报告； （3）使用登记表； （4）改造、修理技术文件； （5）年度自行检查的记录； （6）定期检验报告； （7）应急救援演练记录； （8）运行、维护保养、设备故障与事故处理记录； （9）作业人员培训、考核和证书管理记录； （10）法律法规规定的其他内容
6	检查与检验	（1）根据《特种设备使用管理规则》TSG 08—2017规定，使用单位应当在特种设备定期检验有效期届满的1个月以前，向特种设备检验机构提出定期检验申请，并且做好相关的准备工作。首次定期检验的日期和实施改造、拆卸移装后的定期检验日期，由使用单位根据安全技术规范、监督检验报告和使用情况确定。 （2）根据《特种设备使用管理规则》TSG 08—2017规定，大型游乐设施的运营使用单位应当将安全使用说明、安全注意事项和安全警示标志置于易于引起乘客注意的位置。大型游乐设施的幅面为300mm×450mm，文字字号、有关尺寸可以按照一定的比例放大。大型游乐设施使用单位应当将特种设备使用标志悬挂或者固定在乘客入口处或者售票处等易于乘客看见的部位。 （3）根据《游乐设施安全技术监察规程（试行）》规定，使用单位应当严格执行游乐设施的年检、月检、日检制度，严禁带故障运行。安全检查的内容包括： ①对使用的游乐设施，每年要进行1次全面检查，必要时要进行载荷试验，并按额定速度进行起升、运行、回转、变速等机构的安全技术性能检查。 ②月检至少应检查下列项目：各种安全装置；动力装置、传动和制动系统；绳索、链条和乘坐物；控制电路与电气元件；备用电源。 ③日检至少应检查下列项目：控制装置、限速装置、制动装置和其他安全装置是否有效及可靠；运行是否正常，有无异常的振动或者噪声；各易磨损件状况；门联锁开关及安全带等是否完好；润滑点的检查和加添润滑油；重要部位（轨道、车轮等）是否正常。 检查应当做详细记录，并存档备查。 （4）根据《游乐设施安全技术监察规程（试行）》规定，游乐设施在每日投入运营前，使用单位必须进行试运行和相应的安全检查，并记录检查情况。每次运行前，作业和服务人员必须向游客讲解安全注意事项，并对安全装置进行检查确认。运行中要注意游客动态，及时制止游客的危险行为

序号	项目	内容
7	应急救援	根据《大型游乐设施安全监察规定（2021年修正）》规定，运营使用单位应当制定应急预案，建立应急救援指挥机构，配备相应的救援人员、营救设备和急救物品。对每台（套）大型游乐设施还应当制定专门的应急预案。 运营使用单位应当加强营救设备、急救物品的存放和管理，对救援人员定期进行专业培训，每年至少对每台（套）大型游乐设施组织1次应急救援演练。 运营使用单位可以根据当地实际情况，与其他运营使用单位或消防救援等专业应急救援力量建立应急联动机制，制定联合应急预案，并定期进行联合演练

第四章　防火防爆安全技术

第一节　火灾爆炸事故机理

📝 考点1　燃烧与火灾基础知识

一、燃烧和火灾的定义、条件

序号	项目	内容
1	燃烧的定义	燃烧是可燃物与氧化剂发生的放热化学反应，通常伴有火焰、发光和（或）烟气的现象
2	列入火灾的统计范围	（1）易燃易爆化学物品燃烧爆炸引起的火灾。 （2）破坏性试验中引起非实验体的燃烧。 （3）机电设备因内部故障导致外部明火燃烧，或者由此引起其他物件的燃烧。 （4）车辆、船舶、飞机以及其他交通工具的燃烧（飞机因飞行事故而导致本身燃烧的除外），或者由此引起其他物件的燃烧
3	物质燃烧（火灾）发生的必要条件	物质燃烧的基本条件：必须同时具备氧化物、可燃物、热源（温度、点火源）。 物质燃烧的必要条件：（1）存在可燃物；（2）存在氧化物（助燃物）；（3）热源；（4）未受到抑制的链式反应条件。其中，第（1）、（2）、（3）条件构成燃烧三要素，缺少任何一个，燃烧都不能发生。燃烧发生后要使燃烧继续发展下去，必须存在第（4）条件，即物质的链式反应未受到抑制
4	物质燃烧（火灾）发生的充分条件	（1）一定量的可燃剂浓度。 （2）一定的氧含量。 （3）一定的点火能，必须达到可燃物最小点火能以上

二、燃烧过程

可燃物质的聚集状态不同，其受热后所发生的燃烧过程也不同。

可燃气体燃烧所需要的热量只用于本身的氧化分解，并使其达到燃点或自燃点就燃烧。可燃液体则在热源作用下，首先蒸发为蒸气，然后蒸气被氧化、分解后，达到燃点或自燃点就燃烧。对于可燃固体燃烧来说，像硫、磷、石蜡等单质，受热后首先熔化或升华，然后蒸发成蒸气，氧化分解后进行燃烧。对于复杂的可燃固体化合物，受热后首先分解，析出气态或液态产物，其气态和液态产物的蒸气发生氧化分解后着火燃烧，有些可燃固体（如焦炭）不能分解为气态物质，在燃烧时则呈炽热状态，没有火焰产生。

可燃物质的燃烧过程包括许多吸热、放热的化学过程和传热的物理过程。

三、燃烧形式

序号	燃烧形式	内容
1	扩散燃烧	（1）是指可燃气体由喷口（管口或容器泄漏口）喷出，在喷口处与空气中的氧互相扩散、混合，当达到可燃浓度并有足够能量的点火源时形成的燃烧。 （2）通常是可燃气体与氧气边扩散混合边燃烧。如天然气井口发生的井喷燃烧、打火机的燃烧、放空火炬
2	预混燃烧	（1）又称混合燃烧、动力燃烧、爆炸式燃烧，是指在燃烧（或燃爆）前，可燃气体与空气通过旋流器进行充分混合，并形成一定浓度的可燃气体混合物，被点火源点燃所引起的燃烧或爆炸。 （2）可表现为燃烧、爆燃、爆炸、爆轰。如家用燃气灶火焰、接力用火炬的火焰、气体切割焊接、气体爆炸等
3	蒸发燃烧	（1）是可燃液体蒸发产生的蒸气被点燃，进而加热液体表面促使其继续蒸发、继续燃烧的现象，如酒精、汽油、苯等。 （2）熔点较低的可燃固体受热后熔融，然后像可燃液体一样蒸发成蒸气而燃烧，也称为蒸发燃烧，如硫、沥青、石蜡、高分子材料、萘和樟脑等的燃烧
4	分解燃烧	是指分子结构复杂的固体可燃物，在受热分解出其组成成分及加热温度相应的热分解产物再氧化燃烧。如木材、纸张、棉、麻、毛及合成的高分子材料等的燃烧
5	表面燃烧	是指有些固体可燃物的蒸气压非常小或难以发生热分解，不能发生蒸发或分解燃烧，当氧气包围物质的表层时，呈炽热状态发生无火焰燃烧，属于非均相燃烧。如木炭、焦炭，以及铝、镁、铁、钨等金属的燃烧
6	阴燃	（1）是指某些固体可燃物在空气不流通、加热温度较低或可燃物含水分较多等条件下发生的只冒烟、无火焰的燃烧现象。 （2）有焰燃烧和阴燃在一定条件下可以相互转化。如大量堆放的煤、杂草、湿木材等

四、火灾的分类

（1）《火灾分类》GB/T 4968—2008 规定六大类火灾：

① A 类火灾：固体物质火灾，如木材、棉、毛、麻、纸张火灾等。

② B 类火灾：液体或可熔化的固体物质火灾，如汽油、煤油、柴油、原油、甲醇、乙醇、沥青、石蜡火灾等。

③ C 类火灾：气体火灾，如煤气、天然气、甲烷、乙烷、丙烷、氢气火灾等。

④ D 类火灾：金属火灾，如钾、钠、镁、钛、锆、锂、铝镁合金火灾等。

⑤ E 类火灾：带电火灾，是物体带电燃烧的火灾。

⑥ F 类火灾：烹饪器具内烹饪物火灾，如动植物油脂等

（2）按发生场地与燃烧物质分类的火灾类别，如下图所示。

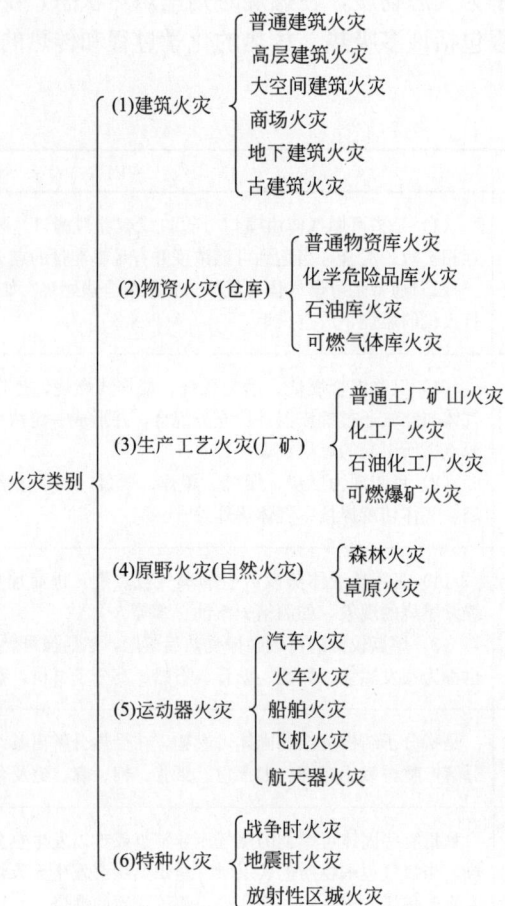

$$
火灾类别 \begin{cases}
(1)建筑火灾 \begin{cases} 普通建筑火灾 \\ 高层建筑火灾 \\ 大空间建筑火灾 \\ 商场火灾 \\ 地下建筑火灾 \\ 古建筑火灾 \end{cases} \\
(2)物资火灾(仓库) \begin{cases} 普通物资库火灾 \\ 化学危险品库火灾 \\ 石油库火灾 \\ 可燃气体库火灾 \end{cases} \\
(3)生产工艺火灾(厂矿) \begin{cases} 普通工厂矿山火灾 \\ 化工厂火灾 \\ 石油化工厂火灾 \\ 可燃爆矿火灾 \end{cases} \\
(4)原野火灾(自然火灾) \begin{cases} 森林火灾 \\ 草原火灾 \end{cases} \\
(5)运动器火灾 \begin{cases} 汽车火灾 \\ 火车火灾 \\ 船舶火灾 \\ 飞机火灾 \\ 航天器火灾 \end{cases} \\
(6)特种火灾 \begin{cases} 战争时火灾 \\ 地震时火灾 \\ 放射性区域火灾 \end{cases}
\end{cases}
$$

按发生场地与燃烧物质分类的火灾类别

（3）按照一次火灾事故造成的人员伤亡情况和直接财产损失分类，将火灾等级划分为4类，即特别重大、重大、较大和一般火灾。

① 特别重大火灾，是指造成30人以上死亡，或者100人以上重伤，或者1亿元以上直接财产损失的火灾。

② 重大火灾，是指造成10人以上30人以下死亡，或者50人以上100人以下重伤，或者5000万元以上1亿元以下直接财产损失的火灾。

③ 较大火灾，是指造成3人以上10人以下死亡，或者10人以上50人以下重伤，或者1000万元以上5000万元以下直接财产损失的火灾。

④ 一般火灾，是指造成3人以下死亡，或者10人以下重伤，或者1000万元以下直接财产损失的火灾。

（注："以上"包括本数，"以下"不包括本数。）

五、火灾基本概念及参数

（1）引燃能（最小点火能）

引燃能是指释放能够触发初始燃烧化学反应的能量。影响其反应发生的因素包括温度、释放的能量、热量和加热时间。

（2）着火延滞期（诱导期或感应期）

着火延滞期也称着火诱导期或感应期，指可燃性物质和助燃气体的混合物在高温下从开始暴露到起火的时间或混合气着火前加热的时间，在燃烧过程中又称为着火延滞期或着火落后期。

（3）闪燃与闪点

闪燃：是在一定温度下，在可燃液体表面上能产生足够的可燃蒸气，遇火能产生一闪即灭的燃烧现象。闪燃是持续燃烧的先兆。

闪点：在规定条件下，易燃和可燃液体表面能够蒸发产生足够的蒸气而发生闪燃的最低温度。闪点是衡量物质火灾危险性的重要参数。一般情况下物质的闪点越低，火灾危险性越大。

（4）燃点（着火点）

一般情况下，燃点（着火点）越低，火灾危险性越大。

（5）自燃和自燃点

自燃：是指物质在通常的环境条件下自行发生燃烧的现象，可分为化学自燃和热自燃两种形式。化学自燃：如金属钠暴露在空气中的自发着火。热自燃：如长期堆积的原煤、烟叶、棉纱等发生的自燃。

自燃点：在规定条件下，物质不用任何辅助引燃能源而达到自行燃烧的最低温度。液体和固体可燃物受热分解并析出的可燃气体挥发物越多，其自燃点越低。固体可燃物粉碎得越细，其自燃点越低。一般情况下，密度越大，闪点越高，而自燃点越低。下列油品的密度：汽油＜煤油＜轻柴油＜重柴油＜蜡油＜渣油，而其闪点依次升高，自燃点则依次降低。

（6）热分解温度

热分解温度是指可燃物质受热发生分解的初始温度。它是评价可燃固体的火灾危险性的主要指标之一，固体的热分解温度越低，燃点越低，火灾的危险性越大。

（7）火灾危险性

火灾危险性是指火灾发生的可能性与暴露于火灾或燃烧产物中而产生的预期有害程度的综合反应。

六、火灾危险性分类

（1）生产的火灾危险性分类

序号	火灾危险性类别	生产中使用或产生的物质的火灾危险性特征
1	甲	（1）闪点＜28℃的液体。 （2）爆炸下限＜10％气体。 （3）常温下能自行分解或在空气中氧化能导致迅速自燃或爆炸的物质。 （4）常温下受到水或空气中水蒸气的作用，能产生可燃气体并引起燃烧或爆炸的物质。 （5）遇酸、受热、撞击、摩擦、催化以及遇有机物或硫黄等易燃的无机物，极易引起燃烧或爆炸的强氧化剂。

序号	火灾危险性类别	生产中使用或产生的物质的火灾危险性特征
1	甲	(6) 受撞击、摩擦或与氧化剂、有机物接触时能引起燃烧或爆炸的物质。 (7) 在密闭设备内操作温度不小于物质自燃点的生产
2	乙	(1) 28℃≤闪点＜60℃的液体。 (2) 爆炸下限≥10％气体。 (3) 不属于甲类的氧化剂。 (4) 不属于甲类的易燃固体。 (5) 助燃气体。 (6) 能与空气形成爆炸性混合物的浮游状态的粉尘、纤维、闪点≥60℃的液体雾滴
3	丙	(1) 闪点≥60℃的液体。 (2) 可燃固体
4	丁	(1) 对不燃烧物质进行加工，并在高温或熔化状态下经常产生强辐射热、火花或火焰的生产。 (2) 利用气体、液体、固体作为燃料或将气体、液体进行燃烧作其他用的各种生产。 (3) 常温下使用或加工难燃烧物质的生产
5	戊	常温下使用或加工不燃物质的生产

（2）储存物品的火灾危险性分类

序号	火灾危险性类别	生产中使用或产生的物质的火灾危险性特征
1	甲	(1) 闪点＜28℃的液体。 (2) 爆炸下限＜10％气体，受到水或空气中水蒸气的作用能产生爆炸下限＜10％气体的固态物品。 (3) 常温下能自行分解或在空气中氧化能导致迅速自燃或爆炸的物质。 (4) 常温下受到水或空气中水蒸气的作用，能产生可燃气体并引起燃烧或爆炸的物质。 (5) 遇酸、受热、撞击、摩擦、催化以及遇有机物或硫磺等易燃的无机物，极易引起燃烧或爆炸的强氧化剂。 (6) 受撞击、摩擦或与氧化剂、有机物接触时能引起燃烧或爆炸的物质
2	乙	(1) 8℃≤闪点＜60℃的液体。 (2) 爆炸下限≥10％气体。 (3) 不属于甲类的氧化剂。 (4) 不属于甲类的易燃固体。 (5) 助燃气体。 (6) 常温下与空气接触能缓慢氧化、积热不散引起自燃的物品
3	丙	(1) 闪点≥60℃的液体。 (2) 可燃固体
4	丁	难燃烧物品
5	戊	不燃烧物品

七、典型火灾的发展规律

典型火灾事故的发展分为初起期、发展期、最盛期、减弱至熄灭期。

（1）初起期：主要特征是冒烟、阴燃。

（2）发展期：火灾热释放速率与时间的平方成正比，是轰燃发生阶段。

（3）最盛期：火势的大小由建筑物的通风情况决定。

（4）减弱至熄灭期：熄灭的原因可以是燃料不足、灭火系统的作用等

考点 2 爆炸

一、爆炸的特征及分类

序号	项目	内容
1	特征	（1）高速进行。 （2）爆炸点附近压力急剧升高（最主要特征），多数爆炸伴有温度升高。 （3）发出或大或小的响声。 （4）周围介质发生振动或邻近的物质遭到破坏
2	分类	按照爆炸的能量来源分类：分为物理爆炸（如蒸汽锅炉爆炸、轮胎爆炸、压力容器爆炸、水的大量急剧气化）、化学爆炸（如炸药爆炸，可燃气体、可燃粉尘与空气形成的爆炸性混合物的爆炸）和核爆炸（原子弹、氢弹的爆炸）
3	分类	按照爆炸反应相的不同分类：分为气相爆炸、液相爆炸和固相爆炸。 （1）气相爆炸： ①混合气体爆炸：空气和氢气、丙烷、乙醚等混合气的爆炸。 ②气体的分解爆炸：乙炔、乙烯、氯乙烯等在分解时引起的爆炸。 ③粉尘爆炸（化学爆炸）：空气中飞散的铝粉、镁粉、亚麻、玉米淀粉等引起的爆炸。 ④喷雾爆炸（化学爆炸）：油压机喷出的油雾、喷漆作业引起的爆炸。 （2）液相爆炸： ①聚合爆炸（化学爆炸）：硝酸和油脂、液氧和煤粉、高锰酸钾和浓酸等混合时引起的爆炸。 ②蒸气爆炸（物理爆炸）：熔融的矿渣与水接触，钢水与水接触产生爆炸。 （3）固相爆炸： ①易爆化合物的爆炸（化学爆炸）：丁酮过氧化物、三硝基甲苯、硝基甘油等的爆炸。乙炔铜的爆炸。 ②导线爆炸（物理爆炸）。 ③固相转化放热爆炸（物理爆炸）：无定形锑转化成结晶锑时，由于放热而造成的爆炸
4		按照爆炸速度分类：有爆燃（爆燃、亚音速传播的燃烧波）、爆炸（燃烧速度为每秒十几米至数百米）、爆轰（燃烧速度为 1000～7000m/s）

二、爆炸破坏作用

（1）冲击波：能造成附近建筑物的破坏，其破坏程度与冲击波能量的大小、建筑物的坚固程度及其距产生冲击波的中心距离有关。

（2）碎片冲击：爆炸的机械破坏效应会使容器、设备、装置以及建筑材料等的碎片，在相当大的范围内飞散而造成伤害。碎片的四处飞散距离一般可达数十道到数百米。

（3）震荡作用：爆炸发生时，特别是较猛烈的爆炸往往会引起短暂的地震波。在爆炸波及的范围内，这种地震波会造成建筑物的震荡、开裂、松散倒塌等危害。

（4）次生事故：发生爆炸时，如果车间、库房（如制氢车间、汽油库或其他建筑物）里存放有可燃物，会造成火灾；高空作业人员受冲击波或震荡作用，会造成高处坠落事故；粉尘作业场所轻微的爆炸冲击波会使积存在地面上的粉尘扬起，造成更大范围的二次爆炸等。

（5）有毒气体：在爆炸反应中会生成一定量的 CO、NO、H_2S、SO_2 等有毒气体。

三、可燃气体爆炸

（1）分解爆炸性气体爆炸

分解爆炸性气体有乙炔、乙烯、环氧乙烷、臭氧、联氨、丙二烯、甲基乙炔、乙烯基乙炔、一氧化氮、二氧化氮、氰化氢、四氟乙烯等。防止乙炔分解爆炸措施：不能用含铜量超过 70% 的铜合金制造盛乙炔的容器；在用乙炔焊接时，不能使用含银焊条。

（2）可燃性混合气体爆炸：

燃烧反应过程一般可以分为三个阶段：

① 扩散阶段。可燃气分子和氧气分子分别从释放源通过扩散达到相互接触，所需时间称为扩散时间。

② 感应阶段。可燃气分子和氧化分子接受点火源能量，离解成自由基或活性分子，所需时间称为感应时间。

③ 化学反应阶段。自由基与反应物分子相互作用，生成新的分子和新的自由基，完成燃烧反应，所需时间称为化学反应时间。

三段时间相比，扩散阶段时间远远大于其余两阶段时间。是否需要经历扩散过程，就成了决定可燃气体燃烧或爆炸的主要条件。

四、爆炸反应历程

下图表示的是氢和氧按完全反应的浓度（$2H_2+O_2$）组成的混合气发生爆炸的温度和压力区间。

从图中可以看出，当压力很低且温度不高时（如在温度 500℃ 和压力不超过 200Pa 时），由于游离基很容易扩散到器壁上销毁，此时连锁中断速度超过支链产生速度，因而反应进行较慢，混合物不会发生爆炸；当温度为 500℃，压力升高到 200Pa 和 6666Pa 之间时（如图中的 a 和 b 点之间），由于产生支链速度大于销毁速度，链反应很猛烈，就会发生爆炸；当压力继续提高，超过 b 点（大于 6666Pa）以后，由于混合物内分子的浓度增高，容易发生链中断反应，致使游离基销毁速度又超过链产生速度，链反应速度趋于缓和，混合物又不会发生爆炸了。

上图中 a 和 b 点时的压力，即 200Pa 和 6666Pa，分别是混合物在 500℃ 时的爆炸低限和爆炸高限。随着温度增加，爆炸极限会变宽。

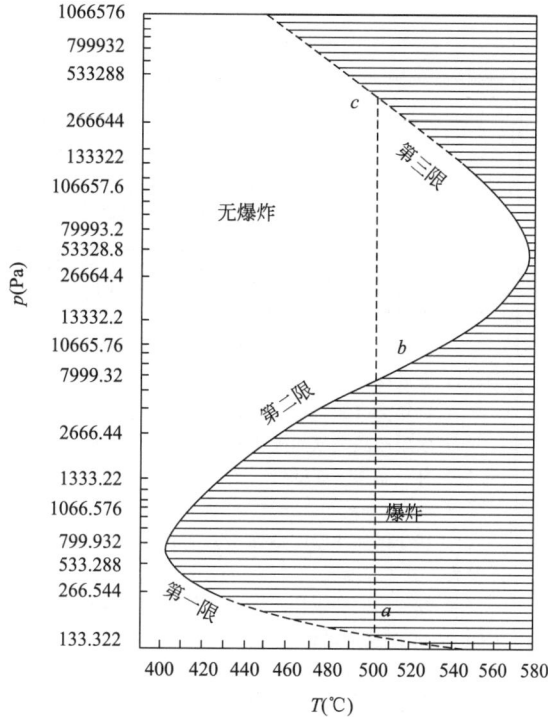

氢和氧混合物（2：1）爆炸区

五、物质爆炸浓度极限

序号	项目	内容
1	概念	爆炸浓度极限（简称爆炸极限）是指当可燃性气体、蒸气或可燃粉尘与空气（或氧）在一定浓度范围内均匀混合，遇到火源发生爆炸的浓度范围
2	可燃气体的体积分数及质量浓度在20℃时的换算公式	$$Y = \frac{L}{100} \times \frac{1000M}{22.4} \times \frac{273}{273+20} = L \times \frac{M}{2.4}$$ 式中 L——体积分数； Y——质量浓度，g/m^3； M——可燃性气体或蒸气的相对分子质量
3	爆炸危险度（H）	能够爆炸的最低浓度称作爆炸下限；能发生爆炸的最高浓度称作爆炸上限。用爆炸上限、下限之差与爆炸下限浓度之比值表示其危险度 H，即 $$H = (L_上 - L_下)/L_下 \quad 或 \quad H = (Y_上 - Y_下)/Y_下$$ H 值越大，表示可燃性混合物的爆炸极限范围越宽，其爆炸危险性越大
4	影响爆炸极限因素及趋势	（1）温度：初始温度越高，爆炸极限范围越宽，则爆炸下限越低，上限越高，爆炸危险性增加。 （2）压力：初始压力增大，爆炸危险性增加；初始压力减小，危险性降低，直至不炸。 （3）惰性介质：惰性气体浓度增加，减少危险，直至不炸。 （4）爆炸容器：容器材料的传热性好，管径越细，爆炸极限范围变小。 （5）点火源：点火源的活化能量越大、加热面积越大、作用时间越长，爆炸极限范围越宽

六、粉尘爆炸

序号	项目	内容
1	粉尘爆炸的条件	(1) 具有可燃性。 (2) 悬浮在空气（或助燃气体）中并达到一定浓度。 (3) 有足以引尘爆炸的起始能量（点火源）
2	粉尘爆炸危险性的物质类别	(1) 金属类（如镁粉、铝粉、其他金属等）。 (2) 煤炭类（如活性炭、煤等）。 (3) 粮食类（如面粉、淀粉、玉米粉、啤酒麦芽粉、麦糠、大麦粉等）。 (4) 合成材料类（如塑料、染料、合成黏结剂等）。 (5) 饲料类（如血粉、鱼粉、饲料粉等）。 (6) 农副产品类（如棉花、烟草、砂糖等）。 (7) 林产品类（如纸粉、木粉）
3	粉尘爆炸的特点	(1) 粉尘爆炸速度或爆炸压力上升速度比爆炸气体小，但燃烧时间长，产生的能量大，破坏程度大。 (2) 爆炸感应期较长。爆炸过程复杂，要经过尘粒的表面分解或蒸发阶段及由表面向中心燃烧的过程。 (3) 有产生二次爆炸的可能性。初次爆炸产生的冲击波会将堆积的粉尘扬起。 (4) 粉尘有不完全燃烧现象。燃烧后的气体中含有大量的CO及粉尘自身分解的有毒气体，伴随中毒死亡的事故
4	评价粉尘爆炸危险性的主要特征参数	爆炸极限、最小点火能量、最低着火温度、粉尘爆炸压力及压力上升速率
5	影响粉尘爆炸极限的因素及影响趋势	影响因素：主要有粉尘粒度、分散度、湿度、点火源的性质、可燃气含量、氧含量、温度、惰性粉尘和灰分等。 影响趋势：粉尘粒度越细，分散度越高，可燃气体和氧的含量越大，火源强度、初始温度越高，温度越低，惰性粉尘及灰分越少，爆炸极限范围越大，粉尘爆炸危险性也就越大。 粉尘爆炸压力及压力上升速率：受粉尘粒度、初始压力、粉尘爆炸容器、湍流度影响

第二节　防火防爆技术

📝 考点1　火灾爆炸预防基本原则

(1) 防止和限制可燃可爆系统的形成。

(2) 当燃烧爆炸物质不可避免地出现时，要尽可能消除或隔离各类点火源。

(3) 阻止和限制火灾爆炸的蔓延扩展。

📝 考点2 点火源及其控制

序号	点火源	内容
1	明火	（1）加热用火的控制： ①加热易燃物料：宜采用热水或其他介质间接加热。 ②明火加热设备：应远离可能泄漏易燃气体或蒸气的工艺设备和储罐区，并应布置在其上风向或侧风向。有飞溅火花的加热装置，布置在上述设备的侧风向。 ③存在一个以上的明火设备：集中于装置的边缘。 （2）维修焊割用火的控制（动火分析：下限>4%，浓度<0.5%；下限<4%，浓度<0.2%）
2	摩擦和撞击	（1）易燃易爆场合禁止穿钉鞋，不得使用铁器制品。 （2）搬运储存可燃物体和易燃液体的金属容器，用专门运输工具，禁止在地面上滚动、拖拉或抛掷
3	电气设备	危险温度、电火花、电弧
4	静电和雷电放电	非静电材料、控制流速、静电消散、接地、增湿、个体防护
5	化学能和太阳能	（1）在常温下能与空气发生氧化反应放出热量而引起自燃的物质，应保存在水中（液封）。 （2）太阳光会聚焦形成高温焦点，能点燃易燃易爆物质。有爆炸危险的厂房和库房必须采取遮阳措施，窗户采用磨砂玻璃

📝 考点3 爆炸控制

序号	项目	内容
1	防止爆炸的一般原则	（1）控制混合气体中的可燃物含量处在爆炸极限以外。 （2）使用惰性气体取代空气。 （3）使氧气浓度处于其极限值以下
2	爆炸控制措施	（1）惰性气体保护：化工生产中采取的惰性气体（或阻燃性气体）主要有氮气、二氧化碳、水蒸气、烟道气等。 （2）系统密闭和正压操作：设备密闭不良是发生火灾和爆炸事故的主要原因之一。 （3）厂房通风：车间或厂房的下部亦应设通风口；从车间排出含有可燃物质的空气时，应设防爆的通风系统。 （4）以不燃溶剂代替可燃溶剂：防火与防爆的根本性措施是以不燃或难燃的材料代替可燃或易燃材料。使用汽油、丙酮、乙醇等易燃溶剂的生产，用四氯化碳、三氯乙烷或丁醇、氯苯等不燃溶剂或危险性较低的溶剂代替。 （5）危险物品的储存：无机酸与可燃物质相遇能引起着火及爆炸；铝酸盐与可燃的金属相混时能使金属着火或爆炸；松节油、磷及金属粉末在卤素中能自行着火

📝 考点4 防火防爆安全装置及技术

一、阻火及隔爆技术

序号	阻火隔爆装置	内容
1	机械隔爆	（1）工业阻火器：分为机械阻火器、液封和料封阻火器。常用于阻止爆炸初期火焰的蔓延。 （2）主动式隔爆装置。 （3）被动式隔爆装置。 （4）其他阻火隔爆装置：单向阀（生产中用的单向阀有升降式、摇板式、球式等），阻火阀门，火星熄灭器（防火罩、防火帽）
2	化学抑爆	简称化学抑爆、抑制防爆。化学抑爆技术适用于泄爆易产生二次爆炸，或无法开设泄爆口的设备以及所处位置不利于泄爆的设备

二、防爆泄压技术

序号	防爆泄压装置	内容
1	安全阀	（1）作用：防止设备和容器内压力过高而爆炸。 （2）分类：按其结构和作用原理可分为杠杆式、弹簧式和脉冲式。按气体排放方式分为全封闭式、半封闭式和敞开式。 （3）设置要求： ①新装安全阀，应有产品合格证；安装前应由安装单位继续复校后加铅封，并出具安全阀校验报告。 ②当安全阀的入口处装有隔断阀时，隔断阀必须常开并铅封。 ③压力容器的安全阀直接装在容器本体上。液化气体容器上的安全阀安于气相部分，防止排出液体物料，发生事故。 ④如安全阀用于排泄可燃气体，直接排入大气，则必须引至远离明火或易燃物，而且通风良好的地方，排放管必须逐段用导线接地以消除静电作用。如果可燃气体的温度高于它的自燃点，应考虑防火措施或将气体冷却后再排入大气。 ⑤安全阀用于泄放可燃液体时，宜将排泄管接入事故储槽、污油罐或其他容器；用于泄放高温油气或易燃、可燃气体等遇空气可能立即着火的物质时，宜接入密闭系统的放空塔或事故储槽。 ⑥一般安全阀可放空。室内的设备，如蒸馏塔、可燃气体压缩机的安全阀、放空口宜引出房顶，并高于房顶 2m 以上
2	爆破片	（1）爆破片的防爆效率取决于它的厚度、泄压面积和膜片材料的选择。 （2）正常工作时操作压力较低或没有压力的系统，可选用石棉、塑料、橡皮或玻璃等材质的爆破片。 （3）操作压力较高的系统可选用铝、铜等材质。 （4）微负压操作时可选用 2～3mm 厚的橡胶板。 （5）存有燃爆性气体的系统不宜选钢、铁片作爆破片。 （6）一般按 $1m^3$ 容积取 $0.035～0.18m^2$，但对氢和乙炔的设备则应大于 $0.4m^2$。 （7）爆破片爆破压力的选定，一般为设备、容器及系统最高工作压力的 1.15～1.3 倍。任何情况下，爆破片的爆破压力均应低于系统的设计压力。 （8）爆破片一般 6～12 个月更换一次。 （9）有重大爆炸危险性的设备、容器及管道，应安装爆破片

续表

序号	防爆泄压装置	内容
3	泄爆设施	（1）泄压设施的设置部位：有爆炸危险的厂房或厂房内有爆炸危险的部位；应避开人员密集场所和主要交通道路，并宜靠近有爆炸危险的部位。 （2）泄压设施采用材质：宜采用轻质屋面板、轻质墙体和易于泄压的门、窗等，采用安全玻璃等在爆炸时不产生尖锐碎片的材料。 （3）作为泄压设施的轻质屋面板和墙体的质量：不宜大于 $60kg/m^2$。 （4）泄压面积计算：$A=10CV^{2/3}$（注意：当厂房的长径比大于 3 时，宜将建筑划分为长径比不大于 3 的多个计算段，各计算段中的公共截面不得作为泄压面积）

第三节　烟花爆竹安全技术

考点1　烟花爆竹概述

序号	项目	内容
1	组成	包括氧化剂、还原剂、黏合剂、添加剂（如火焰着色剂、惰性添加剂）。 （1）氧化剂：高氯酸钾、硝酸钾、硝酸钡、硝酸锶、四氧化三铅。 （2）还原剂：镁铝合金粉、铝粉、铁粉、铝渣、铁粉、木炭、硫黄、苯甲酸钾、苯二甲酸氢钾。 （3）黏合剂：酚醛树脂（简称树脂、PF）、淀粉（包括江米粉、糯米粉、小麦粉等）、虫胶（又名柒片、洋干漆、紫胶）、聚乙烯醇（简称 PVA）、硝化棉、单基火药、硝基漆、桃胶、糊精。 （4）添加剂：草酸钠、氟铝酸钠、氟硅酸钠、硫酸钡、碳酸锶等
2	特性	（1）能量特征：火药做功能力的参量（使用特种），1kg 火药燃烧时气体所做的功。 （2）燃烧特性：火药能量释放的能力，取决于火药的燃烧速率和燃烧表面积。 （3）力学特性：具有相应的强度，高温保持不变形、低温下不变脆。 （4）安全性：在生产、使用和运输过程中安全可靠
3	产品级别	烟花爆竹产品分为 A、B、C、D 四级。 （1）A 级：由专业燃放人员在特定的室外空旷地点燃放、危险性很大的产品。 （2）B 级：由专业燃放人员在特定的室外空旷地点燃放、危险性较大的产品。 （3）C 级：适于室外开放空间燃放、危险性较小的产品。 （4）D 级：适于近距离燃放、危险性很小的产品

考点2　烟花爆竹基本安全知识

一、烟花爆竹、原材料和半成品安全性能检测

序号	检测项目	内容
1	摩擦感度	在摩擦作用下，火药发生燃烧或爆炸的难易程度

序号	检测项目	内容
2	撞击感度	热点的温度在 $400\sim500℃$，热点的直径为 $10^{-5}\sim10^{-3}$ cm，热点持续时间为 $10^{-5}\sim10^{-3}$ s
3	静电感度	(1) 炸药摩擦时产生静电的难易程度。 (2) 炸药对静电放电火花的感度
4	爆发点	为爆炸最低温度。 爆发点越低，则表示炸药对热的感度越高（敏感）
5	相容性	炸药与其包装材质之间的相容性会影响炸药的安全性
6	吸湿性	烟火药吸湿率≤2.0%，笛音药、粉状黑火药、含单基火药的烟火药≤4.0%
7	水分测定	烟火药的水分≤1.5%，笛音药、粉状黑火药、含单基火药的烟火药≤3.5%
8	pH 测定	烟火药的 pH 应为 5～9

二、烟花爆竹、烟火药生产的安全措施

序号	项目	内容
1	烟火药制造 （裸药效果件制作） 过程中的防火 防爆措施	(1) 粉碎氧化剂、还原剂：分别在单独专用工房内进行，每栋工房定员 2 人。 (2) 原材料称量：每栋工房定员 1 人，定量 200kg。 (3) 烟火药各成分混合：宜采用转鼓等机械设备，每栋工房定机 1 台，定员 1 人；手工混药，每栋工房定员 1 人。 (4) 黑火药制造：宜采用球磨、振动筛混合。 (5) 药物计量包装：专用工房，每栋工房定员 1 人，定量 30kg
2	烟花爆竹产品生产 过程中的防火 防爆措施	(1) 直接接触烟火药的工序：应按规定设置防静电装置，并采取增加温度等措施。 (2) 1.1 级工房：每栋工房定员 1 人；当隔离操作时，每栋工房定员 2 人，单人单间。 (3) 有药半成品机械钻孔：每栋工房定机 1 台，定员 1 人；当隔离操作时，每栋工房定机 2 台，单人单间。 (4) 手工插引，每间定员 4 人，每栋工房定员 16 人。 (5) 封口（底）每栋工房定员 2 人，爆音药半成品封口（底）每人定量 3kg

三、烟花爆竹工厂的布局和建筑安全要求

序号	项目	内容
1	建筑物危险等级	(1) 1.1 级建筑物：根据破坏能力划分为 1.1^{-1} 级（建筑物内的危险品发生爆炸事故时的破坏能力相当于 TNT 的厂房和仓库）、1.1^{-2} 级（建筑物内的危险品发生爆炸事故时，其破坏能力相当于黑火药的厂房和仓库）。 (2) 1.3 级建筑物：无整体爆炸危险，其破坏效应局限于本建筑物内，对周围建筑物影响较小
2	工厂布局	生产、储存爆炸物品的工厂、仓库应建在远离城市的独立地带，禁止设立在城市市区和其他居民聚集的地方及风景名胜区

序号	项目	内容
3	工厂平面布置	（1）同时生产烟花爆竹多个产品的企业，应分小区布置。 （2）同一危险等级的厂房和库房宜集中布置；计算药量大或危险性大的厂房和库房，宜布置在危险品生产区的边缘或其他有利于安全的地形处；粉尘污染比较大的厂房应布置在厂区的边缘。 （3）危险品生产厂房宜小型、分散。 （4）危险品生产厂房靠山布置时，距山脚不宜太近。 （5）不同类别仓库应考虑分区布置，同一危险等级的仓库宜集中布置，计算药量大或危险性大的仓库宜布置在总仓库区的边缘或其他有利于安全的地形处。 （6）危险品生产区和危险品总仓库区应设置高度不低于 2m 的围墙。 （7）围墙与危险性建筑物、构筑物之间的距离宜设为 12m，且不应小于 5m。 （8）距离危险性建筑物、构筑物外墙四周 5m 内宜设置防火隔离带
4	工艺布置	（1）生产工艺：宜采用机械化、自动化、自动监控。 （2）易燃易爆粉尘散落的工作场所：设置清洗设施。 （3）临时存药间或临时存药洞的最大存药量：不应超过单人半天的生产需要量，且不应超过 10kg。 （4）1.1 级、1.3 级厂房和库房（仓库）：为单层建筑，平面宜为矩形。 （5）1.1 级厂房应单机单栋或单人单栋独立设置，当采取抗爆间室、隔离操作时可以联建。引火线制造厂房应单间单机布置，每栋厂房连建间数不超过 4 间。 （6）不同危险等级的中转库：应独立设置，且不得和生产厂房联建。 （7）有固定作业人员的非危险品生产厂房：不得和危险品厂房联建。 （8）人均使用面积：1.1 级厂房，不宜少于 9.0m²；1.3 级厂房，不宜少于 4.5m²。 （9）烟花爆竹成品、有药半成品和药剂的干燥，宜采用热水、低压蒸汽或利用日光干燥，严禁采用明火烘干。 （10）运输危险品的廊道：采用敞开式或半敞开式，不宜与危险品生产厂房直接相连
5	工厂安全距离的定义及安全距离的确定	（1）工厂安全距离的定义：危险性建筑物与周围建筑物之间的最小允许距离。 （2）安全距离的确定：危险性建筑物的计算药量、建筑物的危险性等级和防护情况确定。 （3）计算药量： ①防护屏障内的危险品药量，应计入该屏障内的危险性建筑物的计算药量。 ②抗爆间室的危险品药量可不计入危险性建筑物的计算药量。 ③厂房内采取了分隔防护措施，相互间不会引起同时爆炸或燃烧的药量可分别计算，取其最大值
6	生产烟花爆竹建筑物的安全要求	（1）建筑面积小于 20m² 的 1.1 级建筑物或建筑面积不超过 300m² 的 1.3 级建筑物的耐火等级可为三级。 （2）室内梁或板中的最低净空高度不宜小于 2.8m。 （3）危险品生产区的办公用室和辅助用室宜独立设置或布置在非危险性建筑物内。 （4）距离本厂围墙小于 12m 的危险性建筑物，危险性建筑物面向围墙方向的外墙宜为实体墙。 （5）采用砌体承重结构的 1.1 级、1.3 级建筑物不得采用独立砖柱承重。危险性建筑物的砌体厚度不应小于 240mm。 （6）1.1 级、1.3 级厂房屋盖采用现浇钢筋混凝土屋盖、轻质泄压屋盖。 （7）抗爆间室朝室外的一面设置轻型窗。窗台高度不高于室内地面 0.4m。

续表

序号	项目	内容
6	生产烟花爆竹建筑物的安全要求	(8) 危险品生产厂房中，抗爆间室的墙应高出厂房相邻屋面不少于 0.5m。 (9) 1.1 级、1.3 级厂房的门向外开启的平开门，外门宽度不应小于 1.2m。 (10) 危险品仓库可采用现浇钢筋混凝土框架结构，钢筋混凝土柱、梁承重结构或砌体承重结构

四、烟花爆竹工厂电气安全要求

序号	项目	安全要求
1	危险场所分类	将危险场所划分为 F0、F1、F2 三类，应符合下列规定： (1) F0 类：经常或长期存在能形成爆炸危险的黑火药、烟火药及其粉尘的危险场所。 (2) F1 类：在正常运行时可能形成爆炸危险的黑火药、烟火药及其粉尘的危险场所。 (3) F2 类：在正常运行时能形成火灾危险，而爆炸危险性极小的危险品及粉尘的危险场
2	电气设备防爆	(1) 危险场所电气设备允许最高表面温度为 T4（135℃）。 (2) 危险场所采用的接线盒、挠性连接等选型，应与该场所电气设备防爆等级相一致。 (3) 危险场所不宜设置接插装置。 (4) 危险场所不应使用无线遥控设备等。 (5) 危险场所采用非防爆电气设备隔墙传动时规定： ①安装电气设备的工作间应采用不燃烧体密实墙与危险场所隔开，隔墙上不应设门、窗、洞口。 ②传动轴通过隔墙处的孔洞必须采用填料函封堵或有同等效果的密封措施。 ③安装电气设备工作间的门应设在外墙上或通向非危险场所，且门应向室外或非危险场所开启。 (6) F0 类危险场所不应安装电气设备。 (7) F1 类危险场所电气设备的选型： ①电气设备应采用可燃性粉尘环境电气设备 21 区 DIP21、IP65，爆炸性气体环境用电气设备 Ⅱ类 B 级隔爆型、本质安全型（IP54），灯具及控制按钮可采用增安型。 ②门灯及安装在外墙外侧的开关应采用可燃性粉尘环境用电气设备不低于 22 区 DIP22、IP54。 (8) F2 类危险场所电气设备、门灯及安装在外墙外侧的开关应采用可燃性粉尘环境用电气设备 22 区 DIP22、IP54
3	防雷与接地	(1) 变电所引至危险性建筑物的低压供电系统：宜采用 TN-C-S 接地形式；从建筑物内总配电箱开始引出的配电线路和分支线路：必须采用 TN-S 系统。 (2) 危险性建筑物总配电箱：设置电涌保护器。 (3) 接地体：沿建筑物墙外埋地敷设，每隔 18～24m 室内与室外连接一次，每个建筑物的连接不应少于 2 处。 (4) 距离建筑物 100m 内的金属管道：每隔 25m 左右接地一次，其冲击接地电阻不应大于 20Ω。 (5) 平行敷设的金属管道：净距小于 100mm 时，每隔 25m 左右用金属线跨接一次；当交叉净距小于 100mm 时，其交叉处跨接

序号	项目	安全要求
4	防静电	（1）静电泄漏电阻值：当危险场所采用防静电地面及工作台面时，应控制在 0.05～1.0MΩ。 （2）空气相对湿度：危险场所需要采用空气增湿方法泄漏静电时，宜为 60%；黑火药生产的危险场所，应为 65%

五、烟花爆竹及其原料储存和运输安全要求

序号	项目	安全要求
1	库房（仓库）危险品的存药量和建设规模	（1）生产区内中转库单库存药量：1.1 级，不应超过 500kg；1.3 级，不应超过 1000kg。 （2）总仓库区内成品仓库单库存药量：1.1 级，不宜超过 10000kg；1.3 级，不宜超过 20000kg；烟火药、黑火药、引火线，不宜超过 5000kg。 （3）总仓库区内成品仓库单栋建筑面积：1.1 级不宜超过 500m²；1.3 级，不宜超过 1000m²；烟火药、黑火药、引火线，不宜超过 100m²
2	库房（仓库）内危险品的堆放	（1）堆垛之间的距离不宜小于 0.7m，堆垛距内墙壁距离不宜小于 0.45m；搬运通道的宽度不宜小于 1.5m。 （2）烟火药、黑火药堆垛的高度不应超过 1.0m；半成品与未成箱成品堆垛的高度不应超过 1.5m；成箱成品堆垛的高度不应超过 2.5m
3	危险品运输	（1）不宜采用三轮车运输，严禁用畜力车、翻斗车和各种挂车运输。 （2）危险品生产区运输危险品的主干道中心线与各级危险性建筑物的距离： ①距 1.1 级建筑物不宜小于 20m，有防护屏障时可不小于 12m。 ②距 1.3 级建筑物不宜小于 12m；距实墙面可不小于 6m。 ③运输裸露危险品的道路中心线距有明火或散发火星的建（构）筑物不应小于 35m。 （3）总仓库区运输危险品的主干道中心线与各级危险性建筑物的距离不应小于 10m。 （4）生产区和危险品总仓库区内汽车运输危险品的主干道纵坡不宜大于 6%；手推车运输危险品的道路纵坡不宜大于 2%。 （5）机动车不应直接进入 1.1 级和 1.3 级建筑物内，装卸作业宜在各级危险性建筑物门前不小于 2.5m 以外处进行。 （6）人工提送危险品时，宜设专用人行道，道路纵坡不宜大于 8%，路面应平整，且不应设有台阶

📋 考点3 烟花爆竹安全生产技术条件

（1）烟花爆竹生产企业生产设施规定：

① 具有与生产规模、产品品种相适应并符合安全生产要求的生产厂房和储存仓库。

② 安全设施符合要求。

③ 危险品生产区与办公区（生活区）、有火源区与禁火区、生产车间与仓库（中转库或收发室）、危险工序与普通工序应当分离。

④ 不得改变工厂设计方案规定的厂房、仓库的功能和用途。

⑤ A₁ 级建筑物应设有安全防护屏障。

⑥ A₂ 级建筑物应单人单栋使用。

⑦ A₃ 级建筑物应单人单间使用，并且每栋同时作业人员的数量不得超过 2 人。

⑧ C 级建筑物的人均使用面积不得少于 $3.5m^2$。

⑨ 工房按规定的用途进行标识。

⑩ 生产厂房和仓库的周边应有相应的防火隔离措施。

⑪ 生产区域有明显的安全警示标志和警示标语，危险工序现场应牢固张贴安全管理制度和操作规程。

⑫ 具有保证安全生产和产品质量的设备、仪器和工艺装备。

⑬ 严禁在危险场所架设临时性电气设施。

（2）烟花爆竹生产企业应进行安全评价。

（3）企业应当建立生产安全事故应急救援组织，制定事故应急预案，配备应急救援人员和必要的应急救援器材和设备。

第四节　民用爆炸物品安全技术

📝 考点 1　民用爆炸物品生产安全基础知识

一、民用爆炸物品的分类

序号	分类	具体类别
1	工业炸药	乳化炸药、铵梯类炸药、膨化硝铵炸药、水胶炸药及其他工业炸药
2	工业雷管	工业雷管、磁电雷管、电子雷管、导爆管雷管、继爆管
3	工业索类火工品	工业导火索、工业导爆索、切割索、塑料导爆管、引火线
4	其他民用爆品	安全气囊用点火具、特殊用途烟火制品、海上救生烟火信号
5	原材料	梯恩梯、工业黑索今、民用推进剂、太安、黑火药、起爆药、硝酸铵

二、民用爆炸物品的火灾爆炸危险因素

序号	项目	内容
1	乳化炸药生产的火灾爆炸危险因素	主要来自物质危险性，如生产过程中的高温、撞击摩擦、电气和静电火花、雷电引起的危险性
2	乳化炸药的生产工艺步骤	油相制备，水相制备，乳化，敏化，装药包装

序号	项目	内容
3	乳化炸药生产原料或成品在储存和运输中存在的危险因素	（1）硝酸铵储存过程中会发生自然分解，放出热量。当环境具备一定的条件时热量聚集，当温度达到爆发点时引起硝酸铵燃烧或爆炸。 （2）油相材料都是易燃危险品，储存时遇到高温、氧化剂等，易发生燃烧而引起燃烧事故。 （3）乳化炸药的运输可能发生险情（如翻车、撞车、坠落、碰撞及摩擦等），会引起乳化炸药的燃烧或爆炸

三、民用爆炸物品基本安全知识

序号	项目	内容
1	炸药燃烧的特性	（1）能量特征。 （2）燃烧特性。 （3）力学特性。 （4）安定性。 （5）安全性
2	炸药爆炸特征	（1）反应过程的放热性。 （2）反应过程的高速度。 （3）反应生成物必定含有大量的气态物质
3	民用爆炸品的燃烧爆炸敏感度及其影响因素	（1）感度：一般有火焰感度、热感度、机械感度（撞击感度、摩擦感度、针刺感度）、电感度（交直流电感度、静电感度、射频感度）、光感度（可见光感度、激光感度）、冲击破感度、爆轰感度。 （2）民用爆炸品爆炸影响因素：炸药的性质、装药的临界尺寸、炸药层的厚度和密度、炸药的杂质及含量、周围介质的气体压力和壳体的密封、环境温度和湿度
4	爆炸冲击波的防护措施	生产、储存民用爆炸物品的工厂、仓库应建在远离城市的独立地带，禁止设立在城市市区和其他居民聚集的地方及风景名胜区
5	工厂平面布置要求	（1）主厂区应布置在非危险区的下风侧。 （2）总仓库区应远离工厂住宅区和城市
6	工艺布置要求	（1）尽量采用新技术，实现机械化、自动化、连续化、遥控化，做到人机隔离、远距离操作，并应减少厂房的计算药量和操作人员。 （2）将危险生产工序布置在一端，接着布置危险较低的生产工序。 （3）危险品生产厂房和库房在平面上宜布置成矩形。 （4）有泄爆要求的工艺设备，布置时应使泄爆方向不直接对着其他建筑物或主要道路
7	电气设备防爆要求	（1）F0区场所：即炸药、起爆药、火工品的储存场所，制造加工、储存场所，不应安装电气设备。电气照明采用安装在建筑外墙的壁龛灯或装在室外的投光灯。 （2）F1区场所：即起爆药、火工品制造的场所，电气设备表面温度不得超过允许表面温度，且防爆电气设备应优先采用尘密结构型、Ⅱ类B级隔爆型、本质安全型、增安型（仅限于灯类及控制按钮）。 （3）F2区场所：即理化分析成品试验站，选用密封型、防水防尘型设备

序号	项目	内容
8	预防燃烧爆炸事故的主要措施	(1) 生产工艺技术是成熟、可靠或经过技术鉴定的。 (2) 凡从事生产、储存的企业，应制定工艺技术规程和安全操作规程。 (3) 可能引起燃烧爆炸事故的机械化作业，应根据危险程度设置安全措施。 (4) 所有与危险品接触的设备、器具、仪表应相容。 (5) 有危及生产安全的专用设备应按有关规定进入目录管理。 (6) 预防炸药生产中混入杂质。 (7) 生产、储存、运输时，不允许使用明火，不得接触明火或表面高温物。 (8) 在生产、储存、运输等过程中，要防止摩擦和撞击。 (9) 要有防止静电产生和积累的措施。 (10) 火炸药生产厂房内的所有电气设备都应采用防爆电气设备。 (11) 生产、储存工房均应设置避雷设施。 (12) 要及时预防机械和设备故障

考点2　民用爆炸物品安全生产技术要求

（1）生产企业应当依法进行安全评价。

（2）生产企业应当为从业人员配备劳动防护用品，对重大危险源进行评估检测，采取监控措施，为从业人员定期进行健康检查。

第五节　消防设施与器材

考点1　消防设施

序号	项目	内容
1	消防设施概念	是指火灾自动报警系统、自动灭火系统、消火栓系统、防烟排烟系统以及应急广播和应急照明、安全疏散设施等
2	火灾自动报警系统	(1) 功能：自动消防系统应包括探测、报警、联动、灭火、减灾等功能。火灾自动报警系统主要完成探测和报警功能，控制和联动等功能主要由联动控制系统来完成。 (2) 组成：由触发装置、火灾报警装置、火灾警报装置和电源等部分组成的通报火灾发生的全套设备。 (3) 形式： ①区域火灾报警系统：适用于二级保护对象；由火灾探测器、手动报警按钮、区域火灾报警控制器、火灾警报装置和电源等组成；该系统比较简单，使用很广泛。 ②集中报警系统：适用于一、二级保护对象；由一台集中报警控制器、两台以上的区域报警控制器、火灾警报装置和电源等组成；该系统在高层宾馆、饭店、大型建筑群使用。

序号	项目	内容
2	火灾自动报警系统	③控制中心报警系统：适用于特级、一级保护对象；该系统除了集中报警控制器、区域报警控制器、火灾探测器外，在消防控制室内增加了消防联动控制设备；用于大型宾馆、饭店、商场、办公室、大型建筑群和大型综合楼工程。 （4）火灾报警控制器：是火灾自动报警系统中的主要设备，它除了具有控制、记忆、识别和报警功能外，还具有自动检测、联动控制、打印输出、图形显示、通信广播等功能
3	自动灭火系统	（1）水灭火系统：包括室内外消火栓系统、自动喷水灭火系统、水幕和水喷雾灭火系统。 （2）气体自动灭火系统。 （3）泡沫灭火系统：按发泡倍数，泡沫系统可分为低倍数泡沫灭火系统、中倍数泡沫灭火系统和高倍数泡沫灭火系统
4	防排烟与通风空调系统	防排烟系统能改善着火地点的环境，使建筑内的人员能安全撤离现场，使消防人员能迅速靠近火源，用最短时间抢救生命，用最少灭火剂在损失最小的情况下将火扑灭。 排烟形式有自然排烟（排烟窗、排烟井）、机械排烟

考点2　消防器材

一、灭火器的灭火剂

序号	项目		内容
1	水和水系灭火剂	灭火机理	冷却、蒸汽减少氧气、稀释可燃物、浸湿难燃
2		不能用水扑灭的火灾	（1）密度小于水和不溶于水的易燃液体的火灾—汽油、煤油、柴油、苯、醇。 （2）遇水产生燃烧物的火灾—金属钾、钠、碳化钙等。 （3）硫酸、盐酸和硝酸引发的火灾。 （4）电气火灾。 （5）高温状态下化工设备火灾，防骤冷爆裂
3	气体灭火剂	概述	主要是二氧化碳和氮气。1kg的二氧化碳液体，生成500L左右的气体，熄灭$1m^3$空间范围火焰
4		灭火机理	降低氧气含量、窒息灭火。氧气浓度降低至12%，或二氧化碳的浓度达到30%～35%，燃烧终止
5		适用范围	扑救600V以下带电电器、贵重设备、图书档案、精密仪器仪表的初起火灾，以及一般可燃液体的火灾
6		不适用范围	不宜用来扑灭金属钾、镁、钠、铝等及金属过氧化物（如过氧化钾、过氧化钠）、有机过氧化物、氯酸盐、硝酸盐、高锰酸盐、亚硝酸盐、重铬酸盐等氧化剂的火灾

续表

序号	项目		内容
7	泡沫灭火剂	分类	(1) 化学泡沫灭火剂：化学泡沫是通过硫酸铝和碳酸氢钠的水、溶液发生化学反应，产生二氧化碳，而形成泡沫。 (2) 空气泡沫灭火剂：空气泡沫是由含有表面活性剂的水溶液在泡沫发生器中通过机械作用而产生的泡沫
8		空气泡沫灭火剂泡沫分级	(1) 低倍数泡沫：发泡倍数 20 倍以下。 (2) 中倍数泡沫：发泡倍数 20～200 倍。 (3) 高倍数泡沫：发泡倍数 201～1000 倍
9		灭火机理	靠覆盖隔绝作用、导致缺氧窒息
10		适用范围	扑救脂类、石油产品等 B 类火灾以及木材等 A 类物质的初起火灾
11		不适用范围	不能扑救 B 类水溶性火灾，也不能扑救带电设备及 C 类和 D 类火灾
12	干粉灭火剂	成分	细微无机粉末，包括灭火组分、疏水成分、惰性填料
13		分类	BC 干粉、ABC 干粉
14		灭火机理	化学抑制作用（捕捉并终止燃烧产生的自由基）
15		适用范围	BC 干粉灭火器主要用于扑灭可燃液体、可燃气体以及带电设备火灾。ABC 干粉灭火器不仅适用于扑救可燃液体、可燃气体和带电设备的火灾，还适用于扑救一般固体物质火灾

二、灭火器的选择

序号	灭火器类别	内容
1	清水灭火器	适用于扑救可燃固体物质火灾，即 A 类火灾
2	泡沫灭火器	适合扑救 B 类火灾、A 类物质的初起火灾，但不能扑救 B 类水溶性火灾，也不能扑救带电设备及 C 类和 D 类火灾
3	酸碱灭火器	适用于扑救 A 类物质的初起火灾，如木、竹、织物、纸张等燃烧的火灾。不能用于扑救 B 类物质燃烧的火灾，也不能用于扑救 C 类可燃气体或 D 类轻金属火灾，同时也不能用于带电场合火灾的扑救
4	二氧化碳灭火器	适宜于扑救 600V 以下带电电器、贵重设备、图书档案、精密仪器仪表的初起火灾，以及一般可燃液体的火灾
5	干粉灭火器	普通干粉（BC 干粉）灭火器，灭火器主要用于扑灭可燃液体、可燃气体以及带电设备火灾。 多用干粉（ABC 干粉）灭火器，适用于扑救可燃液体、可燃气体和带电设备的火灾，以及一般固体物质火灾，但不能扑救轻金属火灾

三、火灾探测器

序号	项目	内容
1	感光式火灾探测器	（1）适用范围：适用于监视有易燃物质区域的火灾发生，如仓库、燃料库、变电所、计算机房等场所，特别适用于没有阴燃阶段的燃料火灾（如醇类、汽油、煤气等易燃液体、气体火灾）的早期检测报警。 （2）分类：红外火焰火灾探测器和紫外火焰火灾探测器
2	感烟式火灾探测器	（1）适用范围：用于探测火灾初期的烟雾，并发出火灾报警讯号的火灾探测器。 （2）特点：能早期发现火灾、灵敏度高、响应速度快、使用面较广。 （3）分类：点型感烟火灾探测器和线型感烟火灾探测器
3	感温式火灾探测器	（1）定温火灾探测器。 （2）差温火灾探测器。 （3）差定温火灾探测器
4	可燃气体火灾探测器	（1）适用范围：主要应用在有可燃气体存在或可能发生泄漏的易燃易爆场所，或应用于居民住宅（有煤气或天然气存在或易发生泄漏的地方）。 （2）安装：对于经常有风速 0.5m/s 以上气流存在、可燃气体无法滞留的场所，或经常有热气、水滴、油烟的场所，或环境温度经常超过 40℃ 的场所，不适宜安装；有铅离子存在的场所，或有硫化氢气体存在的场所，不能使用；在有酸、碱等腐蚀性气体存在的场所，也不宜使用
5	复合式火灾探测器	包括复合式感温感烟火灾探测器、复合式感温感光火灾探测器、复合式感温感烟感光火灾探测器、分离式红外光束感温感光火灾探测器

四、其他消防器材

序号	项目	内容
1	消防梯	目前普通使用的按结构型式分有单杠梯、挂钩梯、拉梯和其他结构消防梯。按使用的材料分有木梯、竹梯、铝合金梯、钢质消防梯和其他材质消防梯
2	消防水带	是火场用于输送水或其他液体灭火剂的软管，广泛用于各种消防车、消防泵、消火栓等消防设备上。 按口径不同分为：25mm、40mm、50mm、65mm、80mm、100mm、125mm、150mm 等。 按照水带长度不同分为：15m、20m、25m、30m 等
3	消防水枪	作用是加快流速，增大和改变水流形状。 按水枪开口形式不同分为直流水枪、多用水枪、喷雾水枪、直流喷雾水枪

第五章 危险化学品安全基础知识

扫码免费观看
基础直播课程

第一节 危险化学品安全的基础知识

📝 考点1 危险化学品的概念及类别划分

序号	项目	内容
1	概念	具有毒害、腐蚀、爆炸、燃烧、助燃等性质，对人体、设施、环境具有危害的剧毒化学品
2	类别划分	将危险化学品分为物理危险、健康危害及环境危害三大类，28小类。 （1）物理危险分类（16类）：爆炸物、易燃气体、气溶胶、氧化性气体、加压气体、易燃液体、易燃固体、自反应物质和混合物、自燃液体、自燃固体、自热物质和混合物、遇水放出易燃气体的物质和混合物、氧化性液体、氧化性固体、有机过氧化物、金属腐蚀物。 （2）健康危害分类（10类）：急性中毒、皮肤腐蚀/刺激、严重眼损伤/眼刺激、呼吸道或皮肤致敏、生殖细胞致突变性、致癌性、生殖毒性、特异性靶器官毒性——一次接触、特异性靶器官毒性—反复接触、呼入危害。 （3）环境危害分类：对水体的危害（危害水生环境：急性、慢性）；对大气的危害（危害臭氧层）；对土壤的危害

📝 考点2 危险化学品的主要危险特性

（1）燃烧性。

（2）爆炸性。

（3）毒害性。

（4）腐蚀性。

（5）放射性。

📝 考点3 化学品安全技术说明书和安全标签的内容及要求

序号	项目	内容
1	化学品安全技术说明书（SDS）	（1）提供了化学品（物质或混合物）在安全、健康和环境保护等方面的信息，推荐了防护措施和紧急情况下的应对措施。 （2）SDS是化学品的供应商向下游用户传递化学品基本危害信息（包括运输、操作处置、储存和应急行动信息）的一种载体。

续表

序号	项目	内容
1	化学品安全技术说明书（SDS）	（3）16大项的安全信息内容：化学品及企业标识；危险性概述；成分/组成信息；急救措施；消防措施；泄漏应急处理；操作处置与储存；接触控制和个体防护；理化特性；稳定性和反应性；毒理学信息；生态学信息；废弃处置；运输信息；法规信息；其他信息
2	危险化学品安全标签	（1）标签具体内容：化学品标识；象形图；信号词；危险性说明；防范说明；供应商标识；应急咨询电话；资料参阅提示语；危险信息先后排序。 （2）使用安全标签时注意事项：盛装危险化学品的容器或包装，在经过处理并确认其危险性完全消除之后，方可撕下安全标签，否则不能撕下相应的标签

第二节　危险化学品的燃烧爆炸类型和过程

考点1　燃烧爆炸的分类

序号	分类	内容
1	简单分解爆炸	乙炔、环氧乙烷等
2	复杂分解爆炸	梯恩梯、黑索金等
3	爆炸性混合物爆炸	可燃性气体、蒸气、液体雾滴及粉尘与空气（氧）的混合物

考点2　燃烧爆炸过程

序号	项目	内容
1	燃烧	相对于可燃固体和液体，可燃气体最易燃烧，燃烧所需要的热量只用于本身的氧化分解，并使其达到着火点
2	分解爆炸性气体爆炸	在高压下容易产生分解爆炸的气体，当压力低于某数值时则不会发生分解爆炸，这个压力称为分解爆炸的临界压力
3	粉尘爆炸	（1）金属粉尘、煤粉、塑料粉尘、有机物粉尘、纤维粉尘及农副产品谷物面粉等都可能造成粉尘爆炸事故。 （2）特点：燃烧速度、爆炸压力均比混合气体爆炸小；多数为不完全燃烧，产生的一氧化碳等有毒物质多；会产生二次、三次爆炸
4	蒸气云爆炸	具备条件： （1）泄漏物必须可燃且具备适当的温度和压力。 （2）必须在点燃之前即扩散阶段形成一个大云团，在一个工艺区域内发生泄漏，经过一段延迟时间形成云团后再点燃，则往往会产生剧烈的爆炸。 （3）产生的足够数量的云团处于该物质的爆炸极限范围内才能产生显著的爆炸超压

第三节　危险化学品燃烧爆炸事故的危害

考点　危险化学品燃烧爆炸事故的危害

(1) 高温的破坏作用。

(2) 爆炸的破坏作用：爆炸碎片的破坏作用（一般碎片飞散范围在 500m 以内）、爆炸冲击波的破坏作用。

(3) 造成中毒和环境污染。

第四节　危险化学品事故的控制和防护措施

考点 1　危险化学品中毒、污染事故预防控制措施

序号	措施	内容
1	替代	通常做法：选用无毒或低毒的化学品替代已有的有毒有害化学品。如，用甲苯替代喷漆和涂漆中用的苯，用脂肪烃替代胶水或黏合剂中的芳烃
2	变更工艺	如以往用乙炔制乙醛，采用汞作催化剂，现在发展为用乙烯为原料，通过氧化或氧氯化制乙醛，不需用汞作催化剂。通过变更工艺，彻底消除了汞害
3	隔离	(1) 隔离就是通过封闭、设置屏障等措施，避免作业人员直接暴露于有害环境中。最常用隔离方法是将生产或使用的设备完全封闭起来，使工人在操作中不接触化学品。 (2) 隔离操作是另一种常用的隔离方法，就是把生产设备与操作室隔离开。简单的形式就是把生产设备的管线阀门、电控开关放在与生产地点完全隔离的操作室内
4	通风	是控制作业场所中有害气体、蒸气或粉尘最有效的措施之一。 分局部排风（点式扩散源使用）和全面通风（面式扩散源使用）两种
5	个体防护	当作业场所中有害化学品的浓度超标时，工人就必须使用合适的个体防护用品。防护用品主要有头部防护器具、呼吸防护器具、眼防护器具、躯干防护用品、手足防护用品等
6	保持卫生	包括保持作业场所清洁和作业人员的个人卫生两个方面

考点2 危险化学品火灾、爆炸事故的预防

序号	项目	内容
1	防止燃烧、爆炸系统的形成	(1) 替代。 (2) 密闭。 (3) 惰性气体保护。 (4) 通风置换。 (5) 安全监测及联锁
2	消除点火源	能引发事故的点火源有明火、高温表面、冲击、摩擦、自燃、发热、电气火花、静电火花、化学反应热、光线照射等。具体做法有： (1) 控制明火和高温表面。 (2) 防止摩擦和撞击产生火花。 (3) 火灾爆炸危险场所采用防爆电气设备避免电气火花
3	限制火灾、爆炸蔓延扩散的措施	包括阻火装置、防爆泄压装置及防火防爆分隔等

第五节 危险化学品储存、运输与包装安全技术

考点1 危险化学品储存的基本要求

（1）必须储存在经公安部门批准设置的专门的危险化学品仓库中。

（2）露天堆放，应符合防火、防爆的安全要求，爆炸物品、一级易燃物品、遇湿燃烧物品、剧毒物品不得露天堆放。

（3）储存危险化学品的仓库必须配备有专业知识的技术人员，其库房及场所应设专人管理，管理人员必须配备个人安全防护用品。

（4）储存的危险化学品应有明显的标志。同一区域贮存两种及两种以上不同级别的危险化学品时，应按最高等级危险化学品的性能标志。

（5）储存方式分为：隔离储存，隔开储存，分离储存。

（6）根据性能分区、分类、分库储存。

（7）储存危险化学品的建筑物、区域内严禁吸烟和使用明火。

考点2 危险化学品运输安全技术与要求

（1）国家对危险化学品的运输实行资质认定制度。

（2）危险化学品托运人必须办理有关手续后方可运输；运输企业查验有关手续齐全有效后方可承运。

（3）托运危险化学品的，托运人应当向承运人说明所托运的危险化学品的种类、数量、危险特性以及发生危险情况的应急处置措施，并按规定对所托运的危险化学品妥善包

装，在外包装上设置标志。

（4）危险货物装卸过程中，应当根据危险货物的性质轻装轻卸，堆码整齐，防止杂、撒漏、破损，不得与普通货物混合堆放。

（5）危险物品装卸前，应对车（船）搬运工具进行必要的通风和清扫，不得留有残渣，对装有剧毒物品的车（船），卸车（船）后必须洗刷干净。

（6）装运爆炸、剧毒、放射性、易燃液体、可燃气体等物品，必须使用符合要求的运输工具；禁忌物料不得混运；禁止用电瓶车、翻斗车、铲车、自行车等运输爆炸物品。

（7）运输危险货物应当配备必要的押运人员，车辆应当符合悬挂或者喷涂国家标准要求的警示标志。

（8）运输过程中，不得随意停车。不得在居民聚居点、行人稠密地段、政府机关、名胜古迹、风景浏览区停车。

（9）运输易燃易爆危险货物车辆的排气管，应安装隔热和熄灭火星装置，并配装导静电橡胶拖地带装置。

（10）运输危险货物应根据货物性质，采取相应的措施（遮阳、控温、防爆、防静电、防火、防震、防水、防冻、防粉尘飞扬、防散漏）。

考点3 危险货物包装分类

序号	分类	内容
1	Ⅰ类包装	适用内装危险性较大的货物
2	Ⅱ类包装	适用内装危险性中等的货物
3	Ⅲ类包装	适用内装危险性较小的货物

第六节 危险化学品经营的安全要求

考点1 危险化学品经营企业的条件

《危险化学品安全管理条例》第三十四条规定，从事危险化学品经营的企业应当具备下列条件：

（1）有符合国家标准、行业标准的经营场所，储存危险化学品的，还应当有符合国家标准、行业标准的储存设施。

（2）从业人员经过专业技术培训并经考核合格。

（3）有健全的安全管理规章制度。

（4）有专职安全管理人员。

（5）有符合国家规定的危险化学品事故应急预案和必要的应急救援器材、设备。

（6）法律、法规规定的其他条件。

考点2 危险化学品经营企业的其他规定

（1）危险化学品经营企业不得向未经许可从事危险化学品生产、经营活动的企业采购危险化学品，不得经营没有化学品安全技术说明书或者化学品安全标签的危险化学品。

（2）危险化学品商店内只能存放民用小包装的危险化学品。

（3）危险化学品生产企业、经营企业销售剧毒化学品、易制爆危险化学品，应当如实记录购买单位的名称、地址、经办人的姓名、身份证号码以及所购买的剧毒化学品、易制爆危险化学品的品种、数量、用途。销售记录以及经办人的身份证明复印件、相关许可证件复印件或者证明文件的保存期限不得少于1年。

（4）剧毒化学品、易制爆危险化学品的销售企业、购买单位应当在销售、购买后5日内，将所销售、购买的剧毒化学品、易制爆危险化学品的品种、数量以及流向信息报所在地县级人民政府公安机关备案，并输入计算机系统。

第七节 泄漏控制与销毁处置技术

考点1 泄漏处理及火灾控制

序号	项目		内容
1	泄漏处理	气体泄漏物	用合理通风和喷雾状水的方法消除潜在影响
2		液体泄漏物	采取覆盖、收容和转移的方式
3	火灾控制	灭火注意事项	（1）正确选择灭火剂并充分发挥其效能。 （2）注意保护重点部位。 （3）防止复燃复爆。 （4）防止高温危害。可以使用喷水降温、利用掩体保护、穿隔热服装保护、定时组织换班等方法避免高温危害。 （5）防止毒害危害。发生火灾时，可能出现一氧化碳、二氧化碳、二氧化硫、光气等有毒物质。在扑救时，应当设置警戒区，进入警戒区的抢险人员应当佩戴个体防护装备，并采取适当的手段消除毒物
4		几种特殊化学品火灾扑救注意事项	（1）扑救气体类火灾时，切忌盲目扑灭火焰。 （2）扑救爆炸物品火灾时，切忌用沙土盖压；扑救爆炸物品堆垛火灾时，水流应采用吊射。 （3）扑救遇湿易燃物品火灾时，绝对禁止用水、泡沫、酸碱等湿性灭火剂扑救。对镁粉、铝粉等粉尘，切忌喷射有压力的灭火剂。 （4）扑救易燃液体火灾时，比水轻又不溶于水的液体用直流水、雾状水灭火往往无效，可用普通蛋白泡沫或轻泡沫扑救；水溶性液体最好用抗溶性泡沫扑救。 （5）扑救毒害和腐蚀品的火灾时，尽量使用低压水流或雾状水。 （6）易燃固体、自燃物品火灾一般可用水和泡沫扑救，只要控制住燃烧范围，逐步扑灭即可

261

📝 考点2　废弃物销毁

序号	项目	处理方法
1	固体废弃物的处置	（1）危险废弃物：固化/稳定化。 （2）工业固体废弃物：填埋
2	爆炸性物品的销毁	爆炸法、烧毁法、溶解法、化学分解法
3	有机过氧化物 废弃物处理	分解，烧毁，填埋

第八节　危险化学品的危害及防护

📝 考点1　毒性危险化学品

序号	项目	内容
1	毒性危险化学品侵入 人体的途径	经呼吸道、消化道和皮肤进入人体
2	工业毒性危险化学品 对人体的危害	（1）刺激：刺激性气体、尘雾可引起气管炎，如二氧化硫、氯气、石棉尘。 （2）过敏：可引起皮肤或呼吸系统过敏，如环氧树脂、胶类硬化剂、偶氮染料、煤焦油衍生物和铬酸等。呼吸系统过敏可引起职业性哮喘，有甲苯、聚氨酯、福尔马林等。 （3）窒息： ①单纯窒息：氧气被氮气、二氧化碳、甲烷、氢气、氮气等气体所代替，空气中氧浓度降到17%以下，致使机体组织的供氧不足。 ②血液窒息：典型的血液窒息性物质就是一氧化碳。空气中一氧化碳含量达到0.05%时就会导致血液携氧能力严重下降。 ③细胞内窒息：氰化氢、硫化氢等物质影响细胞和氧的结合能力，尽管血液中含氧充足。 （4）麻醉和昏迷：乙醇、丙醇、丙酮、丁酮、乙炔、烃类、乙醚、异丙醚会导致中枢神经抑制。 （5）中毒。 （6）致癌。 （7）致畸。 （8）致突变。 （9）尘肺：能引起尘肺病的物质有石英晶体、石棉、滑石粉、煤粉和铍等
3	急性中毒的现场抢救	（1）救护者现场准备：穿好防护衣，佩戴供氧式防毒面具或氧气呼吸器。 （2）切断毒性危险化学品来源。 （3）清洗被毒性危险化学品污染的皮肤。 （4）若经口引起急性中毒： ①非腐蚀性毒性危险化学品：1/5000的高锰酸钾溶液或1%～2%的碳酸氢钠溶液洗胃，然后用硫酸镁溶液导泻。

序号	项目	内容
3	急性中毒的现场抢救	②腐蚀性毒性危险化学品：不宜洗胃，可用蛋清、牛奶或氢氧化铝凝胶灌服，以保护胃黏膜。 （5）令中毒患者呼吸氧气
4	一些毒性物质污染的处理	（1）氰化钠、氰化钾及其他氢氰化物的污染：可用硫代硫酸钠的水溶液浇在污染处，然后用热水冲洗，再用冷水冲洗干净。也可用硫酸亚铁、高锰酸钾、次氯酸钠代替硫代硫酸钠。 （2）硫、磷及其他有机磷剧毒农药：苯硫磷、敌死通等首先用生石灰将泄漏的药液吸干，然后用碱水湿透污染处，用热水冲洗后再用冷水冲洗干净。 （3）硫酸二甲酯泄漏：先将氨水洒在污染处进行中和，也可用漂白粉或5倍水浸湿污染处，再用碱水浸湿，最后用热水和冷水各冲洗一次。 （4）甲醛泄漏：可用漂白粉加5倍水浸湿污染处，然后再用水冲洗干净。 （5）苯胺泄漏：可用稀盐酸或稀硫酸溶液浸湿污染处，再用水冲洗。 （6）汞泄漏：可先行收集，然后在污染处用硫黄粉覆盖，最后冲洗干净。 （7）磷容器破裂：先戴好防毒面具，用工具将黄磷移放到完好的盛器中，切勿用手接触。污染处用石灰乳浸湿，再用水冲洗。被黄磷污染的用具，可用5%硫酸铜溶液冲洗。 （8）砷泄漏：可用碱水和氢氧化铁解毒，再用水冲洗。 （9）溴泄漏：可用氨水使其生成氨盐，再用水冲洗

考点2　放射性危险化学品的危险特性

（1）主要危险特性在于它的放射性。其放射性强度越大，危险性就越大。

（2）造成类型：

① 对中枢神经和大脑系统的伤害：表现为虚弱、倦怠、嗜睡、昏迷、震颤、痉挛，可在2d内死亡。

② 对肠胃的伤害：表现为恶心、呕吐、腹泻、虚弱和虚脱，症状消失后可出现急性昏迷，通常可在2周内死亡。

③ 对造血系统的伤害：表现为恶心、呕吐、腹泻，但很快能好转，经过2~3周无症状之后，出现脱发、经常性流鼻血，再出现腹泻，极度憔悴，通常在2~6周后死亡。

考点3　呼吸道防毒面具选用

品类			使用范围
过滤式	全面罩式	头罩式面具	毒性气体的体积浓度低，一般不高于1%，具体选择按《呼吸防护 自吸过滤式防毒面具》GB 2890 进行
		面罩式面具　导管式	
		面罩式面具　直接式	
	半面罩式	双罐式防毒口罩	
		单罐式防毒口罩	
		简易式防毒口罩	

续表

品类				使用范围
隔离式	自给式	供氧（气）式	氧气呼吸器	毒性气体浓度高，毒性不明或缺氧的可移动性作业
			空气呼吸器	
		生氧式	生氧面具	
			自救器	上述情况短暂时间事故自救用
	隔离式	送风长管式	电动式	毒性气体浓度高，缺氧的固定作业
			人工式	
		自吸长管式		同上，导管限长<10m，管内径>18mm

第六章　其他通用安全技术

扫码免费观看
基础直播课程

第一节　受限空间（有限空间、密闭空间）作业安全技术

✎ 考点 1　受限空间（有限空间、密闭空间）作业安全基础知识

一、受限空间的概念及分类

（1）受限空间的定义及特点

受限空间作业又称有限空间作业或密闭空间作业。受限空间是指工厂的各种设备内部（炉、塔釜、罐、仓、池、槽车、管道、烟道等）和工厂的隧道、下水道、沟、坑、井、池、涵洞、阀门间、污水处理设施等封闭、半封闭的设施及场所（地下隐蔽工程、密闭容器、长期不用的设施或通风不畅的场所等）。

（2）受限空间的分类

受限空间分为地下有限空间、地上有限空间和密闭设备 3 类。

① 地下有限空间，如地下室、地下仓库、地下工程、地下管沟、暗沟、隧道、涵洞、地坑、深基坑、废井、地窖、检查井室、沼气池、化粪池、污水处理池等。

② 地上有限空间，如酒糟池、发酵池、腌渍池、纸浆池、粮仓、料仓等。

③ 密闭设备，如船舱、储（槽）罐、车载槽罐、反应塔（釜）、窑炉、炉膛、烟道、管道及锅炉等。

（3）受限空间作业

一切通风不良、容易造成有毒有害气体积聚和缺氧的设备、设施和场所都叫受限空间（作业受到限制的空间），在受限空间的作业都称为受限空间作业。

具有危险性高、易发事故及其后果严重等特点。在受限空间中进行作业，如果防范措施不到位，就有可能发生中毒、窒息、火灾、爆炸等事故，另外大部分受限空间作业面狭窄，作业环境复杂，还容易发生触电、机械损伤、淹溺和坍塌掩埋等事故。

二、物理条件

符合以下条件的称之为受限空间，物理条件（同时符合以下 3 条）：

（1）有足够的空间，让员工可以进入并进行指定的工作。

（2）进入和撤离受到限制，不能自如进出。

（3）并非设计用来给员工长时间在内工作的。

三、危险特征

危险特征（符合任一项或以上）：

（1）存在或可能产生有毒有害气体。

（2）存在或可能产生掩埋进入者的物料。

（3）内部结构可能将进入者困在其中（如，内有固定设备或四壁向内倾斜收拢）。

（4）存在已识别出的健康、安全风险。

四、受限空间作业涉及的行业领域

如煤矿、非煤矿山、化工、炼油、冶金、建筑、电力、造纸、造船、建材、食品加工、餐饮、市政工程、城市燃气、污水处理、特种设备等。因此，受限空间作业发生的事故范围也比较广。

五、入受限空间的原则

（1）所有人员在进入受限空间前，必须制定和实施书面受限空间进入计划。

（2）所有进入受限空间的作业必须持有有效的进入许可证。

（3）只有在没有其他切实可行的方法能完成工作任务时，才考虑进入受限空间。

（4）进入受限空间作业前，必须进行危害识别，列出危害因素清单，危害因素应包括但不限于以下方面：气体危害；窒息危害；有毒有害气体；可燃气体和爆炸性气体；被淹没/埋没；机械危害；其他，如电击、温度、辐射、噪声等。

必须采取以下危害预防行动：评估进入之前和进入期间潜在的危害的程度；制定措施消除、控制或隔离在进入之前和进入期间的危害；在进入之前和进入期间检测受限空间中的气体环境；保持安全进入的条件；预测在受限空间里的活动以及可能产生的危害；预测空间外活动对受限空间内条件的潜在影响。

六、常见的有限空间作业

常见的受限空间作业主要有：

（1）清除、清理作业，如进入污水井进行疏通，进入发酵池进行清理等。

（2）设备设施的安装、更换、维修等作业，如进入地下管沟敷设线缆、进入污水调节池更换设备等。

（3）涂装、防腐、防水、焊接等作业，如在储罐内进行防腐作业、在船舱内进行焊接作业等。

（4）巡查、检修等作业，如进入检查井、热力管沟进行巡检等。

按作业频次划分，有限空间作业可分为经常性作业和偶发性作业：

（1）经常性作业指有限空间作业是单位的主要作业类型，作业量大、作业频次高。例如，从事水、电、气、热等市政运行领域施工、运维、巡检等作业的单位，有限空间作业就属于单位的经常性作业。

（2）偶发性作业指有限空间作业仅是单位偶尔涉及的作业类型，作业量小、作业频次低。例如，工业生产领域的单位对炉、釜、塔、罐、管道等有限空间进行清洗、维修，餐饮、住宿等单位对污水井、化粪池进行疏通、清掏等有限空间作业就属于单位的偶发性作业。

按作业主体划分，有限空间作业可分为自行作业和发包作业：

（1）自行作业指由本单位人员实施的有限空间作业。

（2）发包作业指将作业进行发包，由承包单位实施的有限空间作业。

考点 2　有限空间作业主要安全风险类别

有限空间作业存在的主要安全风险包括中毒、缺氧窒息、燃爆以及淹溺、高处坠落、触电、物体打击、机械伤害、灼烫、坍塌、掩埋、高温高湿等。在某些环境下，上述风险可能共存，并具有隐蔽性和突发性。

（1）中毒

有限空间内存在或积聚有毒气体，作业人员吸入后会引起化学性中毒，甚至死亡。有限空间中有毒气体可能的来源包括：有限空间内存储的有毒物质的挥发，有机物分解产生的有毒气体，进行焊接、涂装等作业时产生的有毒气体，相连或相近设备、管道中有毒物质的泄漏等。有毒气体主要通过呼吸道进入人体，再经血液循环，对人体的呼吸、神经、血液等系统及肝脏、肺、肾脏等脏器造成严重损伤。

引发有限空间作业中毒风险的典型物质有：硫化氢、一氧化碳、苯和苯系物、氰化氢、磷化氢等。

① 硫化氢（H_2S）

硫化氢是一种无色、剧毒气体，比空气重，易积聚在低洼处。硫化氢易燃，与空气混合能形成爆炸性混合气体，遇明火、高热等点火源将引发燃烧爆炸。硫化氢易存在于污水管道、污水池、炼油池、纸浆池、发酵池、酱腌菜池、化粪池等富含有机物并易于发酵的场所。低浓度的硫化氢有明显的臭鸡蛋气味，可被人敏感地发觉；浓度增高时，人会产生嗅觉疲劳或嗅神经麻痹而不能觉察硫化氢的存在；当浓度超过 $1000mg/m^3$ 时，数秒内即可致人闪电型死亡。

② 一氧化碳（CO）

一氧化碳是一种无色无味的气体，比重与空气相当。一氧化碳与血红蛋白的亲和力比氧与血红蛋白的亲和力高 200～300 倍，因此一氧化碳极易与血红蛋白结合，形成碳氧血红蛋白，使血红蛋白丧失携氧的能力和作用，造成组织窒息，甚至导致人员死亡。一氧化碳易燃，与空气混合能形成爆炸性混合气体，遇明火、高热等点火源将引发燃烧爆炸。含碳燃料的不完全燃烧和焊接作业是一氧化碳的主要来源。

③ 苯和苯系物【苯（C_6H_6）、甲苯（C_7H_8）、二甲苯（C_8H_{10}）】

苯、甲苯、二甲苯都是无色透明、有芬芳气味、易挥发的有机溶剂；易燃，其蒸气与空气混合能形成爆炸性混合物。苯可引起各类型白血病，国际癌症研究中心已确认苯为人类致癌物。甲苯、二甲苯蒸气也均具有一定毒性，对黏膜有刺激性，对中枢神经系统有麻痹作用。短时间内吸入较高浓度的苯、甲苯和二甲苯，人体会出现头晕、头痛、恶心、呕吐、胸闷、四肢无力、步态蹒跚和意识模糊，严重者出现烦躁、抽搐、昏迷症状。苯、甲苯和二甲苯通常作为油漆、黏结剂的稀释剂，在有限空间内进行涂装、除锈和防腐等作业时，易挥发和积聚该类物质。

④ 氰化氢（HCN）

氰化氢在常温下是一种无色、有苦杏仁味的液体，易在空气中挥发、弥散（沸点为25.6℃），剧毒且具有爆炸性。氰化氢轻度中毒主要表现为胸闷、心悸、心率加快、头痛、恶心、呕吐、视物模糊；重度中毒主要表现为深昏迷状态，呼吸浅快，阵发性抽搐，甚至强直性痉挛。酱腌菜池中可能产生氰化氢。

⑤ 磷化氢（PH₃）

磷化氢是一种有类似大蒜气味的无色气体，剧毒且极易燃。磷化氢主要损害人体神经系统、呼吸系统及心脏、肾脏、肝脏。10mg/m³ 接触 6h，人体就会出现中毒症状。在微生物作用下，污水处理池等有限空间可能产生磷化氢。此外磷化氢还常作为熏蒸剂用于粮食存储以及饲料和烟草的储藏等。

（2）缺氧窒息

空气中氧含量的体积分数约为 20.9%，氧含量低于 19.5%时就是缺氧。缺氧会对人体多个系统及脏器造成影响，甚至使人致命。空气中氧气含量不同，对人体的影响也不同。不同氧气含量对人体的影响，见下表。

氧气含量（体积浓度）（%）	对人体的影响
15～19.5	体力下降，难以从事重体力劳动，动作协调性降低，易引发冠心病、肺病等
12～14	呼吸加重，频率加快，脉搏加快，动作协调性进一步降低，判断能力下降
10～12	呼吸加重，加快，几乎丧失判断能力，嘴唇发紫
8～10	精神失常，昏迷，失去知觉，呕吐，脸色死灰
6～8	4～5min 通过治疗可恢复，6min 后 50%致命，8min 后 100%致命
4～6	40s 内昏迷、痉挛，呼吸减缓、死亡

有限空间内缺氧主要有两种情形：一是由于生物的呼吸作用或物质的氧化作用，有限空间内的氧气被消耗导致缺氧；二是有限空间内存在二氧化碳、甲烷、氮气、氩气、水蒸气和六氟化硫等单纯性窒息气体，排挤氧空间，使空气中氧含量降低，造成缺氧。

引发有限空间作业缺氧风险的典型物质有二氧化碳、甲烷、氮气、氩气等。

① 二氧化碳（CO₂）

二氧化碳是引发有限空间环境缺氧最常见的物质。其来源主要为空气中本身存在的二氧化碳，以及在生产过程中作为原料使用以及有机物分解、发酵等产生的二氧化碳。当二氧化碳含量超过一定浓度时，人的呼吸会受影响。吸入高浓度二氧化碳时，几秒内人会迅速昏迷倒下，更严重者会出现呼吸、心跳停止及休克，甚至死亡。

② 甲烷（CH₄）

甲烷是天然气和沼气的主要成分，既是易燃易爆气体，也是一种单纯性窒息气体。甲烷的来源主要为有机物分解和天然气管道泄漏。甲烷的爆炸极限为 5.0%～15.0%。当空气中甲烷浓度达 25%～30%时，可引起头痛、头晕、乏力、注意力不集中、呼吸和心跳加速等，若不及时远离，可致人窒息死亡。甲烷燃烧产物为一氧化碳和二氧化碳，也可引起中毒或缺氧。

③ 氮气（N₂）

氮气是空气的主要成分，其化学性质不活泼，常用作保护气防止物体暴露于空气中被氧化，或用作工业上的清洗剂置换设备中的危险有害气体等。常压下氮气无毒，当作业环境中氮气浓度增高，可引起单纯性缺氧窒息。吸入高浓度氮气，人会迅速昏迷、因呼吸和心跳停止而死亡。

④ 氩气（Ar）

氩气是一种无色无味的惰性气体，作为保护气被广泛用于工业生产领域，通常用于焊接过程中防止焊接件被空气氧化或氮化。常压下氩气无毒，当作业环境中氩气浓度增高，会引发人单纯性缺氧窒息。氩气含量达到 75％ 以上时可在数分钟内导致人员窒息死亡。液态氩可致皮肤冻伤，眼部接触可引起炎症。

（3）燃爆

有限空间中积聚的易燃易爆物质与空气混合形成爆炸性混合物，若混合物浓度达到其爆炸极限，遇明火、化学反应放热、撞击或摩擦火花、电气火花、静电火花等点火源时，就会发生燃爆事故。有限空间作业中常见的易燃易爆物质有甲烷、氢气等可燃性气体以及铝粉、玉米淀粉、煤粉等可燃性粉尘。

（4）其他安全风险

有限空间内还可能存在淹溺、高处坠落、触电、物体打击、机械伤害、灼烫、坍塌、掩埋和高温高湿等安全风险。

① 淹溺

作业过程中突然涌入大量液体，以及作业人员因发生中毒、窒息、受伤或不慎跌入液体中，都可能造成人员淹溺。发生淹溺后人体常见的表现有：面部和全身青紫、烦躁不安、抽筋、呼吸困难、吐带血的泡沫痰、昏迷、意识丧失、呼吸心搏停止。

② 高处坠落

许多有限空间进出口距底部超过 2m，一旦人员未佩戴有效坠落防护用品，在进出有限空间或作业时有发生高处坠落的风险。高处坠落可能导致四肢、躯干、腰椎等部位受冲击而造成重伤致残，或是因脑部或内脏损伤而致命。

③ 触电

有限空间作业过程中使用电钻、电焊等设备可能存在触电的危险。当通过人体的电流超过一定值（感知电流）时，人就会产生痉挛，不能自主脱离带电体；当通过人体的电流超过 50mA，就会使人呼吸和心脏停止而死亡。

④ 物体打击

有限空间外部或上方物体掉入有限空间内，以及有限空间内部物体掉落，可能对作业人员造成人身伤害。

⑤ 机械伤害

有限空间作业过程中可能涉及机械运行，如未实施有效关停，人员可能因机械的意外启动而遭受伤害，造成外伤性骨折、出血、休克、昏迷，严重的会直接导致死亡。

⑥ 灼烫

有限空间内存在的燃烧体、高温物体、化学品（酸、碱及酸碱性物质等）、强光、放射性物质等因素可能造成人员烧伤、烫伤和灼伤。

⑦ 坍塌

有限空间在外力或重力作用下，可能因超过自身强度极限或因结构稳定性破坏而引发坍塌事故。人员被坍塌的结构体掩埋后，会因压迫导致伤亡。

⑧ 掩埋

当人员进入粮仓、料仓等有限空间后，可能因人员体重或所携带工具重量导致物料流动而掩埋人员，或者人员进入时未有效隔离，导致物料的意外注入而将人员掩埋。人员被物料掩埋后，会因呼吸系统阻塞而窒息死亡，或因压迫、碾压而导致死亡。

⑨ 高温高湿

作业人员长时间在温度过高、湿度很大的环境中作业，可能会导致人体机能严重下降。高温高湿环境可使作业人员感到热、渴、烦、头晕、心慌、无力、疲倦等不适感，甚至导致人员发生热衰竭、失去知觉或死亡。

考点3　有限空间作业主要安全风险辨识

一、气体危害辨识方法

对于中毒、缺氧窒息、气体燃爆风险，主要从有限空间内部存在或产生、作业时产生和外部环境影响几个方面进行辨识。

（1）内部存在或产生的风险

① 有限空间内是否储存、使用、残留有毒有害气体以及可能产生有毒有害气体的物质，导致中毒。

② 有限空间是否长期封闭、通风不良，或内部发生生物有氧呼吸等耗氧性化学反应，或存在单纯性窒息气体，导致缺氧。

③ 有限空间内是否储存、残留或产生易燃易爆气体，导致燃爆。

（2）作业时产生的风险

① 作业时使用的物料是否会挥发或产生有毒有害、易燃易爆气体，导致中毒或燃爆。

② 作业时是否会大量消耗氧气，或引入单纯性窒息气体，导致缺氧。

③ 作业时是否会产生明火或潜在的点火源，增加燃爆风险。

（3）外部环境影响产生的风险

与有限空间相连或接近的管道内单纯性窒息气体、有毒有害气体、易燃易爆气体扩散、泄漏到有限空间内，导致缺氧、中毒、燃爆等风险。对于中毒、缺氧窒息和气体燃爆风险，使用气体检测报警仪进行针对性的检测是最直接有效的方法。

检测后，各类气体浓度评判标准如下：

① 有毒气体浓度应低于《工作场所有害因素职业接触限值 第1部分：化学有害因素》GBZ 2.1—2019规定的最高容许浓度或短时间接触容许浓度，无上述两种浓度值的，应低于时间加权平均容许浓度。有限空间常见有毒气体浓度判定限值参见下表。

气体名称	评判值	
	mg/m³	ppm（20℃）
硫化氢	10	7
氯化氢	7.5	4.9
氰化氢	1	0.8

续表

气体名称	评判值	
	mg/m³	ppm(20℃)
磷化氢	0.3	0.2
溴化氢	10	2.9
氯	1	0.3
甲醛	0.5	0.4
一氧化碳	30	25
一氧化氮	10	8
二氧化碳	18000	9834
二氧化氮	10	5.2
二氧化硫	10	3.7
二硫化碳	10	3.1
苯	10	3
甲苯	100	26
二甲苯	100	22
氨	30	42
乙酸	20	8
丙酮	450	186

注：表中数据均为该气体容许浓度的上限值。

② 氧气含量（体积分数）应在 19.5%～23.5%。

③ 可燃气体浓度应低于爆炸下限的 10%。

二、其他安全风险辨识方法

（1）对淹溺风险，应重点考虑有限空间内是否存在较深的积水，作业期间是否可能遇到强降雨等极端天气导致水位上涨。

（2）对高处坠落风险，应重点考虑有限空间深度是否超过 2m，是否在其内进行高于基准面 2m 的作业。

（3）对触电风险，应重点考虑有限空间内使用的电气设备、电源线路是否存在老化破损。

（4）对物体打击风险，应重点考虑有限空间作业是否需要进行工具、物料传送。

（5）对机械伤害，应重点考虑有限空间内的机械设备是否可能意外启动或防护措施失效。

（6）对灼烫风险，应重点考虑有限空间内是否有高温物体或酸碱类化学品、放射性物质等。

（7）对坍塌风险，应重点考虑处于在建状态的有限空间边坡、护坡、支护设施是否出现松动，或有限空间周边是否有严重影响其结构安全的建（构）筑物等。

（8）对掩埋风险，应重点考虑有限空间内是否存在谷物、泥沙等可流动固体。

（9）对高温高湿风险，应重点考虑有限空间内是否温度过高、湿度过大等。

📝 考点4　常见有限空间作业主要安全风险辨识示例

有限空间种类	有限空间	作业可能存在的主要安全风险
地下有限空间	废井、地坑、地窖、通信井	缺氧、高处坠落
	电力工作井（隧道）	缺氧、高处坠落、触电
	热力井（小室）	缺氧、高处坠落、高温高湿、灼烫
	污水井、污水处理池、沼气池、化粪池、下水道	硫化氢中毒、缺氧、可燃性气体爆炸、高处坠落、淹溺
	燃气井（小室）	缺氧、可燃性气体爆炸、高处坠落
	深基坑	缺氧、高处坠落、坍塌
地上有限空间	酒糟池、发酵池、纸浆池	硫化氢中毒、缺氧、高处坠落
	腌渍池	硫化氢中毒、氰化氢中毒、缺氧、高处坠落、淹溺
	粮仓	缺氧、磷化氢中毒、可燃性粉尘爆炸、高处坠落、掩埋
密闭设备	窑炉、炉膛、锅炉、烟道、煤气管道及设备	缺氧、一氧化碳中毒、可燃性气体爆炸
	储罐、反应釜（塔）	缺氧、中毒、可燃性气体爆炸、高处坠落

📝 考点5　有限空间作业安全防护设备设施

一、便携式气体检测报警仪

便携式气体检测报警仪可连续实时监测并显示被测气体浓度，当达到设定报警值时可实时报警。按传感器数量划分，便携式气体检测报警仪可分为单一式（见下图a）和复合式（见下图b、c）；按采样方式划分，便携式气体检测报警仪可分为扩散式（见下图a、b）和泵吸式（见下图c）。

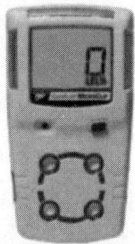

(a) 单一式扩散式气体检测报警仪　　(b) 复合式扩散式气体检测报警仪　　(c) 复合式泵吸式气体检测报警仪

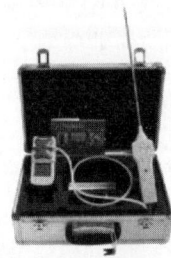

便携式气体检测报警仪

单一式气体检测报警仪内置单一传感器，只能检测一种气体。复合式气体检测报警仪内置多个传感器，可检测多种气体。有限空间作业主要使用复合式气体检测报警仪。

扩散式气体检测报警仪利用被测气体自然扩散到达检测仪的传感器进行检测，因此无法进行远距离采样，一般适合作业人员随身携带进入有限空间，在作业过程中实时检测周边气体浓度。泵吸式气体检测报警仪采用一体化吸气泵或者外置吸气泵，通过采气管将远距离的气体吸入检测仪中进行检测。作业前应在有限空间外使用泵吸式气体检测报警仪进行检测。

选用便携式气体检测报警仪时应注意的事项：

（1）便携式气体检测报警仪应符合《作业场所环境气体检测报警仪 通用技术要求》GB 12358—2006 的规定，其检测范围、检测和报警精度应满足工作要求。

（2）便携式气体检测报警仪应每年至少检定或校准 1 次，量值准确方可使用。

（3）仪器外观检查合格后，在洁净空气下开机，确认"零点"正常后再进行检测；若数据异常，应先进行手动"调零"。

（4）使用泵吸式气体检测报警仪时，应确保采样泵、采样管处于完好状态。

（5）使用后，在洁净环境中待数据回归"零点"后关机。

二、呼吸防护用品

根据呼吸防护方法，呼吸防护用品可分为隔绝式和过滤式两大类。

（1）隔绝式呼吸防护用品

隔绝式呼吸防护用品能使佩戴者呼吸器官与作业环境隔绝，靠本身携带的气源或者通过导气管引入作业环境以外的洁净气源供佩戴者呼吸。常见的隔绝式呼吸防护用品有长管呼吸器、正压式空气呼吸器和隔绝式紧急逃生呼吸器。

① 长管呼吸器

长管呼吸器主要分为自吸式、连续送风式和高压送风式 3 种。自吸式长管呼吸器依靠佩戴者自主呼吸，克服过滤元件阻力，将清洁的空气吸进面罩内（见下图 a）；连续送风式长管呼吸器通过风机或空压机供气为佩戴者输送洁净空气（见下图 b、c）；高压送风式长管呼吸器通过压缩空气或高压气瓶供气为佩戴者提供洁净空气（见下图 d）。自吸式长管呼吸器使用时可能存在面罩内气压小于外界气压的情况，此时外部有毒有害气体会进入面罩内，因此有限空间作业时不能使用自吸式长管呼吸器，而应选用符合《呼吸防护 长管呼吸器》GB 6220—2009 的连续送风式或高压送风式长管呼吸器。

| (a) 自吸式 | (b) 电动送风式 | (c) 空压机送风式 | (d) 高压送风式 |

长管呼吸器分类

② 正压式空气呼吸器

正压式空气呼吸器（见下图）是使用者自带压缩空气源的一种正压式隔绝式呼吸防护

用品。正压式空气呼吸器使用时间受气瓶气压和使用者呼吸量等因素影响，一般供气时间为 40min 左右，主要用于应急救援或在危险性较高的作业环境内短时间作业使用，但不能在水下使用。正压式空气呼吸器应符合《自给开路式压缩空气呼吸器》GB/T 16556—2007 的规定。

正压式空气呼吸器

③ 隔绝式紧急逃生呼吸器

隔绝式紧急逃生呼吸器（见下图）是在出现意外情况时，帮助作业人员自主逃生使用的隔绝式呼吸防护用品，一般供气时间为 15min 左右。

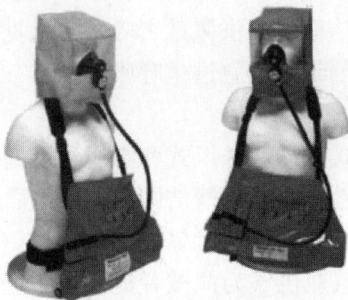

隔绝式紧急逃生呼吸器

呼吸防护用品使用前应确保其完好、可用。各呼吸器使用前检查要点见下表。

检查要点	连续送风式长管呼吸器	高压送风式长管呼吸器	正压式空气呼吸器	隔绝式紧急逃生呼吸器
面罩气密性是否完好	√	√	√	√
导气管是否破损，气路是否通畅	√	√	√	√
送风机是否正常送风	√			
气瓶气压是否不低于 25MPa 最低工作压力		√	√	√
报警哨是否在 5.5±0.5MPa 时开始报警并持续发出鸣响		√	√	
气瓶是否在检验有效期内		√	√	√

呼吸防护用品使用后应根据产品说明书的指引定期清洗和消毒，不用时应存放于清洁、干燥、无油污、无阳光直射和无腐蚀性气体的地方。

（2）过滤式呼吸防护用品

过滤式呼吸防护用品能把使用者从作业环境吸入的气体通过净化部件的吸附、吸收、催化或过滤等作用，去除其中有害物质后作为气源供使用者呼吸。常见的过滤式呼吸防护用品有防尘口罩和防毒面具等。在选用过滤式呼吸防护用品时应充分考虑其局限性，主要有：

① 过滤式呼吸防护用品不能在缺氧环境中使用。

② 现有的过滤元件不能防护全部有毒有害物质。

③ 过滤元件容量有限，防护时间会随有毒有害物质浓度的升高而缩短，有毒有害物质浓度过高时甚至可能瞬时穿透过滤元件。

鉴于过滤式呼吸防护用品的局限性和有限空间作业的高风险性，作业时不宜使用过滤式呼吸防护用品，若使用必须严格论证，充分考虑有限空间作业环境中有毒有害气体种类和浓度范围，确保所选用的过滤式呼吸防护用品与作业环境中有毒有害气体相匹配，防护能力满足作业安全要求，并在使用过程中加强监护，确保使用人员安全。

三、坠落防护用品

有限空间作业常用的坠落防护用品主要包括全身式安全带（见下图 a）、速差自控器（见下图 b）、安全绳（见下图 c）以及三脚架（见下图 d）等。

| (a) 全身式安全带 | (b) 速差自控器(防坠器) | (c) 安全绳 | (d) 三脚架(挂点装置) |

坠落防护用品

（1）全身式安全带

全身式安全带可在坠落者坠落时保持其正常体位，防止坠落者从安全带内滑脱，还能将冲击力平均分散到整个躯干部分，减少对坠落者的身体伤害。全身式安全带应在制造商规定的期限内使用，一般不超过 5 年，如发生坠落事故或有影响安全性能的损伤，则应立即更换；使用环境特别恶劣或者使用格外频繁的，应适当缩短全身式安全带的使用期限。

（2）速差自控器

速差自控器又称速差器、防坠器等，使用时安装在挂点上，通过装有可伸缩长度的绳（带）串联在系带和挂点之间，在坠落发生时因速度变化引发制动从而对坠落者进行防护。

（3）安全绳

安全绳是在安全带中连接系带与挂点的绳（带），一般与缓冲器配合使用，起到吸收冲击能量的作用。

（4）三脚架

三脚架作为一种移动式挂点装置广泛用于有限空间作业（垂直方向）中，特别是三脚架与绞盘、速差自控器、安全绳、全身式安全带等配合使用，可用于有限空间作业的坠落防护和事故应急救援。

四、其他个体防护用品

为避免或减轻人员头部受到伤害，有限空间作业人员应佩戴安全帽（见下图 a）。安全帽应在产品的有效期内使用，受到较大冲击后，无论是否发现帽壳有明显的断裂纹或变形，都应停止使用立即更换。

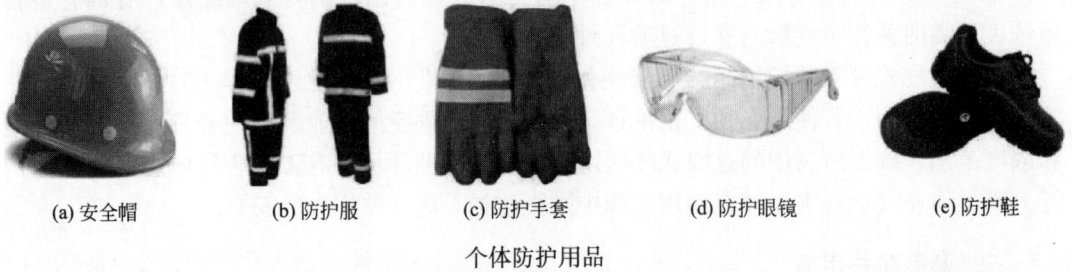

| (a) 安全帽 | (b) 防护服 | (c) 防护手套 | (d) 防护眼镜 | (e) 防护鞋 |

个体防护用品

单位应根据有限空间作业环境特点，按照《个体防护装备配备规范 第1部分：总则》GB 39800.1—2020 为作业人员配备防护服（上图 b）、防护手套（上图 c）、防护眼镜（上图 d）、防护鞋（上图 e）等个体防护用品。例如，易燃易爆环境，应配备防静电服、防静电鞋；涉水作业环境，应配备防水服、防水胶鞋；有限空间作业时可能接触酸碱等腐蚀性化学品的，应配备防酸碱防护服、防护鞋、防护手套等。

五、安全器具

（1）通风设备

移动式风机（见下图）是对有限空间进行强制通风的设备，通常有送风和排风 2 种通风方式。使用时应注意：

① 移动式风机应与风管配合使用。

② 使用前应检查风管有无破损，风机叶片是否完好，电线有无裸露，插头有无松动，风机能否正常运转。

移动式风机和网管

（2）照明设备

当有限空间内照度不足时，应使用照明设备。有限空间作业常用的照明设备有头灯（见下图 a）、手电（见下图 b）等。使用前应检查照明设备的电池电量，保证作业过程中能够正常使用。有限空间内使用照明灯具电压应不大于 24V，在积水、结露等潮湿环境的有限空间和金属容器中作业，照明灯具电压应不大于 12V。

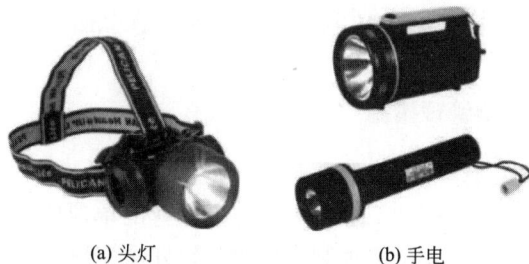

(a) 头灯   (b) 手电

照明设备

（3）通信设备

当作业现场无法通过目视、喊话等方式进行沟通时，应使用对讲机（见下图）等通信设备，便于现场作业人员之间的沟通。

对讲机

（4）围挡设备和警示设施

有限空间作业过程中常用的围挡设备见下图。

围挡设备

常用的安全警示标志或安全告知牌见下图。

安全警示标志或安全告知牌

📝 考点6　有限空间作业安全风险防控与事故隐患排查

一、有限空间作业安全管理措施

（1）建立健全有限空间作业安全管理制度

为规范有限空间作业安全管理，存在有限空间作业的单位应建立健全有限空间作业安全管理制度和安全操作规程。安全管理制度主要包括安全责任制度、作业审批制度、作业现场安全管理制度、相关从业人员安全教育培训制度、应急管理制度等。有限空间作业安全管理制度应纳入单位安全管理制度体系统一管理，可单独建立也可与相应的安全管理制度进行有机融合。在制度和操作规程内容方面：一方面要符合相关法律法规、规范和标准要求，另一方面要充分结合本单位有限空间作业的特点和实际情况，确保具备科学性和可操作性。

（2）辨识有限空间并建立健全管理台账

存在有限空间作业的单位应根据有限空间的定义，辨识本单位存在的有限空间及其安全风险，确定有限空间数量、位置、名称、主要危险有害因素、可能导致的事故及后果、防护要求、作业主体等情况，建立有限空间管理台账并及时更新。

（3）设置安全警示标志或安全告知牌

对辨识出的有限空间作业场所，应在显著位置设置安全警示标志或安全告知牌，以提醒人员增强风险防控意识并采取相应的防护措施。

（4）开展相关人员有限空间作业安全专项培训

单位应对有限空间作业分管负责人、安全管理人员、作业现场负责人、监护人员、作业人员、应急救援人员进行专项安全培训。参加培训的人员应在培训记录上签字确认，单位应妥善保存培训相关材料。

培训内容主要包括：有限空间作业安全基础知识，有限空间作业安全管理，有限空间作业危险有害因素和安全防范措施，有限空间作业安全操作规程，安全防护设备、个体防护用品及应急救援装备的正确使用，紧急情况下的应急处置措施等。

企业分管负责人和安全管理人员应当具备相应的有限空间作业安全生产知识和管理能力。有限空间作业现场负责人、监护人员、作业人员和应急救援人员应当了解和掌握有限空间作业危险有害因素和安全防范措施，熟悉有限空间作业安全操作规程、设备使用方法、事故应急处置措施及自救和互救知识等。

（5）配置有限空间作业安全防护设备设施

为确保有限空间作业安全，单位应根据有限空间作业环境和作业内容，配备气体检测设备、呼吸防护用品、坠落防护用品、其他个体防护用品和通风设备、照明设备、通信设备以及应急救援装备等。单位应加强设备设施的管理和维护保养，并指定专人建立设备台账，负责维护、保养和定期检验、检定和校准等工作，确保处于完好状态，发现设备设施影响安全使用时，应及时修复或更换。

（6）制定应急救援预案并定期演练

单位应根据有限空间作业的特点，辨识可能的安全风险，明确救援工作分工及职责、现场处置程序等，按照《生产安全事故应急预案管理办法》（应急管理部令第2号）和

《生产经营单位生产安全事故应急预案编制导则》GB/T 29639—2020，制定科学、合理、可行、有效的有限空间作业安全事故专项应急预案或现场处置方案，定期组织培训，确保有限空间作业现场负责人、监护人员、作业人员以及应急救援人员掌握应急预案内容。有限空间作业安全事故专项应急预案应每年至少组织1次演练，现场处置方案应至少每半年组织1次演练。

（7）加强有限空间发包作业管理

将有限空间作业发包的，承包单位应具备相应的安全生产条件，即应满足有限空间作业安全所需的安全生产责任制、安全生产规章制度、安全操作规程、安全防护设备、应急救援装备、人员资质和应急处置能力等方面的要求。

发包单位对发包作业安全承担主体责任。发包单位应与承包单位签订安全生产管理协议，明确双方的安全管理职责，或在合同中明确约定各自的安全生产管理职责。发包单位应对承包单位的作业方案和实施的作业进行审批，对承包单位的安全生产工作统一协调、管理，定期进行安全检查，发现安全问题的，应当及时督促整改。

承包单位对其承包的有限空间作业安全承担直接责任，应严格按照有限空间作业安全要求开展作业。

二、有限空间作业过程风险防控

有限空间作业各阶段风险防控关键要素见下图。

作业审批阶段	制定作业方案　明确人员职责　作业审批
作业准备阶段	安全交底　设备检查　封闭作业区域及安全警示 打开进出口　安全隔离　清除置换　初始气体检测 强制通风　再次检测　人员防护
安全作业阶段	安全作业　实时监测与持续通风　作业监护 异常情况紧急撤离有限空间
作业完成阶段	关闭进出口　解除隔离　恢复现场

有限空间作业各阶段风险防控关键要素

（1）作业审批

① 制定作业方案

作业前应对作业环境进行安全风险辨识，分析存在的危险有害因素，提出消除、控制危害的措施，编制详细的作业方案。作业方案应经本单位相关人员审核和批准。

② 明确人员职责

根据有限空间作业方案，确定作业现场负责人、监护人员、作业人员，并明确其安全职责。根据工作实际，现场负责人和监护人员可以为同一人。相关人员主要安全职责见下表。

人员类别	主要安全职责
作业现场负责人	填写有限空间作业审批材料，办理作业审批手续。 对全体人员进行安全交底。 确认作业人员上岗资格、身体状况符合要求。 掌控作业现场情况，作业环境和安全防护措施符合要求后许可作业，当有限空间作业条件发生变化且不符合安全要求时，终止作业。 发生有限空间作业事故，及时报告，并按要求组织现场处置
监护人员	接受安全交底。 检查安全措施的落实情况，发现落实不到位或措施不完善时，有权下达暂停或终止作业的指令。 持续对有限空间作业进行监护，确保和作业人员进行有效的信息沟通。 出现异常情况时，发出撤离警告，并协助人员撤离有限空间。 警告并劝离未经许可试图进入有限空间作业区域的人员
作业人员	接受安全交底。 遵守安全操作规程，正确使用有限空间作业安全防护设备与个体防护用品。 服从作业现场负责人安全管理，接受现场安全监督，配合监护人员的指令，作业过程中与监护人员定期进行沟通。 出现异常时立即中断作业，撤离有限空间

③ 作业审批

应严格执行有限空间作业审批制度。审批内容应包括但不限于是否制定作业方案、是否配备经过专项安全培训的人员、是否配备满足作业安全需要的设备设施等。审批负责人应在审批单上签字确认，未经审批不得擅自开展有限空间作业。

（2）作业准备

① 安全交底

作业现场负责人应对实施作业的全体人员进行安全交底，告知作业内容、作业过程中可能存在的安全风险、作业安全要求和应急处置措施等。交底后，交底人与被交底人双方应签字确认。

② 设备检查

作业前应对安全防护设备、个体防护用品、应急救援装备、作业设备和用具的齐备性和安全性进行检查，发现问题应立即修复或更换。当有限空间可能为易燃易爆环境时，设备和用具应符合防爆安全要求。

③ 封闭作业区域及安全警示

应在作业现场设置围挡，封闭作业区域，并在进出口周边显著位置设置安全警示标志或安全告知牌。

占道作业的，应在作业区域周边设置交通安全设施。夜间作业的，作业区域周边显著位置应设置警示灯，人员应穿着高可视警示服。

④ 打开进出口

作业人员站在有限空间外上风侧，打开进出口进行自然通风，见下图。可能存在爆炸危险的，开启时应采取防爆措施；若受进出口周边区域限制，作业人员开启时可能接触有限空间内涌出的有毒有害气体的，应佩戴相应的呼吸防护用品。

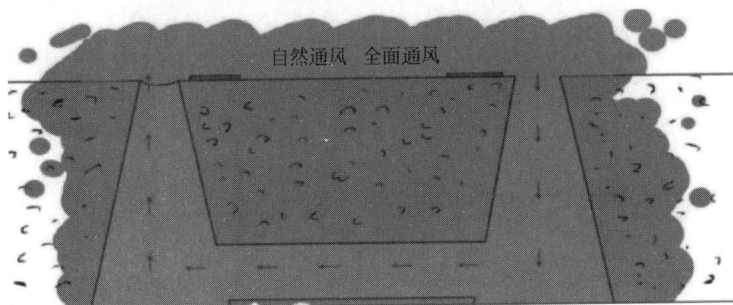

打开有限空间进出口进行自然通风

⑤ 安全隔离

存在可能危及有限空间作业安全的设备设施、物料及能源时，应采取封闭、封堵、切断能源等可靠的隔离（隔断）措施，并上锁挂牌或设专人看管，防止无关人员意外开启或移除隔离设施。

⑥ 清除置换

有限空间内盛装或残留的物料对作业存在危害时，应在作业前对物料进行清洗、清空或置换。

⑦ 初始气体检测

作业前应在有限空间外上风侧，使用泵吸式气体检测报警仪对有限空间内气体进行检测。有限空间内仍存在未清除的积水、积泥或物料残渣时，应先在有限空间外利用工具进行充分搅动，使有毒有害气体充分释放。检测应从出入口开始，沿人员进入有限空间的方向进行。垂直方向的检测由上至下，至少进行上、中、下三点检测（见下图），水平方向的检测由近至远，至少进行进出口近端点和远端点两点检测。

作业前应根据有限空间内可能存在的气体种类进行有针对性的检测，但应至少检测氧气、可燃气体、硫化氢和一氧化碳。当有限空间内气体环境复杂，作业单位不具备检测能力时，应委托具有相应检测能力的单位进行检测。

检测人员应当记录检测的时间、地点、气体种类、浓度等信息，并在检测记录表上签字。有限空间内气体浓度检测合格后方可作业。

⑧ 强制通风

经检测，有限空间内气体浓度不合格的，必须对有限空间进行强制通风。强制通风时应注意：

作业环境存在爆炸危险的，应使用防爆型通风设备。

应向有限空间内输送清洁空气，禁止使用纯氧通风。

有限空间仅有 1 个进出口时，应将通风设备出风口置于作业区域底部进行送风。有限

垂直方向气体检测

空间有 2 个或 2 个以上进出口、通风口时，应在临近作业人员处进行送风，远离作业人员处进行排风，且出风口应远离有限空间进出口，防止有害气体循环进入有限空间。

有限空间设置固定机械通风系统的，作业过程中应全程运行。

⑨ 再次检测

对有限空间进行强制通风一段时间后，应再次进行气体检测。检测结果合格后方可作业；检测结果不合格的，不得进入有限空间作业，必须继续进行通风，并分析可能造成气体浓度不合格的原因，采取更具针对性的防控措施。

⑩ 人员防护

气体检测结果合格后，作业人员在进入有限空间前还应根据作业环境选择并佩戴符合要求的个体防护用品与安全防护设备，主要有安全帽、全身式安全带、安全绳、呼吸防护用品、便携式气体检测报警仪、照明灯和对讲机等。

（3）安全作业

在确认作业环境、作业程序、安全防护设备和个体防护用品等符合要求后，作业现场负责人方可许可作业人员进入有限空间作业。

① 注意事项

作业人员使用踏步、安全梯进入有限空间的，作业前应检查其牢固性和安全性，确保进出安全。

作业人员应严格执行作业方案，正确使用安全防护设备和个体防护用品，作业过程中与监护人员保持有效的信息沟通。

传递物料时应稳妥、可靠，防止滑脱；起吊物料所用绳索、吊桶等必须牢固、可靠，避免吊物时突然损坏、物料掉落。

应通过轮换作业等方式合理安排工作时间，避免人员长时间在有限空间工作。

② 实时监测与持续通风

作业过程中，应采取适当的方式对有限空间作业面进行实时监测。监测方式有两种：一种是监护人员在有限空间外使用泵吸式气体检测报警仪对作业面进行监护检测；另一种是作业人员自行佩戴便携式气体检测报警仪对作业面进行个体检测。

除实时监测外，作业过程中还应持续进行通风。当有限空间内进行涂装作业、防水作业、防腐作业以及焊接等动火作业时，应持续进行机械通风。

③ 作业监护

监护人员应在有限空间外全程持续监护，不得擅离职守，主要做好两方面工作：

跟踪作业人员的作业过程，与其保持信息沟通，发现有限空间气体环境发生不良变化、安全防护措施失效和其他异常情况时，应立即向作业人员发出撤离警报，并采取措施协助作业人员撤离。

防止未经许可的人员进入作业区域。

④ 异常情况紧急撤离有限空间

作业期间发生下列情况之一时，作业人员应立即中断作业，撤离有限空间：

A. 作业人员出现身体不适。

B. 安全防护设备或个体防护用品失效。

C. 气体检测报警仪报警。

D. 监护人员或作业现场负责人下达撤离命令。

E. 其他可能危及安全的情况。

（4）作业完成

有限空间作业完成后，作业人员应将全部设备和工具带离有限空间，清点人员和设备，确保有限空间内无人员和设备遗留后，关闭进出口，解除本次作业前采取的隔离、封闭措施，恢复现场环境后安全撤离作业现场。有限空间作业安全风险防控确认情况见下表。

序号	确认内容	确认结果	确认人
1	是否制定作业方案，作业方案是否经本单位相关人员审核和批准		
2	是否明确现场负责人、监护人员和作业人员及其安全职责		
3	作业现场是否有作业审批表，审批项目是否齐全，是否经审批负责人签字同意		
4	作业安全防护设备、个体防护用品和应急救援装备是否齐全、有效		
5	作业前是否进行安全交底，交底内容是否全面，交底人员及被交底人员是否签字确认		
6	作业现场是否设置围挡设施，是否设置符合要求的安全警示标志或安全告知牌		
7	是否安全开启进出口，进行自然通风		
8	作业前是否根据环境危害情况采取隔离、清除、置换等合理的工程控制措施		
9	作业前是否使用泵吸式气体检测报警仪对有限空间进行气体检测，检测结果是否符合作业安全要求		
10	气体检测不合格的，是否采取强制通风		

序号	确认内容	确认结果	确认人
11	强制通风后是否再次进行气体检测,进入有限空间作业前,气体浓度是否符合安全要求		
12	作业人员是否正确佩戴个体防护用品和使用安全防护设备		
13	作业人员是否经现场负责人许可后进入作业		
14	作业期间是否实时监测作业面气体浓度		
15	作业期间是否持续进行强制通风		
16	作业期间,监护人员是否全程监护		
17	出现异常情况是否及时采取妥善的应对措施		
18	作业结束后是否恢复现场并安全撤离		

三、有限空间作业主要事故隐患排查

存在有限空间作业的单位应严格落实各项安全防控措施,定期开展排查并消除事故隐患。有限空间作业主要事故隐患排查见下表。

序号	项目	隐患内容	隐患分类
1	有限空间作业方案和作业审批	有限空间作业前,未制定作业方案或未经审批擅自作业	重大隐患
2	有限空间作业场所辨识和设置安全警示标志	未对有限空间作业场所进行辨识并设置明显安全警示标志	重大隐患
3	有限空间管理台账	未建立有限空间管理台账并及时更新	一般隐患
4	有限空间作业气体检测	有限空间作业前及作业过程中未进行有效的气体检测或监测	一般隐患
5	劳动防护用品配置和使用	未根据有限空间存在危险有害因素的种类和危害程度,为从业人员配备符合国家或行业标准的劳动防护用品,并督促其正确使用	一般隐患
6	有限空间作业安全监护	有限空间作业现场未设置专人进行有效监护	一般隐患
7	有限空间作业安全管理制度和安全操作规程	未根据本单位实际情况建立有限空间作业安全管理制度和安全操作规程,或制度、规程照搬照抄,与实际不符	一般隐患
8	有限空间作业安全专项培训	未对从事有限空间作业的相关人员进行安全专项培训,或培训内容不符合要求	一般隐患
9	有限空间作业事故应急救援预案和演练	未根据本单位有限空间作业的特点,制定事故应急预案,或未按要求组织应急演练	一般隐患

续表

序号	项目	隐患内容	隐患分类
10	有限空间作业承发包安全管理	有限空间作业承包单位不具备有限空间作业安全生产条件,发包单位未与承包单位签订安全生产管理协议或未在承包合同中明确各自的安全生产职责,发包单位未对承包单位作业进行审批,发包单位未对承包单位的安全生产工作定期进行安全检查	一般隐患

考点7 有限空间作业事故应急救援

一、救援方式

当作业过程中出现异常情况时,作业人员在还具有自主意识的情况下,应采取积极主动的自救措施。作业人员可使用隔绝式紧急逃生呼吸器等救援逃生设备,提高自救成功效率（见下图 a）。如果作业人员自救逃生失败,应根据实际情况采取非进入式救援或进入式救援方式。

（1）非进入式救援

非进入式救援（见下图 b）是指救援人员在有限空间外,借助相关设备与器材,安全快速地将有限空间内受困人员移出有限空间的一种救援方式。非进入式救援是一种相对安全的应急救援方式,但需至少同时满足以下 2 个条件:

① 有限空间内受困人员佩戴了全身式安全带,且通过安全绳索与有限空间外的挂点可靠连接。

② 有限空间内受困人员所处位置与有限空间进出口之间通畅、无障碍物阻挡。

（2）进入式救援

当受困人员未佩戴全身式安全带,也无安全绳与有限空间外部挂点连接,或因受困人员所处位置无法实施非进入式救援时,就需要救援人员进入有限空间内实施救援。进入式救援（见下图 c）是一种风险很大的救援方式,一旦救援人员防护不当,极易出现伤亡扩大。实施进入式救援,要求救援人员必须采取科学的防护措施,确保自身防护安全、有效。同时,救援人员应经过专门的有限空间救援培训和演练,能够熟练使用防护用品和救援设备设施,并确保能在自身安全的前提下成功施救。若救援人员未得到足够防护,不能保障自身安全,则不得进入有限空间实施救援。

| (a) 自救 | (b) 非进入式 | (c) 进入式 |

有限空间事故应急救援

二、应急救援装备配置

应急救援装备是开展救援工作的重要基础。有限空间作业事故应急救援装备主要包括便携式气体检测报警仪、大功率机械通风设备、照明工具、通信设备、正压式空气呼吸器或高压送风式长管呼吸器、安全帽、全身式安全带、安全绳、有限空间进出及救援系统等。上述装备与此前介绍的作业用安全防护设备和个体防护用品并无区别，发生事故后，作业配置的安全防护设备设施符合应急救援装备要求时，可用于应急救援。

三、救援注意事项

一旦发生有限空间作业事故，作业现场负责人应及时向本单位报告事故情况，在分析事发有限空间环境危害控制情况、应急救援装备配置情况以及现场救援能力等因素的基础上，判断可否采取自主救援以及采取何种救援方式。

若现场具备自主救援条件，应根据实际情况采取非进入式或进入式救援，并确保救援人员人身安全；若现场不具备自主救援条件，应及时拨打 119 和 120，依靠专业救援力量开展救援工作，决不允许强行施救。

受困人员脱离有限空间后，应迅速被转移至安全、空气新鲜处，进行正确、有效的现场救护，以挽救人员生命，减轻伤害。

📝 考点 8　密闭空间作业职业危害防护

一、一般职责

（1）用人单位的职责

根据《密闭空间作业职业危害防护规范》GBZ/T 205—2007 的规定，用人单位职责如下：

① 按照本规范组织、实施密闭空间作业。制定密闭空间作业职业病危害防护控制计划、密闭空间作业准入程序和安全作业规程，并保证相关人员能随时得到计划、程序和规程。

② 确定并明确密闭空间作业负责人、准入者和监护者及其职责。

③ 在密闭空间外设置警示标识，告知密闭空间的位置和所存在的危害。

④ 提供有关的职业安全卫生培训。

⑤ 当实施密闭空间作业前，对密闭空间可能存在的职业病危害进行识别、评估，以确定该密闭空间是否可以准入并作业。

⑥ 采取有效措施，防止未经允许的劳动者进入密闭空间。

⑦ 提供合格的密闭空间作业安全防护设施与个体防护用品及报警仪器。

⑧ 提供应急救援保障。

（2）密闭空间作业负责人的职责

根据《密闭空间作业职业危害防护规范》GBZ/T 205—2007 的规定，密闭空间作业负责人的职责如下：

① 确认准入者、监护者的职业卫生培训及上岗资格。

② 在密闭空间作业环境、作业程序和防护设施及用品达到允许进入的条件后，允许进入密闭空间。

③ 在密闭空间及其附近发生不符合准入的情况时，终止进入。

④ 密闭空间作业完成后，在确定准入者及所携带的设备和物品均已撤离后终止准入。

⑤ 对应急救援服务、呼叫方法的效果进行检查、验证。

⑥ 对未经准入又试图进入或已进入密闭空间者进行劝阻或责令退出。

（3）密闭空间作业准入者的职责

根据《密闭空间作业职业危害防护规范》GBZ/T 205—2007 的规定，密闭空间作业准入者的职责如下：

① 接受职业卫生培训，持证上岗。

② 按照用人单位审核进入批准的密闭空间实施作业。

③ 遵守密闭空间作业安全操作规程；正确使用密闭空间作业安全设施与个体防护用品。

④ 应与监护者进行必要的、有效的安全、报警、撤离等双向信息交流。

⑤ 在准入的密闭空间作业且发生下列事项时，应及时向监护者报警或撤离密闭空间：

A. 已经意识到身体出现危险症状和体征。

B. 监护者和作业负责人下达了撤离命令。

C. 探测到必须撤离的情况或报警器发出撤离警报。

（4）密闭空间监护者的职责

根据《密闭空间作业职业危害防护规范》GBZ/T 205—2007 的规定，密闭空间监护者的职责如下：

① 具有能警觉并判断准入者异常行为的能力，接受职业卫生培训，持证上岗。

② 准确掌握准入者的数量和身份。

③ 在准入者作业期间，履行监测和保护职责，保证在密闭空间外持续监护；适时与准入者进行必要的、有效的安全、报警、撤离等信息交流；在紧急情况时向准入者发出撤离警报。监护者在履行监测和保护职责时，不能受到其他职责的干扰。

④ 发生以下情况时，应命令准入者立即撤离密闭空间，必要时，立即呼叫应急救援服务，并在密闭空间外实施应急救援工作。

A. 发现禁止作业的条件。

B. 发现准入者出现异常行为。

C. 密闭空间外出现威胁准入者安全和健康的险情。

D. 监护者不能安全有效地履行职责时，也应通知准入者撤离。

对未经允许靠近或者试图进入密闭空间者予以警告并劝离，如果发现未经允许进入密闭空间者，应及时通知准入者和作业负责人。

二、综合控制措施

根据《密闭空间作业职业危害防护规范》GBZ/T 205—2007 的规定，用人单位应采取综合措施，消除或减少密闭空间的职业病危害以满足安全作业条件。

（1）设置密闭空间警示标识，防止未经准入人员进入。

（2）进入密闭空间作业前，用人单位应当进行职业病危害因素识别和评价。

（3）用人单位制定和实施密闭空间职业病危害防护控制计划、密闭空间准入程序和安全作业操作规程。

（4）提供符合要求的监测、通风、通信、个人防护用品设备、照明、安全进出设施以及应急救援和其他必须设备，并保证所有设施的正常运行和劳动者能够正确使用。

（5）在进入密闭空间作业期间，至少要安排一名监护者在密闭空间外持续进行监护。

（6）按要求培训准入者、监护者和作业负责人。

（7）制定和实施应急救援、呼叫程序，防止非授权人员擅自进入密闭空间进行急救。

（8）制定和实施密闭空间作业准入程序。

（9）如果有多个用人单位同时进入同一密闭空间作业，应制定和实施协调作业程序，保证一方用人单位准入者的作业不会对另一用人单位的准入者造成威胁。

（10）制定和实施进入终止程序。

（11）当按照密闭空间管理程序所采取的措施不能有效保护劳动者时，应对进入密闭空间作业进行重新评估，并且要修订职业病危害防护控制计划。

（12）进入密闭空间作业结束后，准入文件或记录至少存档一年。

三、安全作业操作规程

（1）密闭空间作业应当满足的条件

根据《密闭空间作业职业危害防护规范》GBZ/T 205—2007 的规定，密闭空间作业应当满足的条件：

① 配备符合要求的通风设备、个人防护用品、检测设备、照明设备、通信设备、应急救援设备。

② 应用具有报警装置并经检定合格的检测设备对准入的密闭空间进行检测评价；检测、采样方法按相关规范执行；检测顺序及项目应包括：

测氧含量：正常时氧含量为 18%～22%，缺氧的密闭空间应规定，短时间作业时必须采取机械通风。

测爆：密闭空间空气中可燃性气体浓度应低于爆炸下限的 10%。对油轮船舶的拆修，以及油箱、油罐的检修，空气中可燃性气体的浓度应低于爆炸下限的 1%。

测有毒气体：有毒气体的浓度，须低于规定的浓度要求。如果高于此要求，应采取机械通风措施和个人防护措施。

③ 当密闭空间内存在可燃性气体和粉尘时，所使用的器具应达到防爆的要求。

④ 当有害物质浓度大于 IDLH 浓度，或虽经通风但有毒气体浓度仍高于规定的要求，或缺氧时，应当按照要求选择和佩戴呼吸性防护用品。

⑤ 所有准入者、监护者、作业负责人、应急救援服务人员须经培训考试合格。

（2）隔离密闭空间注意事项

根据《密闭空间作业职业危害防护规范》GBZ/T 205—2007 的规定，隔离密闭空间注意事项如下：

① 封闭危害性气体或蒸气可能回流进入密闭空间的其他开口。

② 采取有效措施防止有害气体、尘埃或泥土、水等其他自由流动的液体和固体涌入

密闭空间。

③ 将密闭空间与一切不必要的热源隔离。

（3）密闭空间作业采取的减少职业病有害因素

根据《密闭空间作业职业危害防护规范》GBZ/T 205—2007 的规定，进入密闭空间作业前，应采取水蒸气清洁、惰性气体清洗和强制通风等措施，对密闭空间进行充分清洗，以消除或者减少存于密闭空间内的职业病有害因素。

① 水蒸气清洁

适于密闭空间内水蒸气挥发性物质的清洁。

清洁时，应保证有足够的时间彻底清除密闭空间内的有害物质。

清洁期间，为防止密闭空间内产生危险气压，应给水蒸气和凝结物提供足够的排放口。

清洁后，应进行充分通风，防止密闭空间因散热和凝结而导致任何"真空"。在准入者进入高温密闭空间前，应将该空间冷却至室温。

清洗完毕，应将密闭空间内所有剩余液体适当排出或抽走，及时开启进出口以便通风。

水蒸气清洁过的密闭空间长时间未启用，启用时应重新进行水蒸气清洁。

对腐蚀性物质或不易挥发物质，在使用水蒸气清洁之前，应用水或其他适合的溶剂或中和剂反复冲洗，进行预处理。

② 惰性气体清洗

为防止密闭空间含有易燃气体或蒸发液在开启时形成有爆炸性的混合物，可用惰性气体（例如氮气或二氧化碳）清洗。

用惰性气体清洗密闭空间后，在准入者进入或接近前，应当再用新鲜空气通风，并持续测试密闭空间的氧气含量，以保证密闭空间内有足够维持生命的氧气。

③ 强制通风

为保证足够的新鲜空气供给，应持续强制性通风。

通风时应考虑足够的通风量，保证稀释作业过程中释放出来的危害物质，并满足呼吸供应。

强制通风时，应将通风管道伸延至密闭空间底部，有效去除大于空气比重的有害气体或蒸汽，保持空气流通。

一般情况下，禁止直接向密闭空间输送氧气，防止空气中氧气浓度过高导致危险。

四、密闭空间作业的准入管理

根据《密闭空间作业职业危害防护规范》GBZ/T 205—2007 的规定，密闭空间作业的准入管理规定如下：

（1）作业负责人对满足前述"密闭空间作业应当满足的条件"的密闭空间签署准入证，准入者方可进入密闭空间。

（2）应保证所有的准入者能够及时获得准入，使准入者能够确信进入前的准备工作已经完成。

（3）准入时间不能超过完成特定工作所需时间（按时完成工作，离开现场，避免由于超时引起的危害）。

（4）密闭空间的作业一旦完成，所有准入者及所携带的设备和物品均已撤离，或者在密闭空间及其附近发生了准入所不容许的情况，要终止进入并注销准入证。

（5）用人单位应将注销的准入证至少保存一年；在准入证上记录在进入作业中碰到的问题，以用于评估和修订密闭空间作业准入程序。

五、密闭空间职业病危害评估程序

根据《密闭空间作业职业危害防护规范》GBZ/T 205—2007 的规定，密闭空间职业病危害评估程序规定如下：

（1）在批准进入前，应对密闭空间可能存在的职业病危害进行检测、评价，以判定是否具备前述"密闭空间作业应当满足的条件"要求的准入条件。

（2）按照测氧、测爆、测毒的顺序测定密闭空间的危害因素。

（3）持续或定时监测密闭空间环境，确保容许作业的安全卫生条件。

（4）确保作业者或监护者能及时获得检测结果。

（5）如果准入者或监护者对评估结果提出质疑，可要求重新评估；用人单位应当接受质疑，并按要求重新评估。

（6）对环境有可能发生变化的密闭空间应重新进行评估。

① 当无需准入密闭空间因某种有害物质浓度增加时，应重新评估，必要时应将其划入准入密闭空间。

② 如果用人单位将准入密闭空间重新划归为无需准入密闭空间，应按下述程序进行：

如果准入密闭空间没有职业病危害因素，或不进入就能将密闭空间内的有害物质消除，可以将准入密闭空间重新划归无需准入密闭空间。

如果检测和监督结果证明准入密闭空间各种危害已经消除，准入密闭空间应当重新划归无需准入密闭空间。

③ 用人单位应当保存职业病危害因素已经消除的证明材料，证明材料包括日期、空间位置、检测结果和颁发者签名，并保证准入者或监护者能够得到。

④ 如果重新划入无需准入密闭空间后，有害因素浓度增加，所有在此空间的准入者应当立即离开，并应重新评估和决定是否将此空间划入准入密闭空间。

六、与密闭空间作业相关人员的安全卫生防护培训

根据《密闭空间作业职业危害防护规范》GBZ/T 205—2007 的规定，与密闭空间作业相关人员的安全卫生防护培训规定如下：

（1）用人单位应当培训准入者、监护者和作业负责人，使其掌握在密闭空间作业所需要的安全卫生知识和技能。

（2）出现下列情况时应对作业者进行培训：

① 上岗前。

② 换岗前。

③ 当密闭空间的职业病危害因素发生变化时。

④ 用人单位如果认为密闭空间作业程序出现问题，或准入者未完全掌握操作程序时。

⑤ 制定和发布最新作业程序文件时。

（3）培训结束后，应当颁发培训合格证书，合格证书应当包括准入者的姓名、培训内容、培训人签名和培训日期。

七、呼吸器具的正确使用

根据《密闭空间作业职业危害防护规范》GBZ/T 205—2007 的规定，呼吸器具的正确使用规定如下：

（1）用人单位应当只允许健康状况适宜佩戴呼吸器具者使用呼吸器具进入密闭空间及进行有关的工作。

（2）根据进入密闭空间作业时间的长短、消耗、最长工作周期、估计逃生所需的时间及其他因素，选择适合的呼吸器具和相应的报警器具。

（3）呼吸器具所供应的空气质量应符合最新国家标准。

（4）供气式呼吸器的供气流量应保证面罩内保持正气压。

（5）采取预防措施防止空气在输送过程中受到污染：空气呼吸器具应依照制造商的指示进行保养。空气气源应避免导入已受污染的空气。供气质量应适合呼吸，不容许直接使用工业用途的气源。所有在密闭空间使用的呼吸器具，应当保持良好状态。

八、承包或分包

根据《密闭空间作业职业危害防护规范》GBZ/T 205—2007 的规定，承包或分包规定如下：

（1）用人单位委托承包商（或分包商）从事密闭空间工作时，应当签署委托协议。告知承包商（或分包商）工作场所包含密闭空间，要求承包商、分包商制定准入计划，并保证密闭空间达到本标准的要求后，方可批准进入。评估承包商（或分包商）的能力，包括识别危害和密闭空间工作的经验。评估承包商（或分包商）是否具有承包单位所实施保护准入者预警程序的能力。评估承包商（或分包商）是否制定与承包单位相同的作业程序。在合同书中详细说明有关密闭空间管理程序，密闭空间作业所产生或面临的各种危害。

（2）承包商（或分包商）除遵守用人单位密闭空间的要求外，应当从用人单位获得密闭空间的危害因素资料和进入操作程序文件并制定与用人单位相同的进入作业程序文件。

九、密闭空间的应急救援要求

根据《密闭空间作业职业危害防护规范》GBZ/T 205—2007 的规定，密闭空间的应急救援要求如下：

（1）用人单位应建立应急救援机制，设立或委托救援机构，制定密闭空间应急救援预案，并确保每位应急救援人员每年至少进行一次实战演练。

（2）救援机构应具备有效实施救援服务的装备；具有将准入者从特定密闭空间或已知危害的密闭空间中救出的能力。

（3）救援人员应经过专业培训，培训内容应包括基本的急救和心肺复苏术，每个救援机构至少确保有一名人员掌握基本急救和心肺复苏术技能，还要接受作为准入者所要求的培训。

（4）救援人员应具有在规定时间内在密闭空间危害已被识别的情况下对受害者实施救援的能力。

（5）进行密闭空间救援和应急服务时，应采取以下措施：

① 告知每个救援人员所面临的危害。

② 为救援人员提供安全可靠的个人防护设施，并通过培训使其能熟练使用。

③ 无论准入者何时进入密闭空间，密闭空间外的救援均应使用吊救系统。

④ 应将化学物质安全数据清单或所需要的类似书面信息放在工作地点，如果准入者受到有毒物质的伤害，应当将这些信息告知处理暴露者的医疗机构。

（6）吊救系统应符合的条件：

① 每个准入者均应使用胸部或全身套具，绳索应从头部往下系在后背中部靠近肩部水平的位置，或能有效证明从身体侧面也能将工作人员移出密闭空间的其他部位。在不能使用胸部或全身套具，或使用胸部或全身套具可能造成更大危害的情况下，可使用腕套，但须确认腕套是最安全和最有效的选择。

② 在密闭空间外使用吊救系统救援时，应将吊救系统的另一端系在机械设施或固定点上，保证救援者能及时进行救援。

③ 机械设施至少可将人从 1.5m 的密闭空间中救出。

十、准入证的格式要求

根据《密闭空间作业职业危害防护规范》GBZ/T 205—2007 的规定，准入证应主要包括以下内容：准入的空间名称；进入的目的；进入日期和期限；准入者名单；监护者名单；作业负责人名单；密闭空间可能存在的职业病危害因素；进入密闭空间前拟采取的隔离、消除或控制职业病危害的措施；准入的条件；进入前和定期检测结果；应急救援服务和呼叫方法；进入作业过程中准入者与监护者保持联络的程序；按要求提供的设备清单，如个人防护用品、检测设备、交流设备、报警系统、救援设备等；其他保证安全的必要信息，包括特定的环境信息，特殊的准入，如热工作业准入等也要注明。

第二节　职业危害控制技术

📝 考点1　职业性危害因素概述

根据《职业卫生名词术语》GBZ/T 224—2010 的规定，职业性危害因素又称为职业病危害因素，在职业活动中产生和（或）存在的、可能对职业人群健康、安全和作业能力造成不良影响的因素或条件，包括化学、物理、生物等因素。

化学有害因素是指化学物质、粉尘及生物因素。

物理有害因素是指噪声、振动、辐射和异常天气等。

📝 考点 2 职业危害控制基本原则和要求

一、防尘、防毒基本原则和要求

对于作业场所存在粉尘、毒物的企业防尘、防毒的基本原则是：

（1）优先采用先进的生产工艺、技术和无毒（害）或低毒（害）的原材料，消除或减少尘、毒职业性有害因素。

（2）对于工艺、技术和原材料达不到要求的，应根据生产工艺和粉尘、毒物特性，设计相应的防尘、防毒通风控制措施，使劳动者活动的工作场所有害物质浓度符合相关标准的要求。

（3）如预期劳动者接触浓度不符合要求的，应根据实际接触情况，采取有效的个人防护措施。

①代替原则

原材料选择应遵循无毒物质代替有毒物质，低毒物质代替高毒物质的原则。

②产生粉尘、毒物的生产过程和设备

应优先采用机械化和自动化，避免直接人工操作。

序号	项目	内容
1	防止物料跑、冒、滴、漏	采取有效的密闭措施
2	移动的扬尘和逸散毒物的作业	应与主体工程同时设计移动式轻便防尘和排毒设备

③ 逸散粉尘的生产过程

应对产尘设备采取密闭措施。

设置适宜的局部排风除尘设施对尘源进行控制。

生产工艺和粉尘性质可采取湿式作业的，应采取湿法抑尘。

当湿式作业仍不能满足卫生要求时，应采用其他通风、除尘方式。

④ 在生产中可能突然逸出大量有害物质或易造成急性中毒或易燃易爆的化学物质的室内作业场所：

应设置事故通风装置及与事故排风系统相连锁的泄漏报警装置。

在放散有爆炸危险的可燃气体、粉尘或气溶胶等物质的工作场所，应设置防爆通风系统或事故排风系统。

⑤ 可能存在或产生有毒物质的工作场所

应根据有毒物质的理化特性和危害特点配备现场急救用品，设置冲洗喷淋设备、应急撤离通道、必要的泄险区以及风向标。

二、防噪声与振动基本原则和要求

（1）防噪声

作业场所存在噪声危害的企业应采用"四新技术"（新技术、新材料、新工艺、新方法）控制噪声。首先从声源上进行控制，使噪声作业劳动者接触噪声声级符合相关标准的要求。仍达不到相关标准要求的，应根据实际情况合理设计劳动作息时间，并采取适宜的个人防护措施。

① 产生噪声的车间与非噪声作业车间、高噪声车间与低噪声车间应分开布置。在控制噪声发生源的基础上，采取减噪、隔声、吸声等措施。

② 在满足工艺流程要求的前提下，宜将高噪声设备相对集中。

③ 为减少噪声的传播，宜设置隔声室。

（2）防振动

① 控制振动源，使振动强度符合相关标准的要求。

② 采用工程控制技术措施仍达不到要求的，应根据实际情况合理设计劳动作息时间，并采取适宜的个人防护措施。

三、防非电离辐射与电离辐射基本原则和要求

（1）防非电离辐射

主要防护措施：场源屏蔽、距离防护、合理布局以及采取个人防护措施等。

相关要求：

① 产生工频电磁场的设备安装地址（位置）的选择应与居住区、学校、医院、幼儿园等保持一定的距离，使上述区域电场强度控制在最高容许接触水平以下。

② 在选择极低频电磁场发射源和电力设备时，应综合考虑安全性、可靠性以及经济社会效益。如：新建电力设施时，应在不影响健康、社会效益以及技术经济可行的前提下，采取合理、有效的措施以降低极低频电磁场的接触水平。

③ 对于在生产过程中有可能产生非电离辐射的设备，应制定非电离辐射防护规划，采取有效的屏蔽、接地、吸收等工程技术措施及自动化或半自动化远距离操作，如预期不能屏蔽的应设计反射性隔离或吸收性隔离措施，使劳动者非电离辐射作业的接触水平符合相关标准的要求。

④ 企业在设计劳动定员时应考虑电磁辐射环境对装有心脏起搏器病人等特殊人群的健康影响。

（2）防电离辐射

包括辐射剂量的控制和相应的防护措施。

四、防高温基本原则和要求

（1）优先采用先进的生产工艺、技术和原材料，工艺流程的设计宜使操作人员远离热源，同时根据其具体条件采取必要的隔热、通风、降温等措施，消除高温职业危害。

（2）工艺、技术和原材料达不到要求的：

应根据生产工艺、技术、原材料特性以及自然条件，通过采取工程控制措施和必要的组织措施，如减少生产过程中的热和水蒸气释放、屏蔽热辐射源、加强通风、减少劳动时间、改善作业方式等，使室内和露天作业地点 WBGT 指数符合相关标准的要求。

（3）劳动者室内和露天作业 WBGT 指数不符合标准要求的：

应根据实际接触情况采取有效的个人防护措施。

考点 3　生产性粉尘危害控制技术

一、生产性粉尘的来源和分类

（1）来源

① 固体物质的机械加工、粉碎。

② 金属的研磨、切削。

③ 矿石的粉碎、筛分、配料或岩石的钻孔、爆破和破碎等。

④ 耐火材料、玻璃、水泥和陶瓷等工业中原料加工。

⑤ 皮毛、纺织物等原料处理。

⑥ 化学工业中固体原料加工处理，物质加热时产生的蒸气、有机物质的不完全燃烧所产生的烟。

⑦ 粉末状物质在混合、过筛、包装和搬运等操作时产生的粉尘，以及沉积的粉尘二次扬尘等。

（2）分类

序号	项目	内容
1	无机性粉尘	包括矿物性粉尘，如硅石、石棉、煤等；金属性粉尘，如铁、锡、铝等及其化合物；人工无机性粉尘，如水泥、金刚砂等
2	有机性粉尘	包括植物性粉尘，如棉、麻、面粉、木材；动物性粉尘，如皮毛、丝、骨质粉尘；人工合成有机粉尘，如有机染料、农药、合成树脂、炸药和人造纤维等
3	混合性粉尘	上述各种粉尘的混合存在，一般包括两种以上的粉尘

注：生产环境中最常见的就是混合性粉尘。

二、生产性粉尘的理化性质

常用的粉尘理化性质包括粉尘的化学成分、分散度、溶解度、密度、形状、硬度、荷电性和爆炸性等。

（1）粉尘的化学成分

粉尘的化学成分、浓度和接触时间是直接决定粉尘对人体危害性质和严重程度的重要因素。

粉尘对人体有致纤维化、中毒、致敏等作用，如游离二氧化硅粉尘的致纤维化作用。

（2）分散度

表示粉尘颗粒大小的一个概念，它与粉尘在空气中呈浮游状态存在的持续时间（稳定程度）有密切关系。

在生产环境中，由于通风、热源、机器转动以及人员走动等原因，使空气经常流动，从而使尘粒沉降变慢，延长其在空气中的浮游时间，被人吸入的机会就越多。

直径小于 $5\mu m$ 的粉尘对机体的危害性较大，也易于达到呼吸器官的深部。

（3）溶解度与密度

① 溶解度

主要呈化学毒副作用的粉尘，随溶解度的增加其危害作用增强；主要呈机械刺激作用的粉尘，随溶解度的增加其危害作用减弱。

② 密度

粉尘颗粒密度的大小与其在空气中的稳定程度有关。

尘粒大小相同，密度大者沉降速度快、稳定程度低。

在通风除尘设计中，要考虑密度这一因素。

（4）形状与硬度

质量相同的尘粒因形状不同，在沉降时所受阻力也不同，因此，粉尘的形状能影响其稳定程度。

坚硬并外形尖锐的尘粒可能引起呼吸道黏膜机械损伤。

（5）荷电性

高分散度的尘粒通常带有电荷，与作业环境的湿度和温度有关。

如：尘粒带有相异电荷时，可促进凝集、加速沉降。粉尘的这一性质对选择除尘设备有重要意义。

（6）爆炸性

① 高分散度的煤炭、糖、面粉、硫磺、铝、锌等粉尘具有爆炸性。

② 发生爆炸的条件是：高温（火焰、火花、放电）和粉尘在空气中达到足够的浓度。

③ 可能发生爆炸的粉尘最小浓度：各种煤尘为 $30\sim40g/m^3$，淀粉、铝及硫磺为 $7g/m^3$，糖为 $10.3g/m^3$。

三、生产性粉尘治理的技术措施

采用工程技术措施消除和降低粉尘危害，是治本的对策，是防止尘肺发生的根本措施。

（1）改革工艺过程

使生产过程机械化、密闭化、自动化。

（2）湿式作业

① 特点：防尘效果可靠，易于管理，投资较低。

② 石粉厂的水磨石英和陶瓷厂、玻璃厂的原料水碾、湿法拌料、水力清砂、水爆清砂等。

（3）密闭、抽风、除尘（不能采取湿式作业的场所）

① 干法生产容易造成粉尘飞扬，可采取密闭、抽风、除尘的办法，但其基础是首先必须对生产过程进行改革，理顺生产流程，实现机械化生产。

② 密闭、抽风、除尘系统可分为密闭设备、吸尘罩、通风管、除尘器等几个部分。

（4）个体防护

① 当防、降尘措施难以使粉尘浓度降至国家标准水平以下时，应佩戴防尘护具。

② 应加强对员工的教育培训、现场的安全检查以及对防尘的综合管理等。

考点 4　生产性毒物危害控制技术

一、生产性毒物的来源与存在形态

（1）来源

原料、辅助材料、中间产品、夹杂物、半成品、成品、废气、废液及废渣，物质的热分解的产物。如：聚氯乙烯塑料加热至160～170℃时可分解产生氯化氢。

（2）毒物形态

生产性毒物可以固体、液体、气体的形态存在于生产环境中。

① 气体

在常温、常压条件下，散发于空气中的气体。如氯、溴、氨、一氧化碳和甲烷等。

② 蒸气

固体升华、液体蒸发时形成蒸气，如水银蒸气和苯蒸气等。

③ 雾

混悬于空气中的液体微粒，如喷洒农药和喷漆时所形成的雾滴，镀铬和蓄电池充电时逸出的铬酸雾和硫酸雾等。

④ 烟

直径小于 $0.1\mu m$ 的悬浮于空气中的固体微粒，如熔铜时产生的氧化锌烟尘，熔镉时产生的氧化镉烟尘，电焊时产生的电焊烟尘等。

⑤ 粉尘

能较长时间悬浮于空气中的固体微粒，直径大多数为 $0.1\sim10\mu m$。

气溶胶：悬浮于空气中的粉尘、烟和雾等微粒。

生产性毒物进入人体的途径主要是经呼吸道，也可经皮肤和消化道进入。

二、生产性毒物危害治理措施

生产过程的密闭化、自动化是解决毒物危害的根本途径。采用无毒、低毒物质代替有毒或高毒物质是从根本上解决毒物危害的首选办法。

常用的生产性毒物控制措施如下：

（1）密闭-通风排毒系统

① 由密闭罩、通风管、净化装置和通风机构成。

② 注意事项：整个系统必须注意安全、防火、防爆问题；正确地选择气体的净化和回收利用方法，防止二次污染，防止环境污染。

（2）局部排气罩

① 通风防毒工重要技术准则之一。

② 排气罩类型

序号	类型	内容
1	密闭罩	在工艺条件允许的情况下，尽可能将毒源密闭起来，然后通过通风管将含毒空气吸出，送往净化装置，净化后排放大气

序号	类型	内容
2	开口罩	在生产工艺操作不可能采取密闭罩排气时，可按生产设备和操作的特点，设计开口罩排气。按结构形式，开口罩分为上口吸罩、侧吸罩和下吸罩
3	通风橱（密闭罩与侧吸罩相结合）	为防止通风橱内机械设备的扰动、化学反应或热源的热压、室内横向气流的干扰等原因而引起的有害物逸出，必须对通风橱实行排气，使橱内形成负压状态，以防止有害物逸出

（3）排出气体的净化

工业的无害化排放，是通风防毒工程必须遵守的重要准则。

有害气体净化方法大致分为洗涤法、吸附法、袋滤法、静电法、燃烧法和高空排放法。

① 洗涤法（吸收法）——常用的净化方法，工业上广泛应用

是通过适当比例的液体吸收剂处理气体混合物，完成沉降、降温、聚凝、洗净、中和、吸收和脱水等物理化学反应，以实现气体的净化。

适用于净化 CO、SO_2、NO_x、HF、SiF_4、HCl、Cl_2、NH_3、Hg 蒸气、酸雾、沥青烟及有机蒸气。

冶金行业的焦炉煤气、高炉煤气、转炉煤气、发生炉煤气净化，化工行业的工业气体净化，机电行业的苯及其衍生物等有机蒸气净化，电力行业的烟气脱硫净化等。

② 吸附法

使有害气体与多孔性固体（吸附剂）接触，使有害物（吸附质）黏附在固体表面上（物理吸附）。

多用于低浓度有害气体的净化，并实现其回收与利用。

如机械、仪表、轻工和化工等行业，对苯类、醇类、酯类和酮类等有机蒸气的气体净化与回收工程，已广泛应用，吸附效率在 $90\%\sim95\%$。

③ 袋滤法（可做气体净化的前处理及物料回收装置）

是粉尘通过过滤介质受阻，而将固体颗粒物分离出来的方法。在袋滤器内，粉尘将经过沉降、聚凝、过滤和清灰等物理过程，实现无害化排放。

主要适用于工业气体的除尘净化，如以金属氧化物（Fe_2O_3 等）为代表的烟气净化。

④ 静电法（分为干式净化工艺和湿式净化工艺）

是粒子在电场作用下，带荷电后，粒子向沉淀极移动，带电粒子碰到集尘极即释放电子而呈中性状态附着集尘板上，从而被捕捉下来，完成气体净化的方法。

如：以静电除尘器为代表的静电法气体净化设备清灰方法，在供电设备清灰和粉尘回收等方面应用较多。

⑤ 燃烧法

是将有害气体中的可燃成分与氧结合，进行燃烧，使其转化为 CO_2 和 H_2O，达到气体净化与无害物排放的方法。

用于有害气体中含有可燃成分的条件，其中直接燃烧法是在一般方法难以处理，且危害性极大，必须采取燃烧处理时采用。

如：催化燃烧法主要用于净化机电、轻工行业产生的苯、醇、酯、醚、醛、酮、烷和酚类等有机蒸气。

确定净化方案的原则是：①设计前必须确定有害物质的成分、含量和毒性等理化指标。②确定有害物质的净化目标和综合利用方向，应符合卫生标准和环境保护标准的规定。③净化设备的工艺特性，必须与有害介质的特性相一致。④落实防火、防爆的特殊要求。

（4）个体防护

凡是接触毒物的作业都应规定有针对性的个人卫生制度，必要时应列入操作规程。

如：不准在作业场所吸烟、吃东西、班后洗澡，不准将工作服带回家中等。

属于作业场所的防护用品有：防腐服装、防毒口罩和防毒面具。

考点5　物理因素危害控制技术

一、噪声

（1）生产性噪声的种类、危害

在生产中，由于机器转动、气体排放、工件撞击与摩擦所产生的噪声，称为生产性噪声或工业噪声。

① 生产性噪声种类

序号	种类	内容
1	空气动力噪声	由于气体压力变化引起气体扰动，气体与其他物体相互作用所致。 各种风机、空气压缩机、风动工具、喷气发动机和汽轮机等，由于压力脉冲和气体排放发出的噪声
2	机械性噪声	由于机械撞击、摩擦或质量不平衡旋转等机械力作用下引起固体部件振动所产生的噪声。 各种车床、电锯、电刨、球磨机、砂轮机和织布机等发出的噪声
3	电磁性噪声	是由于磁场脉冲、磁致伸缩引起电气部件振动所致。 电磁式振动台和振荡器、大型电动机、发电机和变压器等产生的噪声

② 生产性噪声危害

生产性噪声一般声级较高，最高高达 $120 \sim 130dB$（A）。

注：长时间接触噪声导致的听阈升高、不能恢复到原有水平的称为永久性听力阈移，临床上称噪声聋。

噪声不仅对听觉系统有影响，对非听觉系统如神经系统、心血管系统、内分泌系统、生殖系统及消化系统等都有影响。

（2）噪声的控制措施

① 消除或降低噪声、振动源，如铆接改为焊接、锤击成型改为液压成型等。为防止振动使用隔绝物质，如用橡皮、软木和砂石等隔绝噪声。

② 消除或减少噪声、振动的传播，如吸声、隔声、隔振、阻尼。

③ 加强个人防护和健康监护。

二、振动

（1）产生振动的机械

生产性振动：生产过程中，生产设备、工具产生的振动。

产生振动的机械：有锻造机、冲压机、压缩机、振动机、送风机和打夯机等。

振动的危害：在生产中手臂振动所造成的危害，较为明显和严重，国家已将手臂振动病列为职业病。

存在手臂振动的生产作业见下表。

序号	生产作业	内容
1	操作锤打工具	操作凿岩机、空气锤、筛选机、风铲、捣固机和铆钉机
2	手持转动工具	操作电钻、风钻、喷砂机、金刚砂抛光机和钻孔机
3	使用固定轮转工具	使用砂轮机、抛光机、球磨机和电锯
4	驾驶交通运输车辆与使用农业机械	驾驶汽车、使用脱粒机

（2）振动的控制措施

① 控制振动源。应在设计、制造生产工具和机械时采用减振措施，使振动降低到对人体无害水平。

② 改革工艺，采用减振和隔振等措施。如采用焊接等新工艺代替铆接工艺；采用水力清砂代替风铲清砂；工具的金属部件采用塑料或橡胶材料，减少撞击振动。

③ 限制作业时间和振动强度。

④ 改善作业环境，加强个体防护及健康监护。

三、辐射

（1）辐射的概述

当一根导线有交流电通过时，导线周围辐射出一种能量，这种能量以电场和磁场形式存在，并以波动形式向四周传播，这种交替变化的，以一定速度在空间传播的电场和磁场，称为电磁辐射或电磁波。

电磁辐射分为射频辐射、红外线、可见光、紫外线、X射线及α射线等。

当量子能量达到12eV以上时，对物体有电离作用，能导致机体的严重损伤，这类辐射称为电离辐射。量子能量小于12eV的不足以引起生物体电离的电磁辐射，称为非电离辐射。

（2）非电离辐射的来源及其危害

序号	来源		内容
1	射频辐射（无线电波）	分类	一般按波长和频率，可分成高频电磁场、超高频电磁场和微波3个波段
2		高频作业	①应用范围：高频感应加热金属的热处理、表面淬火、金属熔炼、热轧及高频焊接等；高频介质加热对象是不良导体，广泛用于塑料热合、棉纱与木材的干燥、粮食烘干及橡胶硫化等；高频等离子技术用于高温化学反应和高温熔炼。②高频磁场的来源：主要来自高频设备的辐射源，如高频振荡管、电容器、电感线圈及馈线等部件。无屏蔽的高频输出变压器常是工人操作岗位的主要辐射源

序号	来源		内容
3	射频辐射（无线电波）	微波作业	①应用范围：农业上：烘干粮食、处理种子及消灭害虫。医疗卫生上：主要用于消毒、灭菌与理疗等。 ②微波的来源：生产场所接触微波辐射多由于设备密闭结构不严，造成微波能量外泄或由各种辐射结构（天线）向空间辐射的微波能量
4	红外线辐射	红外线辐射的来源	在生产环境中，加热金属、熔融玻璃及强发光体等可成为红外线辐射源
5		影响人群	炼钢工、铸造工、轧钢工、锻钢工、玻璃熔吹工、烧瓷工及焊接工等
6		红外线辐射对机体的影响	主要是皮肤和眼睛
7	紫外线辐射	紫外线辐射来源	生产环境中，物体温度达1200℃以上的辐射电磁波谱中即可出现紫外线，常见的辐射源有冶炼炉（高炉、平炉、电炉）、电焊、氧乙炔气焊、氩弧焊和等离子焊接等
8		紫外线辐射对机体的影响	主要影响皮肤和眼睛（危害大大）。 强烈的紫外线辐射作用可引起皮炎，表现为弥漫性红斑。 在作业场所比较多见的是紫外线对眼睛的损伤，即由电弧光照射所引起的职业病——电光性眼炎。 在雪地作业、航空航海作业时，受到大量太阳光中紫外线照射，可引起类似电光性眼炎的角膜、结膜损伤，称为太阳光眼炎或雪盲症
9	激光	激光的来源	激光不是天然存在的，而是用人工激活某些活性物质，在特定条件下受激发光
10		激光的应用	工业生产中用于焊接、打孔、切割和热处理等。农业中激光可应用于育种、杀虫
11		激光对人体的危害	烧伤皮肤、导致失明

（3）非电离辐射的控制与防护

序号	类型	控制与防护
1	射频辐射	高频电磁场：主要防护措施有场源屏蔽、距离防护和合理布局等。 微波辐射：直接减少源的辐射、屏蔽辐射源、采取个人防护及执行安全规则
2	红外线辐射	重点是对眼睛的保护。 减少红外线暴露，降低炼钢工人等的热负荷，生产操作中应戴有效过滤红外线的防护镜
3	紫外线辐射	屏蔽和增大与辐射源的距离，佩戴专用的防护用品
4	激光	激光器要有安全设施，在光束可能泄漏处应设置防光封闭罩；工作室围护结构应使用吸光材料，色调要暗，不能裸眼看光；使用适当个体防护用品并对人员进行安全教育等

（4）电离辐射来源

凡能引起物质电离的各种辐射称为电离辐射。α、β等带电粒子都能直接使物质电离，称为直接电离辐射；γ光子、中子等非带电粒子，先作用于物质产生高速电子，继而由这些高速电子使物质电离，称为非直接电离辐射。能产生直接或非直接电离辐射的物质或装置称为电离辐射源，如各种天然放射性核素、人工放射性核素和 X 线机等。

（5）电离辐射的防护（控制辐射源的质和量）

① 外照射防护

基本方法有时间防护、距离防护和屏蔽防护，通称"外防护三原则"。

② 内照射防护

基本防护方法有围封隔离、除污保洁和个人防护等综合性防护措施。

四、异常气象条件

（1）异常气象条件种类

① 高温作业

生产场所的热源可来自各种熔炉、锅炉、化学反应釜、机械摩擦和转动产热以及人体散热；空气湿度的影响主要来自各种敞开液面的水分蒸发或蒸汽放散，如造纸、印染、缫丝、电镀、潮湿的矿井、隧道以及潜涵等相对湿度大于 80% 的高气湿的作业环境。

风速、气压和辐射热都会对生产作业场所的环境产生影响。

② 高温强热辐射作业

高温强热辐射作业是指工作地点气温在 30℃ 以上或工作地点气温高于夏季室外气温 2℃ 以上，并有较强的辐射热作业。如冶金工业的炼钢、炼铁车间，机械制造工业的铸造、锻造，建材工业的陶瓷、玻璃、搪瓷、砖瓦等窑炉车间，火力电厂的锅炉间等。

③ 高温高湿作业

高温高湿作业，如印染、缫丝、造纸等工业中，液体加热或蒸煮，车间气温可达 35℃ 以上，相对湿度达 90% 以上。有的煤矿深井井下气温可达 30℃，相对湿度 95% 以上。

④ 其他异常气象条件作业

其他异常气象条件作业，如冬天在寒冷地区或极地从事野外作业，冷库或地窖工作的低温作业，潜水作业和潜涵作业等高气压作业，高空、高原低气压环境中进行运输、勘探、筑路及采矿等低气压作业。

（2）异常气象条件防护措施

序号	防护措施	内容
1	高温作业防护	首先应合理设计工艺流程，改进生产设备和操作方法，这是改善高温作业条件的根本措施。如钢水连珠、轧钢及铸造等生产自动化可使工人远离热源；采用开放或半开放式作业，利用自然通风，尽量在夏季主导风向下风侧对热源隔离等
2	隔热	防止热辐射的重要措施，可利用水来进行
3	通风降温	方式有自然通风和机械通风两种方式
4	保健措施	夏季供应含盐的清凉饮料

序号	防护措施	内容
5	个体防护	耐热工作服、低温的防护等用品
6	异常气压的预防	可通过采取一些措施预防异常气压: 技术革新,如采用管柱钻孔法代沉箱,工人不必在水下高压作业; 遵守安全操作规程; 保健措施,高热量、高蛋白饮食等。应注意有职业禁忌症者不能从事此类工作

考点6 职业危害个体防护

一、个体防护装备配备原则

根据《个体防护装备配备规范 第1部分:总则》GB 39800.1—2020的规定,个体防护装备配备原则如下:

(1)作业场所中存在职业性危害因素和危害风险时,用人单位应为作业人员配备符合国家标准或行业标准的个体防护装备。

(2)用人单位为作业人员配备的个体防护装备应与作业场所的环境状况、作业状况、存在的危害因素和危害程度相适应,应与作业人员相适合,且个体防护装备本身不应导致其他额外的风险。

(3)用人单位配备个体防护装备时,应在保证有效防护的基础上,兼顾舒适性。

(4)需要同时配备多种个体防护装备时,应考虑使用的兼容性和功能替代性,确保防护有效。

(5)用人单位应对其使用的劳务派遣工、临时聘用人员、接纳的实习生和允许进入作业地点的其他外来人员进行个体防护装备的配备及管理。

(6)用人单位应在本部分基础上结合所在行业个体防护装备配备国家标准进行个体防护装备的配备及管理;无所在行业个体防护装备配备国家标准时,应按照要求进行个体防护装备的配备及管理。

二、个体防护装备配备管理

(1)基本要求

根据《个体防护装备配备规范 第1部分:总则》GB 39800.1—2020的规定,个体防护装备配备管理基本要求如下:

① 用人单位应建立健全个体防护装备管理制度,至少应包括采购、验收、保管、选择、发放、使用、报废、培训等内容,并应建立健全个体防护装备管理档案。

② 用人单位应在入库前对个体防护装备进行进货验收,确定产品是否符合国家或行业标准;对国家规定应进行定期强检的个体防护装备,用人单位应按相关规定,委托具有检测资质的检验检测机构进行定期检验。

③ 在作业过程中发现存在其他危害因素,现有个体防护装备不能满足作业安全要求,需要另外配备时,应立即停止相关作业,按照本部分的要求配备相应的个体防护装备后,

方可继续作业。

（2）判废和更换

根据《个体防护装备配备规范 第1部分：总则》GB 39800.1—2020的规定，出现以下情况之一，用人单位应给予判废和更换新品：

① 个体防护装备经检验或检查被判定不合格。

② 个体防护装备超过有效期。

③ 个体防护装备功能已经失效。

④ 个体防护装备的使用说明书中规定的其他判废或更换条件。

被判废或被更换后的个体防护装备不得再次使用。

（3）培训和使用

根据《个体防护装备配备规范 第1部分：总则》GB 39800.1—2020的规定，培训和使用规定如下：

① 用人单位应制定培训计划和考核办法，并建立和保留培训和考核记录。

② 用人单位应按计划定期对作业人员进行培训，培训内容至少应包括工作中存在的危害种类和法律法规、标准等规定的防护要求，本单位采取的控制措施，以及个体防护装备的选择、防护效果、使用方法及维护、保养方法、检查方法等。

③ 当有新员工入职、员工转岗、个体防护装备配备发生变化、法律法规及标准发生变化等情况，需要培训时用人单位应及时进行培训。

④ 未按规定佩戴和使用个体防护装备的作业人员，不得上岗作业。

⑤ 作业人员应熟练掌握个体防护装备正确佩戴和使用方法，用人单位应监督作业人员个体防护装备的使用情况。

⑥ 在使用个体防护装备前，作业人员应对个体防护装备进行检查（如外观检查、适合性检查等），确保个体防护装备能够正常使用。

⑦ 用人单位应按照产品使用说明书的有关内容和要求，指导并监督个体防护装备使用人员对在用的个体防护装备进行正确的日常维护和使用前的检查，对必须由专人负责的，应指定受过培训的合格人员负责日常检查和维护。